21世纪项目管理系列教材

工程项目质量管理

第 2 版

主　编　杨　青
副主编　徐　哲　　王长峰　　张雅君
参　编　王震勤　　唐尔玲　　任琦鹏
　　　　吴少刚　　单　晨　　刘　鑫

本书获得
教育部本科教学工程—专业综合改革试点项目经费
和北京科技大学教材建设基金的资助
致以衷心感谢！

U0345579

机 械 工 业 出 版 社

本书分为两篇,上篇阐述了项目质量管理的基本原理与方法,下篇论述了建设工程项目质量控制及质量管理的新发展。在上篇,对项目质量管理知识体系、理论、方法和应用作了全面论述,介绍了质量管理的概念和相关知识,对项目质量管理所涉及的主要方面——项目质量规划、项目质量控制和项目质量保证等进行了详细的阐述。在下篇,围绕建设工程项目的特点,讨论了建设工程项目前期策划、勘察设计和施工的质量控制,使读者能够更好地全面掌握建设工程项目质量控制的主要内容,此外,对六西格玛管理法、六西格玛 MINITAB 软件、精益价值管理、价值工程与价值管理等现代质量管理相关的前沿和热点也作了详细的论述,以使读者能够更好地领悟质量管理的发展方向。本书以知识的应用为导向,注重实用性和可操作性。

本书内容全面系统、叙述简洁,本书既可作为普通高等学校工程管理类、管理科学与工程类、工商管理类各专业本科生的教材,也可以作为项目管理工程硕士的教材,以及项目管理专业人士的培训教材。

图书在版编目(CIP)数据

工程项目质量管理/杨青主编.—2版.—北京:机械工业出版社,2014.1(2021.8 重印)
21 世纪项目管理系列教材
ISBN 978-7-111-45050-4

Ⅰ.①工… Ⅱ.①杨… Ⅲ.①建筑工程-工程质量-质量管理-教材
Ⅳ.①TU712.3

中国版本图书馆 CIP 数据核字(2013)第 293435 号

机械工业出版社(北京市百万庄大街 22 号 邮政编码 100037)
策划编辑:商红云 责任编辑:商红云 及美玲
版式设计:霍永明 责任校对:王晓峥
封面设计:张 静 责任印制:刘 岚
北京中科印刷有限公司印刷
2021 年 8 月第 2 版第 4 次印刷
184mm×260mm·19.5 印张·484 千字
标准书号:ISBN 978-7-111-45050-4
定价:39.00 元

电话服务 网络服务

客服电话:010-88361066 机 工 官 网:www.cmpbook.com
　　　　　010-88379833 机 工 官 博:weibo.com/cmp1952
　　　　　010-68326294 金 书 网:www.golden-book.com
封底无防伪标均为盗版 机工教育服务网:www.cmpedu.com

21 世纪项目管理系列教材

编审委员会

项目管理在中国正日益受到人们的重视，未来发展潜力巨大。项目管理工程硕士教育近几年发展迅速，仅 2004 年教育部就一次性批准 72 所院校招收项目管理工程硕士，截至 2007 年，全国招收项目管理工程硕士的院校已达到 103 所。另外，有大量的社会培训机构在从事项目管理研究生班的培训工作。

2005 年教育部成立了全国工程硕士专业学位教育指导委员会（以下简称教指委），初步确定该专业的人才培养方案、课程设置等内容，为该专业的教材启动指明了方向。当前，虽然市场上项目管理类图书品种较多，但真正符合教指委要求、成系列、有影响、高质量的教材却屈指可数，远不能适应项目管理教育快速发展的要求。因而，集全国名校名家的经验和智慧，倾力打造一套既体现高学术水平，又富有应用性和实践性的项目管理工程硕士教材，就显得十分必要。

由机械工业出版社组织编写的这套教材，汇集了清华大学、北京航空航天大学、天津大学、中科院等一大批项目管理领域的一流专家学者，其中有许多专家还担任着全国工程硕士专业学位教育指导委员会的领导工作。这就充分保证了本套教材在学术方面的权威性、在人才培养目标方面的准确性，以及在全国范围内的广泛适用性。

本套教材以项目流程为主线，从项目立项和项目招投标开始，贯穿项目评估、项目范围与进度管理、项目质量管理、项目收尾等全过程，并鉴于工程硕士学位论文撰写的特殊性，首次将《工程硕士学位论文写作指导》列入出版计划。

另外，根据工程硕士的教学特点，本套教材还吸收了一汽轿车股份有限公司、中国工程总公司等具有丰富项目管理实践经验的一线专家参与其中，以力求将本土优秀企业的真实案例呈现给读者，使读者将理论与实践有机结合起来，并有效地运用到自己的实际工作中去。

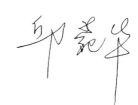

近年来，在学术界和企业界的共同推动下，项目管理理论研究及应用得到了迅速的发展。项目管理的根本目标是通过满足顾客对质量、成本和进度方面的要求，为提供产品或服务的组织创造更多的利润。而项目质量管理就是通过建立良好的项目管理流程和过程控制的方法，明确所有相关人员的职责，以工作质量的改善来提高最终产品或服务的质量。质量管理可改进项目全生命期的管理水平，以达到提高顾客满意度，降低项目风险和成本的目的。因此，质量管理方法论是整个项目管理知识体系的灵魂。

我曾在航天科技集团某研究院从事了多年的航天型号项目质量管理工作，2004 年在北京航空航天大学攻读博士后期间，开始在北京航空航天大学项目管理工程硕士班讲授《项目质量管理》课程。在多年教学和实践的基础上，于 2008 年编写了《项目质量管理》一书（第 1 版）。在该书的使用过程中，我们认真听取了项目管理专家、教授及读者的意见，特别是了解到工程管理专业本科生对本课程的期望，他们渴望能够结合工程管理专业的特点，更多地了解建设工程项目质量管理的相关内容。为此，我们于 2012 年秋开始对第 1 版进行修订，将第 2 版修订定位为：既全面、完整地呈现项目质量管理及其最新发展，又更具有实用性，故增加了建设工程项目质量管理的相关内容，使质量管理的基本原理与方法更好地与实践相结合，同时，在保留质量管理前沿知识的基础上，增添了六西格玛 MINITAB 软件常用工具，也使得对六西格玛管理法的学习更有可操作性。总之，本书兼顾项目管理工程硕士和工程管理本科的需求，最终形成了现在的《工程项目质量管理》第 2 版。

本书分为两篇，上篇是关于"项目质量管理的基本原理与方法"，介绍了质量和项目质量管理的主要概念、项目质量规划、项目质量保证和项目质量控制等项目质量管理的经典内容。下篇是"建设工程项目质量控制及质量管理的新发展"，围绕建设工程项目的特点，讨论了建设工程项目前期策划、勘察设计和施工的质量控制。此外，还对质量管理的前沿和热点，例如，六西格玛管理法、精益价值管理和价值工程也作了详细的论述。

总之，我们力求把"最基本、最客观、最重要、最丰富和最多彩"的项目质量管理相关信息传递给大家，以启发读者深刻的联想和思考。

本书的主要特点是：

1. 知识体系完整、系统

本书以《项目管理知识体系指南（PMBOK®）》第五版中的项目质量管理相关内容为基础，注重知识的完整性和系统性，同时，本书内容也涵盖了建设工程项目质量控制的主要内容，使读者能够全面、完整地了解项目质量管理相关知识及在建设工程项目中的应用。

2. 内容新颖、丰富

与同类书相比，本书增加了质量管理相关前沿和热点介绍，例如，六西格玛管理法、六西格玛 MINITAB 软件、精益价值管理、价值工程等内容，因此，本书非常适合研究型的项目管理工程硕士选用，将有助于他们掌握最新的质量管理理论与方法，这也为项目管理工程硕士在论文阶段开展相关研究奠定了基础。

3. 实践性强

为适应工程管理专业本科生的教学，与第 1 版相比，本书在此次改版中参考了全国二级建造师执业资格考试等建设管理类书籍，增加了建设工程项目质量管理相关的内容，例如，建设工程项目前期策划、勘察设计和施工的质量控制，使项目质量管理的基本原理和方法落地生根，并与工程管理专业的其他课程有机衔接，同时还增加了六西格玛 MINITAB 软件的介绍，提高了学生运用知识的能力。

此外，本书在各主要和关键的知识点都有较多的习题和案例，各章最后均附有综合案例、思考题和相关网站，使读者能体会到知识的实用性和可操作性。

借此机会，我最诚挚地感谢我的老师邱菀华教授和杨爱华教授对本书提出的宝贵建议。我还要深深地感谢所有参考书的作者、项目管理同行、我的老师、朋友和学生们，我从他们那里学到了很多东西，他们给我的帮助始终是充盈满溢的，他们一直是而且仍将是我的老师。

本书的编写得到了教育部本科教学工程—专业综合改革试点项目经费和北京科技大学教材建设基金的资助。在此致以衷心的感谢！

本书共 11 章，由北京科技大学杨青教授担任主编，北京航空航天大学徐哲教授、北京邮电大学王长峰教授、北京电子科技学院张雅君副研究员担任副主编，王震勤、唐尔玲、任琦鹏、吴少刚、单晨、刘鑫参与了本书的编写。

书是教育的基础，是人类思想、文化、智慧与实践的结晶。不言而喻，书中仍然可能存在着错误和不当之处，敬请读者原谅并指正。

祝大家读书愉快！

杨青

第1版前言

近年来，在学术界和企业界的共同推动下，项目管理理论方法及应用有了迅速的发展。项目管理的根本目标是通过满足顾客对质量、成本和进度方面的要求，为提供产品或服务的组织创造更多的利润。而项目质量管理就是通过建立良好的项目管理流程和过程控制的方法，明确所有相关人员的职责，以工作质量的改善来提高最终产品或服务的质量。质量管理可改进项目全生命周期的管理水平，以达到提高顾客满意度，降低项目风险和成本的目的。因此，质量管理是整个项目管理知识体系的灵魂。

为了进一步满足项目管理专业人士的需求，特别是项目管理工程硕士对项目管理知识领域细分和更加专业化的要求，我们开始组织编写《项目质量管理》。在编写过程中，我们认真听取了各领域项目管理专家、教授、项目经理以及专业人士的意见，广泛深入地了解了以项目管理专业人士和项目管理领域工程硕士研究生为核心的读者群对项目质量管理教科书的期望，在此基础上，本书对项目质量管理知识体系、理论、方法和应用进行了全面论述，介绍了质量和项目质量管理的主要概念、项目质量策划、项目质量保证、项目质量控制、质量经济性与质量成本这些项目质量管理的经典内容。质量管理的实质是提高顾客满意度并降低提供产品或服务的组织的成本，因此，本书增加了六西格玛管理、精益价值管理、价值工程等重要管理方法。六西格玛管理可显著改进产品或服务的质量，而且一个六西格玛改进项目本身就可采用项目管理的方法进行管理；精益价值管理可明显改进一个组织的运行质量，六西格玛管理与精益管理相结合可以弥补相互的不足，产生更大的效果；价值工程和价值管理是在项目研发阶段提高顾客满意度、降低成本的重要方法。总之，我们力求把"最基本、最客观、最重要、最丰富和最多彩"的项目质量管理相关信息传递给大家，以启发读者深刻的联想和思考。

本书既可作为本科生、普通硕士研究生、工程硕士研究生和MBA项目管理课程的教材，也可作为各类有志于项目管理工作人士的实践指南。阅读本书可以让你接触到一个真实的项目质量管理世界，并让你在错综复杂的管理空间中自由翱翔。

本书的主要特点是：

1. 知识体系完整、系统

本书以2004版项目管理知识体系（PMBOK®）中的项目质量管理知识领域为指南，注重知识的完整性和系统性，适合作为普通高等学校学生的教材。

2. 内容新颖、丰富

与同类书相比，本书增加了与项目质量管理相关的最新发展前沿的内容，书中案例涉及工程、IT、项目研发、投资、服务、建筑、物流等若干领域，使不同领域的读者学有所得、习有所悟。

3. 实践性强

本书在各主要和关键的知识点都有较多的习题和案例，各章最后均附有案例、思考题和相关网站，使读者能体会到知识的实用性和可操作性。

借此机会，我最诚挚地感谢我的老师邱菀华教授、杨爱华教授对本书提出的宝贵建议。我还要深深地感谢所有参考书的作者、项目管理同行、我的老师、朋友和学生们，以及给本书提供意见的各国专家，我从他们那里学到了很多东西，他们给我的帮助始终是充盈满溢的，他们一直是而且仍将是我的老师。

本书由北京科技大学杨青担任主编。第1、2、3、7、8、9、10章由杨青编写，第4、5章由马风才编写，第6章由王震勤编写。全书由杨青策划，并对全书内容和文字进行了整理、补充、润色和统稿。另外，在本书初稿的形成过程中，李莹、王小岩、李霁坤、幸静梅、徐红亮、乔黎黎、王蕊、谢晖、王媛、吕杰峰为本书付出了大量心血，在此一并致以诚挚的感谢！

书是教育的基础，是人类思想、文化、智慧与实践的结晶。写书需要作者极其艰辛的付出和不懈的探索。尽管作者已尽心尽智，但限于学识和视野，书中仍然可能存在的错误和不当之处，敬请读者原谅并指正。

并祝大家读书愉快！

杨 青

目 录

项目质量管理的基本原理与方法

第一章

绪　　论

项目质量管理是项目管理的一个重要组成部分。质量是组织的生命线，质量意味着供方的成功和顾客的满意。英国的一项研究表明：当客户对产品或服务的质量不满意时，只有4%的顾客抱怨，尽管96%的顾客不抱怨，但他们中的绝大多数不会再来。值得注意的是，一个不满意的顾客平均要告诉9个人关于他们的不满意之事，其中13%的不满意顾客要对20个其他人讲他们不满意的事。最重要的是，建立新的顾客所消耗的费用是保留老顾客的5倍。可见，在项目的三要素——时间、费用和质量中，质量对于项目的成功至关重要。

第一节　质量管理与质量观的演变历程

一、质量管理的发展历程

质量管理的产生和发展过程已经走过了漫长的道路，可谓是源远流长。到目前为止，质量管理的发展大体经历了传统质量管理、质量检验、统计质量控制、全面质量管理、六西格玛质量管理和精益六西格玛质量管理六个阶段。

（一）传统质量管理阶段

19世纪末的工业革命前，生产方式以单一的手工作业为主。在这个阶段，受家庭生产和手工业作坊式生产经营方式的影响，产品质量主要依靠工人的实际操作经验，熟练的工匠生产并检验他们自己生产的有限数量的产品，并因为产品能够出售给顾客而对自己的整体工艺技巧感到骄傲。工人既是操作者，又是质量检验、质量管理者，且经验就是"标准"。因此，该阶段又称为"操作者的质量管理"。

（二）质量检验阶段

20世纪开始，随着机器大工业时代的来临，大工业生产方式取代了手工作业，由此产生了工长，工长不仅负责安排生产任务，监督生产任务的执行，而且还要负责产品质量。

20世纪20年代，随着管理职能的专业化和分工，检验的职能从生产中独立出来，出现了专职的检验员，其负责产品生产之后的检验工作。即进入了"质量检验阶段"。专职的检验部门的出现，对当时企业的生产发展起了积极的推动作用，增强了生产者的责任心，有利于生产者不断提高自身技术水平，降低生产成本，提高产品质量，提升企业的信誉。

这种检验的主要缺点是：①以检验部门为中心的质量管理，实质上是"事后管理"，是静态的符合性检验，管理作用主要是排除不合格品。实际上，一旦发现不合格品则损失已无法弥补，而无法在生产过程中起到预防控制作用。②检验方式为百分之百检验，造成人力、物力的浪费，拖延了生产时间，增加了生产成本，检验的可靠性也不高。在第二次世界大战期间，事后检验为主的质量管理不断暴露出弊端，生产企业（特别是军需生产企业）无法预先控制产品质量，质量检验成了生产中最薄弱的环节，经常发生质量事故，可靠性和质量都无法保证，而且往往不能按期交货，极大地影响了部队的战斗力。

（三）统计质量控制阶段

从20世纪40年代初到50年代末，美国贝尔电话实验室的休哈特（W. H. Shewhart）等人提出抽样检验的概念，最早把数理统计技术应用到质量管理领域，运用数理统计方法，从产品的质量波动中找出规律性，用以评定、改进与保持产品的质量，以减少对检验的依赖，使生产的各个环节控制在正常状态，从而更经济地生产出品质优良的产品。

虽然与质量检验阶段相比，统计质量控制要科学和经济许多，开创了质量管理的新局面，但是统计质量管理也有其缺点。其主要缺点有：①统计质量控制仅仅是达到产品标准而已，未考虑是否满足顾客需要。②该方法限于对工序进行控制，而未考虑对质量形成的全过程进行控制，难以预防废品的发生，经济性仍然不理想。③由于过分强调统计质量控制，使人们误以为质量管理就是统计方法，同时由于数理统计比较深奥，一般员工和管理人员很难理解，使人们认为质量管理就是统计学家的任务，因此这种管理方法推广比较困难。

（四）全面质量管理（TQM）阶段

第二次世界大战以后，随着科学技术的不断发展，对许多大型设备和复杂系统的质量要求越来越严格，单纯依靠统计控制的方法无法满足要求。著名的质量管理专家费根堡姆（A. V. Feigenbaum）和朱兰（J. M. Juran）首先提出了全面质量管理（Total Quality Management，TQM）的概念，在质量管理科学发展史上第一次系统地阐述了全面质量管理的理论和方法，主张在企业内一切部门和一切生产活动中必须开展质量管理的活动。要生产出高质量的产品，除了采用数理统计办法控制工序外，还必须从经营管理上对产品的质量、成本、交货期和售后服务加以全面考虑，并对产品质量形成的全过程进行控制，保证建立一个有效的确保质量提高的体系。

第二次世界大战以后，作为麦克阿瑟将军的工业基础重建方案的一部分，戴明（W. Edwards. Deming）和朱兰将统计质量控制理念传入日本，帮助日本建立了全面质量管理的方法和实践，并取得了巨大的成效。为表彰和纪念戴明对日本质量管理所作出的巨大贡献，日本科学家和工程师协会于1951年成立了戴明奖，该奖在文化的层次上推动了日本质量管理的发展。20世纪70年代，当西方的质量标准还在停滞不前时，日本以前所未有的速度提高了产品质量。日本结合本国的特点，提出了"全公司质量管理"的概念，并结合本国实际总结出一套较为完整、具有特色的质量管理体系，取得了巨大的成功。从20世纪70年代后期开始，主要因为全面质量管理过程的应用，日本的汽车、机械工程、电子、钢铁、摄像器材等方面在全球赢得了大量的市场份额。

从20世纪80年代开始，全面质量管理的思想逐渐被世界各国所接受。1987年，美国国会批准设立"美国国家质量奖"，每年只授予2～3家具有卓越成就、不同凡响的企业。在同一年，国际标准化组织制度了质量体系标准——ISO 9000族标准。1991年，质量管理欧洲基金会、欧洲质量委员会和欧洲质量合作组织，共同宣布成立欧洲质量奖，这标志着全面质量管理对全球化竞争有着重要的作用。

（五）六西格玛质量管理阶段

1981年，此时日本所生产的相同产品的质量大大优于摩托罗拉公司，使摩托罗拉公司感受到相当大的生存压力，不得不思考如何生存。为了突破困境，摩托罗拉公司决定导入六西格玛（6σ）质量管理模式，企业业绩开始有了明显的提高，产品和服务质量得到迅速改进，1992 年达到 6σ 水平。摩托罗拉也因此于 1988 年获得了首届"美国国家质量奖"。

自 1986 年的 4.2σ 水平提升到 1997 年的 5.6σ 水平，摩托罗拉获得了 160 亿美元的利润。其中，在公司经营方面，销售上升 5.05 倍达 298 亿美元（1997 年），平均成长率为 16.9%/年；利润上升 6.03 倍达 11.8 亿美元（1997 年），平均成长率为 19.5%/年；股票市值增长超过 7 倍，平均增长率为 21.3%/年。在质量方面：藉由缺陷的消除，消除了超过 99.7% 的过程缺陷；每一单位减少超过 84% 的不合格品的成本；累计节省超过 140 亿美元的制造成本；员工的生产力增加 3 倍，平均每年增长 12%。

六西格玛管理法在通用电器公司（GE）也得到了巨大的发展，正如"世界第一 CEO"杰克·韦尔奇的感受："推行六西格玛管理法是 GE 有史以来获取发展、提高创新能力和顾客满意度的最大机遇。"推行六西格玛管理法使 GE 产品的不合格品率由千分之三降低至接近百万分之三点四（3.4PPM），使其质量成本由占年销售额的 25%～30% 降到 10%，即使销售额的 15%～20% 变成了增收的利润。

六西格玛质量管理以"一次成功""使顾客满意"为理念，通过降低质量的变异以及企业内部、外部的不良损失，以此大幅度降低成本、提高顾客满意度的科学管理。六西格玛质量管理不仅在 GE 和摩托罗拉等制造业企业获得了成功，而且也在邮政、快运、医院、港口等服务性行业得到了广泛的应用。

（六）精益六西格玛质量管理阶段

2003 年 5 月，关于如何结合精益制造和六西格玛这两种思想的会议在芝加哥举行。这预示着这两种方法有效结合的必要性和重要性。近年来，将六西格玛和精益制造结合起来，实施精益六西格玛的企业越来越多。从理论体系上看，精益六西格玛还处于不断发展和完善之中。从本质上看，六西格玛和精益制造的实质都是基于顾客驱动的持续改进模式，强调对流程的优化。从采用的语言和方法上来看，六西格玛管理侧重于降低变异，它是建立在严格的数据分析基础上，通过严格的量化分析消除过程变异，通过提高过程能力保证过程的稳定性；精益方式强调消除浪费，它是通过识别价值和价值流，消除流程中的各种浪费，以缩短生产周期、降低成本和提高质量，它采用的主要方法是价值流图析技术、准时生产、5S 活动、目视管理等。因此，精益方式与六西格玛管理具有很好的互补性，它们的结合能使企业更好地满足顾客的需求，提高企业绩效。

二、质量观的演变

准确把握对质量的理解，是实现项目质量目标的前提。由上述质量管理的发展历程可见，人们对质量的认识主要经历了以下三个阶段：

（一）符合性质量观

在 20 世纪 40 年代以前的质量检验阶段，符合性质量概念以符合现行标准、规范作为衡量依据，"符合标准"就是合格的产品质量，符合的程度反映了产品质量的水平。

（二）适用性质量观

在全面质量管理阶段，朱兰博士提出了质量即"适用性"的概念，质量即满足顾客需求的程度，它强调了顾客导向的重要性。朱兰认为：现代科学技术、环境与质量密切相关，社会工业化引起了一系列环境问题的出现，影响着人们的生活质量。因此，质量的范围在不断扩大。"适用性"质量观从制造业拓展到人们赖以生存的环境质量、卫生质量等各个领域。朱兰博士的生活质量观反映了人类经济活动的共同要求：经济发展的最终目的是为了不断满足人们日益增长的物质文化生活的需要。质量被认为是"产品在使用中能够成功满足顾客需要的程度"，开始把顾客需要放在首位。

随着质量管理范围的扩大，质量观发生了日新月异的变化，过去质量被认为是同工厂、产品制造以及生产过程相联系的问题，即狭义质量（小Q）观点。20世纪80年代以后，开始出现扩大质量内涵和外延的趋势，形成了全面质量（大Q）观点，如表1-1所示。

表1-1 狭义质量（小Q）观点与全面质量（大Q）观点的比较

质量的要素	狭义质量的观点	全面质量的观点
对象	提供的产品	提供的产品及服务
涉及的过程	同产品制造直接相关的	组织所有的过程
行业	加工制造	所有行业，不论是否盈利的、制造、服务或政府机关
质量被看成	技术问题	经营问题
顾客	购买产品的用户	组织内部顾客和外部顾客
相关工作	组织内部有关职能和部门	组织所有职能和部门
质量目标体现于	工厂目标内	组织经营战略中
不合格品质量成本	与缺陷的货物相联系的成本	所有的成本，如果任何事情都出色的话，它就会消失
质量改进指的是	部门绩效	组织绩效
质量评价主要依据	符合工厂规范、程序和标准	对顾客需求的反映
质量管理培训	集中在质量部门	整个组织
质量协调人	质量经理	组织的质量管理委员会

（三）卓越质量观——零缺陷质量

20世纪90年代，摩托罗拉、通用电器等世界顶级企业相继推出六西格玛管理，逐步确定了全新的卓越质量理念——顾客对质量的感知远远超出其期望，使顾客感到惊喜，质量意味着没有缺陷，即"零缺陷"。

传统质量管理专注于一系列标准，企业用一系列标准来衡量其是否达到要求。而与传统的质量管理相比，六西格玛管理具有以下明显的特点：

- 将过程管理、提高和改进当作其日常工作的一部分；
- 将满足顾客需求放在首位；
- 是依赖于顾客反馈的闭环系统；
- 管理解决问题的方式讲究群策群力，只要能带来改进的方式都可以采用；
- 带来变化的速度很快；
- 不仅关注生产与制造，也关注服务及交易过程。

六西格玛质量管理的精髓在于向"零缺陷"努力，所谓"零缺陷"是要求生产工作者从一开始就本着严肃认真的态度把工作做得准确无误，在生产中从产品的质量、成本与消耗、交货期等方面的要求进行合理安排，而不是依靠事后的检验来纠正。

表 1-2 列示了"适用性"质量观与"零缺陷"质量观的比较。若片面强调"满足顾客的需要"，即提高"适用性"会提高成本。而"零缺陷"的质量观不仅能够提高顾客的满意度，而且能够降低成本，最终提高公司的利益。"零缺陷"的质量观应是质量管理中所追求的目标。

表 1-2　"适用性"质量观与"零缺陷"质量观的比较

序号	"适用性"质量观	"零缺陷"质量观
	较高的质量,使公司能够:	较高的质量,使公司能够:
1	提高顾客满意度	降低差错
2	使产品有可销售性	减少返工和废料
3	符合竞争	减少现场失效和保证费
4	提高市场份额	减少检验和试验费
5	提高销售收入	减少顾客的不满意
6	获得优惠价格	提高产量和能力
7	对销售额有重大影响	改进交货绩效
8	通常有较高的质量和较高的成本	对销售额有重大影响,通常有较高的质量、较低的成本

第二节　现代项目管理的发展

一、现代项目管理的产生与实践

自古以来，劳动人民创造了众多伟大的项目，如中国的万里长城、都江堰工程，埃及的金字塔等。由于技术的发展和激烈的市场竞争，现代大型复杂工程项目对"时间、质量和成本"提出了极为严格的要求，传统的经验管理方式无法对项目进行有效的管理，因此，产生了现代项目管理理论与方法。

20 世纪 50 年代，美国在研制原子弹的项目——"曼哈顿"项目（The Manhattan Project）中，首先系统、全面地采用了现代项目管理的理论和方法。60 年代，美国在"阿波罗计划"中，通过立案、规划、评价、实施，开发了著名的"矩阵管理技术"。1983 年，美国国防部防务系统管理学院组织编写了《系统工程管理指南》，该书理论与实践的结合，是美国 30多年实践经验的总结。

由于学术团体的积极推动以及各行业对项目管理的迫切需要，2000 年以后，项目管理在各行业得到了蓬勃的发展。项目管理除了在国防工业继续得到发展，在电力、水利、交通、环境、建筑与地产、医药、化工、矿山、政府公共事业等方面也得到了广泛的应用。

在国防领域，早在 20 世纪 60 年代初，我国老一辈科学家（如钱学森等）致力于推广系统工程理论和方法，十分重视大型科技工程的系统工程与项目管理。从那时起，我国国防科技工业一直在有计划地引进系统工程与项目管理理论和方法，系统工程领域的最新发展，被迅速引入国内，并编辑出版了丛书，开发了决策分析方法，积累了系统的资料和技术，并结合我国国情建立了一套组织管理理论，如总体设计部、两条指挥线等。系统工程与项目管理在航空航天领域取得了巨大的成功，并在中国载人航天工程中得到了应用。

在建筑行业，20 世纪 80 年代中期，中国利用世界银行贷款项目对云南鲁布革水电站进行招标，结果日本的大成公司以低于标底 1/3 的价格中标，大成公司采用项目管理的方法科学地对该水电站进行施工管理，不仅大大降低了成本，而且提前完成了该水电站建设项目。从此，中国建设部门意识到在建设项目中开展项目管理的重要性，开始在全行业广泛推广项目管理理论与方法，并在全行业普遍实行"项目经理"认证，2004 年又开始推广"建造师"认证。建筑行业成为项目管理推广和应用最快、规模最大的行业之一。在三峡工程、小浪底水库、二滩电厂等大型项目中均采用了现代项目管理的方法。

由于微软和 IBM 等国际大型 IT 企业积极采用项目管理的方法，项目管理在 IT 行业亦得到了迅速的发展。IBM 公司在 1996 年 11 月 19 日宣称公司变为项目化的组织，并将项目管理作为公司的核心竞争力，以实现组织变革的目标。IBM 形成了独特的"全球项目管理方法论（WWPMM）"，其核心理念包括：全球一致的顾客关系管理，专业资源的全球调度和有效利用；以顾客为导向的销售经理与项目经理紧密矩阵；适当灵活的价格体系；质量与风险管理体系——QRM 的保驾护航；IBM 服务精神绝不因顾客经营规模而有差异；形成了全球服务项目风险分析系统（GSR）。国内著名 IT 企业，如联想、神州数码、大唐电信、华为集团、中兴集团等均采用了项目管理的组织形式及系统的项目管理方法。

项目管理在重大公共活动中也得到规范的应用。在奥运项目中，1986 年的蒙特利尔冬季奥运会上首先采用了项目管理的方法，2008 年北京奥运会也采用了项目管理的运作方式。

目前，企业项目管理的发展表现为：一方面，出现了项目型驱动组织，如欧盟的伽利略导航卫星计划就是项目型组织。以项目为导向的组织使组织能够更好地适应不确定性的市场环境。另一方面，项目管理向一般管理领域渗透，项目管理方法开始应用于企业运作的各个方面，即"按项目管理"的观念在一些企业得到应用，"按项目管理"是将项目管理的方法和技术应用于企业日常工作，项目的观念渗透到企业所有的业务领域，包括市场、工程、质量管理、战略规划、人力资源管理、组织变革等。

此外，项目管理还应用于政府投资建设项目、市政公用设施项目等大型公共活动中，并取得了良好的效果。

二、现代项目管理的学术发展

随着项目管理理论与方法的发展和学术研究的需要，欧洲于 1965 年成立了一个国际性组织——IPMA（International Project Management Association），几乎所有欧洲国家都是其成员。美国于 1969 年成立了项目管理学术组织——PMI（Project Management Institute）。进入 20 世纪 90 年代以来，我国项目管理的学术研究有了很大进展，学术组织——中国项目管理研究委员会（Project Management Research Committee, PMRC）作为中国优选法和统筹法学会（中国"双法"学会）的二级学会于 1991 年 6 月正式成立，并每两年召开一次全国性的大会（每四年一次国内会议、每四年一次国际会议）。

PMI 于 1983 年 8 月在"项目管理"杂志上发表了有关项目管理研究的第一份特别报告，以此为基础，经过四年的继续研究，于 1987 年 8 月正式出版了项目管理知识体系（The Project Management Body of Knowledge, PMBOK®）。1996 年，PMI 出版了新的标准——项目管理知识体系指南（A Guide to The Project Management Body of Knowledge，PMBOK® Guide）以取代 1987 版的 PMBOK®。目前，该标准已升至 2004 版。PMBOK® Guide 是目前全球项目管理界影响力最大的知识体系。

此外，其他国家和组织也开发了不同的项目管理标准。20 世纪 80 年代，由于英国信息系统项目执行绩效欠佳，促使英国政府开发了 PRINCE2 项目管理标准。中国项目管理研究委员会在 2000 年推出了中国项目管理知识体系与国际项目管理专业资质认证标准——C-PMBOK & NCB。

对组织级的项目管理成熟度模型方面的研究及其应用受到许多大型组织（企业）的关注，如何不断提高组织的项目管理水平是项目管理理论研究与实践的热点之一。从 1998 年开始，PMI 花费了近 6 年的时间，组织来自 35 个国家的 800 多名专家，在对已有 27 种项目管理成熟度模型研究及世界上的优秀企业采用项目管理"最佳实践"分析的基础上，于 2004 年正式发布了组织项目管理成熟度模型（OPM3，Organizational Project Management Maturity Model）。它在项目与组织的成功之间架起了一座桥梁。

此外，项目风险管理技术、项目集成化和结构化管理技术、项目管理可视化技术及项目过程测评技术也被项目管理界普遍关注。

第三节　项目质量管理在项目管理中的重要作用

项目质量管理是实现项目目标的重要手段，其作用主要表现为以下几个方面：

一、满足项目利益相关者的需求

项目利益相关者就是积极参与项目，或其利益因项目的实施或完成而受到积极或消极影响的个人和组织，他们会对项目的目标和结果施加影响。

通常，项目利益相关者包括：

■ 项目经理——负责管理项目的个人；

■ 顾客/用户——使用项目产品的个人或组织。顾客可能有多个层次，例如，新药的顾客可能包括开药方的医生、服药的病人，以及相关的保险公司；

■ 项目实施组织——直接参与项目工作的单位；

■ 项目管理团队——完成项目工作的集体；

■ 项目团队成员——直接参与项目管理活动的团队成员；

■ 赞助方——为项目提供资金或实物财力资源的个人或团体；

■ 施加影响者——同项目产品的取得和使用没有直接关系，但是因其在顾客组织或实施组织中的地位而能够对项目的进程施加积极或消极影响的个人或团体。

现代项目管理认为，项目成功的主要标准是满足项目利益相关者的需求，并在关键的利益相关者的不同需求中求得平衡。为此，项目管理团队必须清楚谁是利益相关者，利益相关者在参与项目时的责任和权限大小变化很大，并且在项目生命期的不同阶段也会变化。项目利益相关者的责任和权限有时是偶尔参与调查，有时候是全力赞助项目，包括提供财力和提供政治支持。项目利益相关者对于项目存在积极和消极两个方面的影响。置这些责任和权限于不顾的利益相关者可能会严重影响项目的目标，同样，忽视利益相关者的项目经理也会对项目的结果造成损失。项目管理的目标就是要使关键的利益相关者满意。

因此，在项目三要素——质量、成本和时间之间，质量处于最根本、最基础的地位，如果项目满足不了顾客对产品性能和功能的要求，则其他一切将是徒劳。准确识别和理解利益相关者（特别是顾客）的需求，在项目的实施过程中满足这些明示和隐含的需求，并对他们的要求和期望进行管理，是项目经理的首要目标。

二、为组织创造更多的利润

组织（项目）追求的最终目标是创造利润。创造利润是建立在高效率、高质量和低成本的基础上。而质量的好坏，又直接影响效率和成本。可以说，质量的高低，不仅是顾客今后是否继续往来的主要因素，也是企业生存和发展的基础。

由图1-1质量与利润之间的关系可见，企业提高利润的途径有两条：提供适销对路的产品和降低成本。一方面，随着产品/服务质量水平的提高，企业提供的产品更加符合顾客需

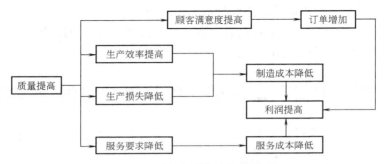

图1-1　质量与利润之间的关系

要，订单量也在逐渐增加，使公司获得更多的利润。另一方面，高质量的生产者也应是低成本的生产者。据统计，质量的平均成本占营业额的5%～25%，包括检验员的工资、废料的成本、返工的工资、加送货物的费用以及浪费的时间。也就是说，如果能少出次品，质量成本就能降低，而成本的降低就意味着利润的增加。相反，如果质量差，成本就会增加，而利润就会减少。

质量的提高会导致制造和服务成本的降低，质量成本比例的高低体现了一个公司整个流程的能力高低。可见，随着产品/服务质量水平的提高，能够使组织获得更多的利润。

三、降低项目风险

风险是损失发生的不确定性。项目风险管理是现代项目管理的重要方面，项目风险反映为：进度的拖期、费用的增加和项目性能的下降。实际上，风险监控的主要措施是通过一定的程序对资源的管理，以及明确人员的职责来降低风险发生的概率和严重程度，达到降低风险的目的。

质量管理的主要工作包括质量控制和质量保证。质量保证的主要工作就是通过建立质量保证体系，来规范所有人员的质量职责、管理的主要流程及其工具和方法，来保证项目的工作质量，以达到最终保证产品质量的目的。因此，质量保证是降低项目风险的最重要措施。

项目的主要特点是一次性，体现为具有一个特定的生命期，在生命期的不同阶段，其工

作的内容和目标是不一样的，若上个阶段的主要技术要求未实现而进入下个阶段，将造成较大的风险。因此严格项目的阶段质量评审，在各阶段的"关口"评价上阶段项目的目标是否完成，同时预测下阶段的各种可能风险因素，并制定相应的应对计划，可大幅度降低项目风险。

在质量策划阶段确定的各部门质量职责及质量控制的程序，例如，合同评审、设计控制、采购、过程控制、不合格品的控制、纠正和预防措施、质量记录的控制、质量审核等工作，也大大提高了项目的工作质量，达到了降低项目风险的目的。

四、改进项目全生命期的管理水平

项目的质量不仅体现为项目产品或服务的质量，而且也体现在对项目管理程序本身的质量中，即工作质量。工作质量是项目成功的基础。因此，良好的项目管理程序是取得令人满意的项目成果的有力保证。

项目是临时的、一次性的任务，项目质量管理应在全生命期的各个阶段都朝着"零缺陷"的方向努力。项目由多个过程组成，一个过程的活动通常会影响到其他过程。项目全生命期中各阶段质量管理的主要内容为：

在启动和项目规划阶段，评估顾客和其他利益相关者的需求，编制项目计划，开始其他过程。

在项目执行和控制阶段，协调管理项目中相互影响的活动，综合变更控制和技术状态管理，预测更改并在所有过程管理中更改。

在项目收尾（关闭）阶段，关闭过程并得到信息反馈。

各阶段管理的质量管理的具体内容包括：

1. 启动和项目规划阶段

在项目规划阶段应编制项目计划（包括质量计划），并随着项目的进展不断进行更新。项目计划的详略程度取决于项目的规模和复杂程度。

项目质量计划应根据顾客和其他相关利益相关者的形成文件的要求及项目目标来制定。在项目的初期，应识别产品特性并确定如何测量和评定这些特性，并将这些内容编制到项目质量计划中。如果项目的目的是实现合同要求，则应对合同进行质量评审。

应建立项目组织的质量体系，包括有利于促进持续质量改进的规定。由于质量是项目管理的一个重要组成部分，因此，项目质量体系应是项目管理体系中的一个组成部分。质量体系应形成文件并纳入质量计划。

只要可行，项目组织就应选用（必要时应采用）项目启动组织的质量体系和程序。质量计划应引用项目启动组织质量体系文件的适用部分。若其他利益相关者对质量体系的要求作了规定，则应确保由此而产生的质量体系满足项目的需求。项目质量计划的制定应综合其他项目过程的策划结果所形成的计划，如进度计划、采购计划、风险管理计划、费用计划等，应评审这些计划的一致性并解决其中的不一致。

2. 项目执行和控制阶段

项目质量控制按其实施者不同，包括三个方面：①业主方面的质量控制与项目监理的质量控制。②政府方面的质量控制——政府监督机构的质量控制。③承包商方面的质量控制。

在项目执行和控制阶段应开展：项目进展评价、协调管理、综合变更控制和技术状态

管理。

应在项目计划中安排进展评价，以便规定进展测量和控制的基线，并策划后续工作。由于进展评价要考虑每个过程，因此为改进质量提供了机会。应确立贯穿于整个项目的质量实践的要求，例如，文件编制、验证、记录、可追溯性、评审和审核。为了监测进展、应规定业绩的指标，同时还要对业绩指标的定期评价作出规定。评价应有利于采取纠正和预防措施，并应确认在项目环境变化中能有效地保持项目目标。

进展评价应用来评定质量计划的适宜性以及所完成的工作与质量计划的符合性。进展评价应评估各项目过程的同步性与衔接情况，还应识别并评估那些对实现项目目标将产生负面影响的活动和结果。进展评价应用来获得项目后续工作的输入并应便于沟通，还应通过识别偏差和风险的变化来推动项目的过程改进。

进展评价应为项目启动组织的持续改进工作提供信息。

变更控制管理的内容包括：识别变更需求及其影响并形成文件，审核批准过程和产品的更改。在批准更改之前，应分析更改的目的、范围和影响。影响到项目目标的更改应得到顾客和其他相关利益相关者的同意。变更控制的重点应是项目范围更改和项目计划更改的管理，因为项目范围的变更常常导致质量、进度和费用的变更。

3. 项目收尾（关闭）阶段

在项目期间，应确保所有项目过程按计划关闭，这包括确保所有记录已经汇编并按规定时间保存。

不管出于什么原因关闭项目，都应对项目业绩进行全面评审。应重视所有相关的记录，包括从进展评价得到的记录和来自利益相关者的输入。特别要考虑顾客和其他相关利益相关者反馈的信息，这些信息应尽可能量化。应根据这些评审编制适当的报告，尤其要强调可供其他项目借鉴的经验。应将项目关闭的信息正式通知相关利益相关者。

相关网站

1. http：//www.pmi.org

美国项目管理协会（Project Management Institute）网址：该协会成立于1969年，现在已成长为一个重要的项目管理专业组织。该组织制定项目管理标准，建立了项目管理知识体系。

2. http：//www.ipma.ch

国际项目管理协会（International Project Management Association）网址：IPMA是一个非营利性组织，于1965年在瑞士注册，它的宗旨是促进全球的项目管理的发展。

3. http：//www.pmrc.org.cn/

中国（双法）项目管理研究委员会网址：中国项目管理研究委员会是我国唯一的跨行业、跨地区、非营利性的项目管理学术组织，并作为中国项目管理专业组织的代表加入了国际项目管理协会（IPMA），成为IPMA的组织成员。

第二章

项目质量管理的基本原理

项目质量管理就是为了满足顾客的需要、确保项目交付结果的质量和项目管理过程的质量满足相关标准要求，而进行的质量计划编制、质量控制、质量保证体系建立以及质量改进等方面的工作。

第一节　质量的概念

一、适用性质量观

一般看来，如果一个项目能按时交付并能达到规定的质量和成本方面的要求，该项目就是成功的。通常，项目的成本和时间很容易去度量，但项目质量的真正含义是什么？我们如何度量它？朱兰关于"质量就是适用性"的基本定义为：任何组织的基本任务就是提供能满足顾客需求的产品，"产品"包括货物和服务。这样的产品既能给产生该产品的组织带来收益，又不会给社会带来损害。满足顾客要求的这一基本任务，给我们提供了质量的基本定义：质量就是适用性。

朱兰关于"质量就是适用性"的基本定义，其内涵超越了传统的"质量就是符合性"的概念。

"适用性"和"符合性"是含义和范畴上完全不同的两个概念，如图2-1所示。符合性是从生产者的角度出发，判断产品是否符合规格。一般情况下，通过培训和积累经验，企业的管理部门将产品的合格性判断交给基层的现场操作人员去完成。他们依照企业的产品检验制度，依据产品质量规格标准进行判断，如果符合规格就放行，流转到下一个地点；如果不符合规格，则根据其不符合规格的程度分别加以处理。

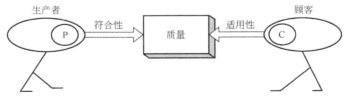

图2-1　质量的定义

"质量就是适用性"的基本定义，其内涵超越了传统的"质量就是符合性"的概念。而适用性是从顾客的角度出发，是指产品在使用期间能满足顾客的需求。因此，顾客最有资格对产品的适用性作出评价，不断满足顾客对产品适用性的需求是企业永恒的目标。

实际上，项目的质量目标是实现产品的适用性。但是，项目组织大多数员工的质量职责却是符合产品的规格要求；除了少数研究和设计开发部门及人员之外，企业大多数部门的质量职责也同样是去符合产品的规格要求，这是客观存在的矛盾和规律性。因为，企业在运作过程中，只能假设：只要产品符合规格，产品就满足了适用性要求。关键在于如何使经过顾客识别确认的适用性更加科学、准确可行地转化为在生产过程中可以验证的规格要求。可以想象，这是一个复杂的系统工程，对有形产品而言，从项目生命周期起点开始，不但要强化顾客导向，而且要采用先进的技术手段将顾客对适用性的需求转换为符合性质量特性标准。只有这样才能真正实现产品的适用性。

二、质量的定义及其内涵

国际标准 ISO 9000：2000《质量管理体系基础和术语》对质量的定义是：一组固有特性满足要求的程度。

该定义包括以下内涵：

（1）质量的主体是产品、体系、项目或过程，质量的客体是顾客和其他相关方。质量的主体不仅指产品，也可以是某项活动或过程的工作质量，还可以是质量管理体系运行的质量。

另一方面，客体不同，对同一主体的评价也不同。一本教科书的质量是什么呢？或者说，如何评价一本书的质量？是作者想要传达的信息吗？对印刷者来说，质量决定于字体、可读性、大小、纸质以及有无错字。对作者与读者而言，质量意味着传达信息的清晰程度和重要性。对出版者而言，销售量才是最重要的，只有好的销量，公司才能继续经营，继续出版其他新书。因此，一本书在不同人的眼中质量是不同的，也就是说，质量是由客体评价的。一本在印刷者和作者眼中质量都相当高的书，对读者和出版者而言质量却可能很低。

（2）质量的关注点是一组固有的特性，而不是赋予的特性。对产品来说，例如，水泥的化学成分、细度、凝结时间、强度就是固有特性，而价格是赋予特性。表2-1中列出了质量定义中的主要要素，质量通常包括的一组固有特性，而价格、成本等通常是赋予的特性，不是构成质量的要素。

表2-1　质量定义中的主要要素

通常包括的要素	通常不包括的要素
服务质量： 特征、性能、竞争性、快捷性、礼貌、工序能力、没有差错、遵守标准、程序	价格 成本(除了质量成本) 员工缺勤率
产品质量： 特征,性能,竞争性,友好性,安全性,没有现场的差错,可靠性,可维修性,空间,耐用性,美学,工序能力,不良质量成本,与标准、规范和程序的一致性	

（3）质量是满足要求的程度，要求包括明示的、隐含的和必须履行的要求和期望。这里，明示的要求表示规定的要求，是由顾客明确提出的要求或需要，通常是指产品的标准、规范、图样、技术参数等，由供需双方以合同的方式签订，要求供方保证实现。隐含是指组

织、顾客和其他相关方的惯例或一般做法，是人们所公认的、不言而喻的、必须履行的要求，例如，汽车尾气排放必须达到国家标准，就是对汽车生产厂商必须履行的要求。

在项目范围内，质量管理的重要方面是通过项目范围管理把隐含需要转变为明确需要。项目是应业主的要求进行的，不同的业主有着不同的质量要求，其意图已反映在项目合同中。因此，项目合同是进行项目质量管理的主要依据。

因此，质量就是主体中能够满足明确和隐含需要能力特性的总和。

（4）质量的动态性。质量要求不是固定不变的，随着技术的发展，生活水平的提高，人们对产品、项目、过程或体系会提出新的质量要求。因此，应定期评定质量要求，修订规范，不断开发新产品、改进老产品，以满足已变化的质量要求。

例如，多年以前文件的复印是用复写纸、复印墨水、油印机来完成的。静电复印机使以前的各种复印设备退出历史舞台。今天，如果有人生产油印机，那么它是销售不出去的，因为它不能用原件来复印。

因此，管理者应不断地创新以满足顾客变化的需求，并通过创新引导需求。

（5）质量的相对性。不同国家、不同地区，由于自然环境条件不同，技术发达程度不同，消费水平不同和风俗习惯不同，会对产品（项目）提出不同的要求，产品（项目）应具有这种环境适应性。

由以上可见质量定义的复杂性，因此，质量往往是项目"进度、成本和质量"中最易让步的环节。项目经理为了保住进度和控制预算，常常以牺牲质量为代价。

三、质量优劣的评价准则

根据以上对质量的定义可以看出，如果项目能满足如下的要求，则该项目的质量就是好的：

（1）符合要求（规格）。符合要求就是"好"，而不是"贵"。项目交付的产品与顾客要求或事先定义的产品规格中的要求相符就是质量好。一种错误的观点认为，质量意味着"好"，或者"奢侈、豪华"。

（2）顾客满意。即使按规定的要求，符合顾客的愿望并得到满足，也不一定确保顾客很满意。质量的更进一步要求是使顾客满意。

ISO 9000：2000 对"顾客满意"的定义是：顾客对其要求已被满足的程度的感受。

理解术语"顾客满意"要注意：顾客抱怨是一种满意程度低的最常见的表达方式，但没有抱怨并不一定表明顾客很满意。

这里，让顾客满意（"好，就是这样"）和超越顾客的期望（"太好了"）是不一样的。如果花费非常少的额外成本就能超越顾客的期望，这当然是件好事。但是，如果超越顾客的期望会造成太多的成本投入，导致项目无利可图，就应该把目标仅仅锁定在满足顾客期望。

值得注意的是，项目团队不要把质量和等级两个概念相混淆。

（3）等级是对具有相同功能特征，但技术特征各异的实体所规定的范畴或级别。

（4）质量偏低永远是个问题，但等级偏低则不见得是个问题。低等级意味着功能不强，而低质量则意味着功能的质量不好，是需解决的问题。两者并无逻辑关系。

例如，某软件产品质量可以很好（无明显的编程错误，用户手册容易读懂），而等级偏低（功能特征有效）；或者质量偏低（许多编程错误，用户文件杂乱无章），而等级甚高

（具有许多功能特征）。确定并交付顾客所需要的质量与等级水准是项目经理与项目团队的职责。

第二节　质量管理的一般原理

一、质量管理的定义及其含义

ISO 9000：2000 对质量管理的定义是：在质量方面指挥和控制组织的协调的活动。

质量管理是项目组织围绕着使项目产出物能满足不断更新的质量要求，而开展的策划、组织、计划、实施、控制、保证、检查和监督、审核和改进等所有管理活动的总和。质量管理的首要任务是确定质量方针、目标和职责，核心是建立有效的质量管理体系，通过具体的四项活动，即质量策划、质量控制、质量保证和质量改进，确保质量方针、目标的实施和实现。

质量管理体系是指为实施质量管理，由组织结构、职责、程序、过程和资源构成的有机整体。通过运行这一体系，体系得以持续改进从而得到顾客的满意。

二、现代质量管理的主要观点

费根堡姆于 1961 年出版了《全面质量管理》一书，主张应改变单纯强调数理统计方法的偏见，把统计方法的应用与改善组织管理密切结合起来，建立一套完整的质量管理体系，以保证经济地生产出可满足顾客要求的产品。这一思想经过进一步的完善和发展，形成了一门完整的学科，即全面质量管理。全面质量管理，就是对产品质量实行总体的、综合的管理，并在企业中建立一套完整的质量管理体系，以便生产出可满足顾客要求的优质产品。

费根堡姆对 TQM（Total Quality Management）的定义是："为了能够在最经济的水平上、并在充分考虑到满足顾客要求的条件下，进行市场研究、制造、销售和服务，把企业各部门的研制质量、维持质量和提高质量的活动，构成为一种有效的体系。"中国质量管理协会在《质量管理名词术语》（1982 年）中对全面质量管理内涵的表述为："全面质量管理是企业全体职工及有关部门同心协力，综合运用管理技术、专业技术和科学方法，经济地开发、研制、生产和销售顾客满意产品的管理活动。"

全面质量管理是以质量为核心，根据顾客满意程度以及组织成员和社会的利益，提供长期的质量保证。

在现代质量管理中，下列理念是非常重要的：

（一）顾客满意是检验和衡量质量优劣的基本尺度

项目管理必须面向顾客，要了解和研究顾客的需求，要想顾客所想，急顾客所急，全心全意地为顾客服务，把满足顾客需要放在项目管理的首位。衡量项目成功最主要的标准是顾客满意度。它不仅需要符合顾客要求，即项目应生产出其承诺的产品，而且应该具有适用性，即产品或服务必须满足实际需要。

（二）质量管理必须坚持"三全管理"

"三全管理"即要求做到全员、全过程和全方位管理。

　　首先，质量管理是每个员工的责任，其中包括项目经理，管理者对质量应负主要责任，这就是质量管理的全员性。项目产出物质量是项目各环节全体员工的工作和活动质量的综合反映，任何一个环节员工的工作或活动的质量，都会不同程度、直接或间接地影响项目产出物的质量。因此，必须把全体员工的积极性充分调动起来，履行各自的质量责任，才能使顾客满意。

　　其次，全过程管理，质量形成于项目实施的全过程，因此，必须把质量形成全过程中各个环节的工作和活动全面地管理起来，把影响质量的因素，可能造成不合格品的因素，消灭在质量形成的过程中。

　　最后，全方位管理，项目交付成果质量所反映的工作质量，分布于整个项目的所有层次和各个职能部门，要使项目交付成果的质量优良，就必须发挥各个层次和各个职能部门的工作质量的作用。

　　（三）质量是干出来的不是检验出来的（预防重于检查）

　　质量管理的目的，不在于检查、剔除废品，而在于根除和预防错误事件的发生。项目中的所有工作都是通过过程来完成的，因此，要把单纯的质量检验变为过程管理，使质量管理从"事后"转到"事前"和"事中"。"事前"包括设计、采购等活动，"事中"包括制造。

　　用百分之百检验的做法来提高质量，等于是原来就计划生产不合格品，承认生产过程没有能力达到规格要求。大家一遇到质量问题的共同反映往往是"增加检验员"，但这只会带来更大的麻烦。增加检验员会使问题变得更糟。理由很简单，每个检验员都想仰仗别人做工作。"分担责任"意味着没人要负责任。

　　产品的质量是设计和制造出来的，而不是检验出来的。检验只是质量管理的一种手段，并不会起到提高质量的作用。重要的是应用检验所得的信息进行质量改进活动，才能提高产品和项目的质量。

三、持续改进质量的主要方法

　　在项目的全生命期中，可采用 PDCA 循环、质量螺旋和质量环的方法和理念，来持续改进项目的质量。

　　（一）PDCA 循环

　　戴明提出的 PDCA 循环是质量管理的基本方法。它不是运行一次就结束，而是周而复始地进行，一个循环完了，解决了一部分问题，可能还有其他的问题尚未解决，或者又出现了其他问题，再进行下一次循环。PDCA 循环不但在质量管理中得到了广泛的应用，更重要的是为现代管理理论和方法开拓了新思路。PDCA 的含义如下：

　　P（Plan）——计划。某人有个改进产品或过程的构思，这是第"零"阶段，接着是第 1 步骤计划如何测试、比较或试验，这是整个循环的基础。仓促的开始，会导致效率低下、费用偏高、甚至完全失败。大家往往急于结束这个步骤，迫不及待地进入第 2 步骤。

　　D（Do）——执行。依据第 1 步骤所作出的计划，进行比较、试验。

　　C（Check）——检查。研究结果是否与预期相符？如果不是，问题何在？

　　A（Action）——处理。对总结检查的结果进行处理，成功的经验加以肯定，并予以标准化，或制定作业指导书，便于以后工作时遵循；对于失败的教训也要总结，以免重现。对于没有解决的问题，应进行改进，或者放弃，或者在不同的环境条件、不同的原料、不同的人员情况下，再重复这个循环。

图2-2表明了PDCA循环的整个过程：

（1）周而复始。图2-2a是PDCA循环的基本原理，它表示PDCA循环的四个过程不是运行一次就完结，而是周而复始地进行，解决了一部分问题，可能还有问题没有解决，或者又出现了新的问题，再进行下一个PDCA循环，依此类推。

（2）大环套小环。如图2-2b所示，类似行星轮系，一个公司或组织的整体运行体系与其内部各子体系的关系，是大环带动小环的有机逻辑结构。

（3）阶梯式上升。图2-2c是PDCA循环的功能，即通过一次次的循环，便能将质量管理活动推向一个新的高度，使项目管理的质量不断得到改进和提高。

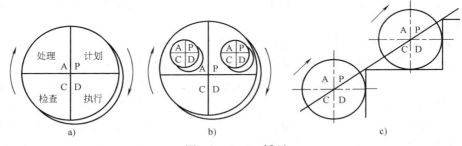

图2-2　PDCA循环

（二）质量螺旋

项目（产品）质量形成的规律可用质量螺旋来描述。朱兰博士提出，为了获得项目的适用性，需要进行一系列活动，也就是说，项目质量是在市场调查、开发、设计、采购、生产、控制、检验、销售、服务、反馈等全过程中形成的，同时又在这个全过程的不断循环中螺旋式提高，如图2-3所示。在这一过程中，包括一系列循序进行的工作或活动，即包含若干个环节，环节之间一环扣一环，互相制约、互相依存、互相促进、不断循环，周而复始。每经过一次循环，就意味着项目（产品）质量的一次提高。由于该图为美国质量管理专家朱兰所首创，故也称朱兰螺旋线。

（三）质量环

质量环是从认识市场需要直到评定能否满足这些需要为止的所有主要活动。在如图2-4所示的质量环中，质量环包括从市场调研一直到用户处置等环节。从图形上看，质量环可以看成是质量螺旋线俯视的投影。质量环是指导企业建立质量体系的理论基础和基本依据，也是项目全生命期管理的主要环节。

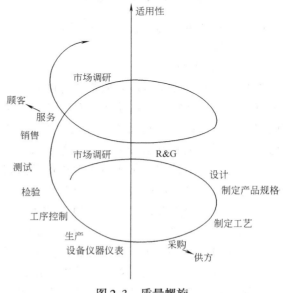

图2-3　质量螺旋

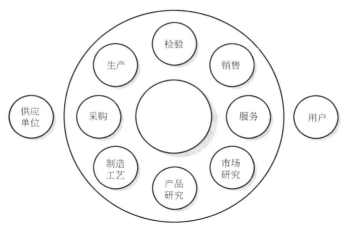

图 2-4　质量环

第三节　项目质量管理的主要内容

一、项目的特点

不同的组织从不同的角度对何谓"项目"给出了不同的定义，其中最重要的是 PMI 对项目的定义：项目是为提供某项独特的产品、服务或成果所作的临时性努力。

由该定义，项目具有以下重要特征：

（一）临时性

临时性是指每一个项目都有明确的开始和结束时间，当项目的目的已经达到，或者已经清楚地看到该目的不会或不可能达到时，或者该项目的必要性已不复存在并已终止时，该项目即已达到了它的终点。临时性不一定意味着时间短，许多项目都要延续好几年。然而，在任何情况下，项目的期限都是有限的，项目不是持续不断的努力。

此外，临时性一般不适用于项目所产生的产品、服务或成果。大多数项目是为了得到持久的结果。例如，兴建国家纪念碑项目就是为了达到国家文明和文化世代相传的目的。

（二）独特的产品、服务或成果

项目创造独特的可交付成果，如产品、服务或成果。具体如下：

■ 生产出来可以量化的产品，既可以本身就是最终产品，也可以是其他产品的组成部分；

■ 提供服务的能力，如辅助生产或流通的商业职能；

■ 成果，例如，研究项目的可行性论证报告等。

独特性是项目可交付成果的一种重要特征。例如，办公楼已经建造了成千上万栋，但其中每一栋都是独特的，即不同的使用要求、不同的设计、不同的地点等。重复部件的存在并不改变整个项目工作的独特本质。

（三）逐步完善

由于项目的临时性和独特性，因此，项目具有逐步完善的特性。逐步完善意味着分步、连续的积累。例如，在项目的早期，项目范围说明和进度计划是粗略的，随着项目的进展，团队对目标和可交付成果的理解更加完整和深入，项目的进度和范围就更加具体和详细。

（四）多目标性特征

项目管理的最终结果就是为了实现一定的目标，项目的目标通常包括以下三个方面的内容：T——时间；C——成本；Q——质量（性能）。

项目管理的目标就是要在规定的时间内、在批准的预算内达到预期的质量性能要求。

项目的时间、成本、质量构成项目三角形，三角形所包含的面积即项目的工作范围如图2-5所示。其中，任何一个因素的变化均会引起其他因素的变化。每个项目都必须受制于时间、成本、质量和范围的约束，如何同时满足这4个方面的要求，往往成为项目管理人员面临的巨大困难和严峻挑战。

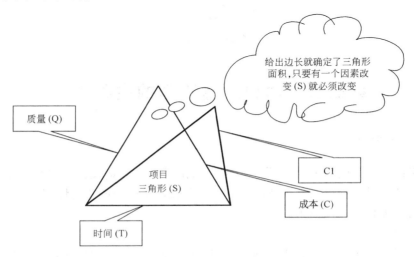

图2-5　项目三角形

二、项目质量的五因素模型

在项目三要素中，质量是最基本、最核心的要素。如果质量未能满足顾客的要求，则其他一切都是徒劳的。项目质量管理可采用五因素模型（见图2-6）来描述。

该模型包括：

■ 两种质量：产品（服务）的质量和管理过程的质量；

■ 两种实现产品和管理过程的质量方法：质量保证、质量控制；

■ 质量意识（态度）：组织中从最高层领导到每个员工都向零缺陷的目标努力。

（一）项目的产品（服务）质量

项目产品（服务）质量，即项目所提交的产品或服务是否符合顾客的技术性能要求，

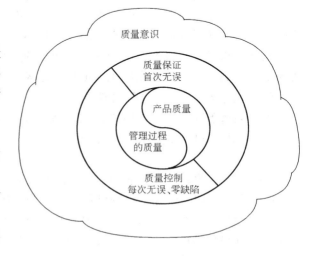

图2-6　项目质量管理的五因素模型

它是项目的最终目标，产品的质量会在项目结束后很长时间产生影响。表 2-2 中列出了项目产品质量的各种表现。

表 2-2　项目产品质量的各种表现

1	性能	可检测的属性,如容量、功率
2	特性	如自动调谐
3	可靠性	如规定时间段内的故障概率、失效概率
4	一致性	运转指标达到标准
5	耐久性	使用时间
6	适用性	能力、汽车的爬坡能力
7	美观程度	外观、感觉、味道
8	认知的质量	声誉

产品在服务阶段（或对于服务型的项目）顾客的质量期望一般包括以下几个方面：

- 时间——顾客需要等多久？
- 及时性——承诺后服务是否被实施？
- 完整性——订单中的条款是否都包括在内？
- 礼貌、周到——一线的雇员是否对每一位顾客都热情、有礼貌？
- 公平性——对不同的顾客是否都提供同等的服务，对同一顾客在不同的时间是否可以提供相同的服务？
- 可得性与便利性——是否可以很容易、方便地得到服务？
- 准确性——是否首次服务就能行之有效？
- 职责——全体服务人员是否可以快速作出反应并处理好意外情况？

（二）项目的工作质量

项目工作质量即"在规定的时间内、在批准的预算内、在规定的范围内完成任务的程度"。这种管理过程的质量会为项目产品质量作出贡献，按照已经定义好并且被证明为正确的活动增加成功的机会，也能保证最终的产品质量。项目合同是进行项目质量管理的主要依据。项目工作质量体现在项目生命周期的各个阶段，如可行性研究的质量、项目决策质量、项目设计质量、项目施工质量、项目竣工验收质量，还可以是质量管理体系运行的质量，如表 2-3 所示。

表 2-3　项目在各阶段的工作质量内涵

项目各阶段	工作质量在各阶段的内涵	需要满足的主要规定
决策阶段	可行性研究	国家发展规划、业主或顾客的要求
	项目投资决策	
设计阶段	设计满足顾客功能、使用价值的程度	设计合同及有关的法律、法规
	设计的安全性、可靠性	
	概(预)算的经济性	
	项目计划进度的时间性	
	与自然和社会环境的适用性	

（续）

项目各阶段	工作质量在各阶段的内涵	需要满足的主要规定
实施阶段	满足顾客功能、使用价值的实现程度	实施合同及有关的法律、法规
	项目的安全性、可靠性	
	项目实际总费用	
	项目时间进度	
	与自然和社会环境的适用性	
服务阶段	保持或恢复使用功能的能力	售后服务合同及有关的法律、法规

（三）质量保证与质量控制

质量管理的主要措施是质量保证和质量控制。质量保证是预防药，它是对产品质量方面的担保，而提前采取的用来增加获得优质产品的可能性的步骤。质量控制是治疗药，是度量产品和管理过程的质量，以消除它们与期望标准偏差的步骤。质量保证和质量控制将在后面介绍。

（四）质量意识

质量意识是项目组织中各利益相关者对实现项目的质量所应承担的义务，是质量管理的灵魂。日本企业提出"质量意识第一、管理技术第二"的方针，据麻省理工学院的一份学术研究报告指出：质量问题的解决，85%取决于人们对质量的态度，而只有15%才依靠技术。

三、项目质量管理的主要内容

项目质量管理是项目管理的一个主要部分，它通过对顾客质量要求的识别和确认，制定出满足这些质量要求的方法和步骤，并在项目实施过程中进行检测和测量，从而保证项目在规定的时间、批准的预算范围内，完成预先确定的工作内容，并且使项目的交付结果符合顾客的要求，使顾客满意。

质量管理的首要任务是确定质量方针、目标和职责，核心是建立有效的质量管理体系，通过具体的四项活动，即质量策划、质量控制、质量保证和质量改进，确保质量方针、目标的实施和实现。

如图2-7所示，项目质量管理的主要内容包括：

质量规划——确定与项目相关的质量标准，并决定如何满足这些标准。

实施质量保证——定期评价总体项目执行情况，以提供项目满足相关质量标准的信心。

实施质量控制——监控具体项目结果以确定其是否符合相关的质量标准，并制定相关措施来消除导致不满意执行情况的原因。

项目质量管理的这些过程彼此之间及其与其他知识领域的过程之间存在相互的影响。根据项目需要，每一过程都包含了一个或多个个人或团体的共同努力。在每一个项目阶段中，每一过程一般至少涉及一次。

虽然这里各个过程是作为彼此独立、相互间有明确分界的组成部分分别介绍的，但在实践中，它们可能会交叉重叠，互相影响。影响的方式这里不作详细阐述，后续章节会对此有深入的探讨。

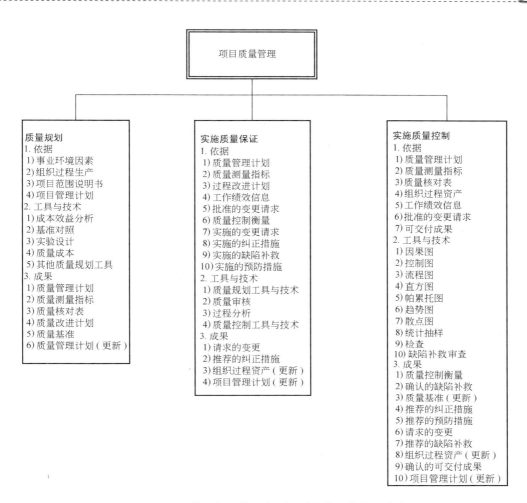

图 2-7　项目管理知识体系中项目质量管理的主要内容

第四节　项目质量管理各过程之间的关系

一、项目质量管理"六合一"模型

在竞争性的环境中，质量就是一种按照要求实现的绩效水平，它能够帮助组织赢得更多的同类型工作，并吸引更多的新顾客。质量管理就是管理质量的过程，以确保实现某种既定的标准。

质量管理应该是一组完整的过程，而不是一个独立的过程。质量管理的工作包括：首先对市场进行分析，并制定出需要实现的可接受的质量水平，然后，需要设立监督和控制系统以确保实现或超越这些质量标准。这一过程所涉及的工作包括：建立某种标准，评估实际绩效，然后将绩效与标准进行对比。这种方法与项目成本偏差分析的挣值分析（EVA）很相似。

项目质量管理包括了保证项目满足其目标要求所需要的一系列过程，包括：确定质量方针、目标和职责并在质量体系中通过诸如编制质量计划、质量控制、质量保证和质量提高使其实施的全面管理职能的所有活动。

项目质量管理一般包括六个主要过程，即质量政策、质量目标、质量规划、质量保证、质量控制和质量审核。

这六部分内容也常常被称为"质量管理的六合一"。这六个要素是任何一种质量管理系统的核心部分。"六合一"是同一个质量管理系统的不同部分，它们共同形成了一个一致的、紧密关联的质量管理系统，遗漏任何一个要素都可能导致系统的失败。图2-8显示了这些要素是如何联系在一起的。

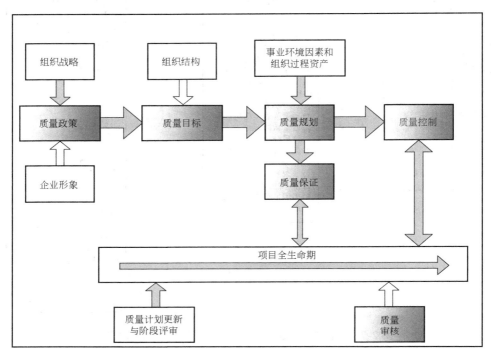

图 2-8   项目质量管理的"六合一"模型

质量政策是质量管理的起始点，它反映了所需的组织形象和构想。质量保证和控制过程所包含的工具和技术能够设立质量标准，监督质量绩效。正式战略的制定是在计划和评审阶段完成的，而整个系统绩效的评估和监控则是通过质量审核过程实现的。

项目全生命期系统对质量计划加以实施。该计划包括生产系统的战略设计和实施。审核系统负责对实施过程进行监控和评估。控制和保证系统负责制定和检查标准与绩效水平。上述要素无论在何种情况下，都能够有效地对质量管理系统的绩效进行评估和量化。它们由质量目标发展而来，而质量目标又是从企业的质量方针中引申出来的。

下面对每一要素进行详细的说明。

二、项目质量管理的各要素之间的关系

（一）质量政策

质量政策是组织对质量的整体构想的说明。它明确指出了组织对质量的态度和所采取的

方法，并设定了绩效的总体成功标准。通常，这些内容通过总体业绩目标来进行说明，其设计是为了对客户目标和利益作出响应。该政策是对总体战略目标的说明。

通常，组织应该把质量政策看作是绩效的保障和中心。它应该得到高级管理层的全面支持，整个组织也应该对这种支持给予认可。质量方针需要发起人和企业的确认。

在制定质量政策时需要：

- 明确规定组织的质量方针；
- 合理协调质量方针与组织既定战略目标之间的关系；
- 高级管理层的明确支持；
- 规定不执行方针的后果和惩罚措施；
- 以主要法律法规为依据和约束；
- 指定考核和评估过程所采用的各种形式。

质量政策应该引起每一个人关注。应该确定可计量的绩效标准，以确保可以对实际绩效水平进行评估。

（二）质量目标

质量目标是指"在质量方面所追求的目的"，它是落实质量政策的具体要求，它依赖于质量方针，应与成本目标、进度目标相协调。质量目标应分解落实到各部门及项目的全体成员，以便于实施、检查和考核。

质量目标将总体目标转换为各个部门需要完成的单独的任务说明，从而实现方针的总体目标。

（三）质量规划

质量规划的主要输出是质量管理计划。质量管理计划类似于项目主进度计划（PMS）和项目成本计划。它是质量管理系统的战略实施计划。该计划将组织的质量目标进行分解，将它们表现为组织不同部门的单个目标。它不仅是所有质量监督和控制系统的基础，同时也为质量管理系统的实施和评审设定了时间范围和成本限制。接下来的实施过程将以计划和质量评审中确定的总体战略来组织自身的结构。

也就是说，项目工作内容可以被分解为多个部分，每一个部分可以采用特定的质量工具和技术，并可以对结果进行监督和控制以确保它们与目标一致。这种形式既可以使项目经理能够对实施过程进行"项目管理"，又可以确保质量管理系统的有效性。

通常，一个好的质量规划应该能够做到以下几点：

- 明确设定最终结果和目标；
- 确保所有的目标都切实可行；
- 允许各项工作之间存在各种相互依赖关系；
- 允许对变动作出合理的响应；
- 明确指定绩效目标成功标准；
- 创建每一个受到影响的部门和工作项目的风险图；
- 针对所有的绩效偏差提出纠正措施；
- 明确所有权和特定责任；
- 对纠正措施的有效性进行监督和控制；
- 生成适当的报告并对结果进行控制。

质量规划还包括质量计划的更新和阶段评审。计划应该是动态的，必须能够体现出质量管理系统和顾客要求之间的联系，它应对生产系统和顾客的变更作出及时的响应，这种响应可采用质量评审的方式。

（四）质量保证

质量保证就是为了使人们确信该项目将能够达到有关质量标准，而在质量体系中开展的有计划、有组织的所有活动。它贯穿于整个项目的始终。质量保证的另一个目标是不断地改进质量。

质量保证通常由质量保证部门或有类似名称的组织单位提供。它有两种类型，一种是向项目团队提供的内部质量保证，另一种是向客户和其他没有介入项目工作的人员提供的外部质量保证。

质量保证的内容是定期评价总体项目执行情况，以提供项目满足相关质量标准的信心。质量保证是一个前瞻性的概念。它涉及的主要内容就是为了确保项目成功而设定系统所需的标准。

通常，设立质量保证系统需要确定某种基准或目标，并以此为基础来评估实际绩效。质量保证系统通常是多功能的，并由高级管理层指定为系统提升持续循环的一个主要组成部分。典型的质量保证系统包括对组织现有结构和特点的详细分析，并且，任何绩效目标的设定都要以现有系统为基础。

通常，一个好的质量保证系统应该具有以下特征：

- 明确指定可接受的最低绩效标准；
- 具有前瞻性；
- 快速的反应能力；
- 应用于项目过程涉及的所有部门；
- 建立绩效数据的收集和分析流程；
- 与所有相关的审核以及绩效评审过程相结合。

（五）质量控制

质量控制是监控具体项目结果以确定其是否符合相关的质量标准，并制定相关措施来消除导致不满意执行情况的原因。

质量控制和质量保证的主要区别在于：质量保证主要是指前瞻性地建立为保证绩效的一系列标准和程序；而质量控制则偏重于对这些标准和目标的实际完成情况进行评估，并针对出现的任何偏差作出响应。

质量控制过程包括不断地抽取样本，并使用某种统计分析方法对采样结果进行分析。然后，将这些结果与既定标准进行对比，这些标准是质量保证系统的一个组成部分，其目的是为了对项目组织分解结构（OBS）和项目工作分解结构（WBS）的不同层级上的质量偏差绩效进行评估。计算个别质量偏差和综合质量偏差是为了确定系统中哪些部分达到了标准要求，哪些部分没有达到要求。这一过程包括观察、取样、收集并处理实际绩效数据、将实际绩效与计划的绩效进行对比，计算偏差并找出造成偏差的原因。其中最重要的作用就是应以数据为基础，制定管理报告。对于每一个识别出来的偏差，质量管理系统都必须能够提出必要的补救措施来修正这种情况。

质量控制系统应该实现以下功能：

- 评估并确认实际绩效；
- 对比目标和实际绩效，找出绩效偏差；
- 识别出严重的绩效偏差；
- 找出导致严重绩效偏差的原因；
- 提出适当的纠正措施建议；
- 分配质量管理责任；
- 监督纠正措施是否有效；
- 生成适当的报告，控制最终结果。

为了确保达到项目成功标准，项目必须能够计算、识别并管理这些偏差。时间和成本偏差可以使用挣值分析（EVA）来统一控制。而质量偏差需要使用本书所讨论的质量控制方法单独进行控制。

到目前为止，还没有一个正式的项目管理系统能够同时对时间、成本和质量绩效进行计量和评估。如果能够开发出一个成熟的软件产品以提供整合的、全面的时间、成本和质量绩效控制功能，那么它必将成为畅销的产品。

（六）质量审核

任何一种质量管理系统都必须包括审核过程。也就是说，由特定人员进行公正的、独立的检查，以确保最终结果符合项目的质量绩效标准。绝大多数实用的质量保证系统和质量控制系统都要受到内部和外部（独立）审核的控制。通常，外部审核能够提供更有力、更可靠的绩效评估。

质量审核过程必须由独立的专业人员来完成，这确保了该过程的正确性，而且保证整个过程不会受到项目人员介入或破坏的影响。审核过程有助于确保系统的公正性、目的性、目标的准确性和公正性，并有助于系统的实施。

通常来说，审核系统需要确认以下各项工作：

- 质量控制流程的有效性和一致性；
- 质量控制绩效数据收集的正确性；
- 包括了所有相关问题；
- 所有过程既符合内部标准，又符合外部法律法规的规定；
- 所有分析和报告既符合内部标准，又符合外部法律法规的规定；
- 所有建议的纠正措施既符合内部标准，又符合外部法律法规的规定；
- 所有的监督和控制系统既符合内部标准，又符合外部法律法规的规定；
- 所有的报告系统既符合内部标准，又符合外部法律法规的规定；
- 任何需要提升的领域都已经明确识别，并妥善解决；
- 准确制定和实施了提升计划和战略；
- 任何可能存在误导和误解的领域都已经被妥善解决；
- 系统不再存在任何问题。

第五节　现代质量管理大师的主要思想

现代质量管理追求顾客满意，注重预防而不是检查，并承认管理层对质量的责任。以下几位著名学者对现代质量管理作出了巨大的贡献。我们在进行项目质量管理中应遵循他们的质量管理思想精髓。

一、戴明

W. 爱德华兹·戴明（W. Edwards Deming）博士主要因其对日本有关质量控制方面的研究工作及提出著名的戴明环——PDCA 循环而闻名。第二次世界大战后，戴明博士应日本政府的邀请，到日本帮助提高生产率和质量。戴明作为一个统计学家和纽约大学的前教授，他告诉日本人：高质量意味着更高的生产率和更低的成本。20 世纪 80 年代，看到日本获得的巨大成功，美国企业争先恐后地应用戴明技术，以帮助自己的工厂建立质量改进计划。为表彰他对日本企业改进质量的贡献，日本为此专门设立了戴明奖。戴明提出质量管理的 14 个要点包括：

- 创造产品和服务改善的恒久目的：最高管理层必须从短期目标的迷途中归返，转回到长期建设的正确方向，把改进产品和服务作为恒久目的，这需要在所有领域加以改革和创新；
- 采纳新的哲学：必须绝对不容忍粗劣的原料、不良的操作、有瑕疵的产品和松散的服务；
- 停止依靠大批量的检验来达到质量标准：检验实际上是准备次品，检验出来已经太晚了，而且成本太高；
- 废除"低价者得"的做法：价格本身并没有意义，只有相对于质量才有意义。公司一定要与供应商建立长远的关系，并减少供应商的数目；
- 不断改进生产及服务系统：在每一次活动中，必须降低浪费和提高质量；
- 建立现代的岗位培训方法：培训必须是有计划的，且必须是建立于可接受的工作标准上，必须使用统计方法来衡量培训工作是否有效；
- 建立现代的督导方法：督导人员必须要让高层管理知道需要改善的地方。当知道之后，管理当局必须采取行动；
- 驱走恐惧心理：所有同事必须有胆量去发问、提出问题或表达意见；
- 打破部门之间的围墙，实现"无边界沟通"：每一部门都不应只顾独善其身，而需要发挥团队精神。跨部门的质量圈活动有助于改善设计、服务、质量和成本；
- 取消对员工发出计量化的目标：公司只有一个目标，即永不间歇地改进；
- 取消数量化的定额；
- 消除妨碍基层员工工作顺畅的因素；
- 建立严谨的教育及培训计划；
- 创造一个每天都推动上述各项的高层管理结构。

二、朱兰

约瑟夫 M. 朱兰（Joseph M. Juran）像戴明一样，也帮助日本制造商协会提高了他们的生产效率，后来同样为美国公司所效仿。1974 年他撰写了《质量控制手册》的第 1 版，书中强调了高层管理对连续的产品质量提高的重要性。1999 年，94 岁高龄的朱兰出版了这本著名手册的第 15 版。他同样开发了"朱兰三部曲"：即质量规划、质量控制和质量改进。

他为奠定全面质量管理的理论基础和基本方法作出了卓越的贡献。朱兰提出了质量改进的10个步骤：

- 建立对改进需要和改进机会的认识；
- 设置改进目标；
- 组织达到目标（建立一个质量委员会，确认问题、选择项目、委派团队及指派协调员）；
- 提供培训；
- 开展项目以解决问题；
- 报道改进；
- 给予认可；
- 传达结果；
- 保持成绩；
- 每年通过对公司的过程改进来保持其持续发展。

三、克劳斯比

菲利浦 B·克劳斯比（Philip B. Crosby）因其著作《质量免费》而广为人知。他强调组织应向"零缺陷"努力，他认为低劣质量的成本应当包括"第一次没有把事情做对"所导致的所有成本，例如，废料、返工、失去的劳动时间和机器时间、顾客不好的印象和失去的销售额、担保成本等。克劳斯比质量哲学的基本精神是：

- 一个核心："第一次就把事情做对"；
- 两个基本点："成为有用的和可信赖的"；
- 三个代表："提供客户、供应商、员工/股东需要的解决之道"；
- 四个基本原则："质量：符合要求，系统：预防，工作标准：零缺陷，衡量：不符合要求的代价"；
- 五个解决问题的流程："确定状况、临时措施、确认根本原因、采取更正措施、估计与跟踪检查"；
- 六个变革管理阶段："领悟、承诺、能力、改正、沟通、坚持"；
- 七个过程管理模块："本过程、输入、输出、工作标准、程序、实施与装备、培训与知识"；
- 十四个创建质量文化的步骤："管理层的决心、质量改进团队、衡量质量、质量成本评估、质量意识、改正行为、零缺陷计划、主管教育、零缺陷日、目标设定、错误成因消除、赞赏、质量委员会、从头再来"。

四、费根堡姆

阿曼德 V. 费根堡姆（Armand V. Feigenbaum）在其著作《全面质量管理：工程和管理》中首先提出了全面质量管理的概念。他提议对质量的责任应当依赖做这项工作的人。在全面质量管理中，产品管理比生产速度重要得多，无论什么时候出现质量问题，应当允许工人停止生产。

五、石川馨

石川馨以其《质量控制指南》（1972年）而广为人知。他提出了QC（Quality Circles）小组的概念，并首先在质量控制中应用了鱼刺图技术。

六、田口宏一

田口宏一开发了用于设计实验过程优化方法——田口法。田口法强调质量应当被设计到产品中，保证高质量的最好方法是把距离产品目标值的偏差减至最小。1998年，《财富》的一则文章称："日本的田口宏一是美国的新质量英雄"。许多公司，包括施乐、福特、惠普等公司都使用田口宏一的"鲁棒设计方法"（Robust Design Method）来设计高质量产品。

案例：三峡工程项目质量管理

质量是三峡工程的生命，中国三峡总公司和各参建单位始终把工程质量放在第一位，制定了完善的质量标准，建立了从原材料到现场施工全过程的监控体系，实施了有效的质量监督措施，形成了健全的质量保证体系。

一、质量管理组织机构

三峡工程建设实行项目法人责任制、招标投标制和合同管理制有机结合的管理体制，推行以"质量"为前提，以"三控制"（质量、进度、投资）为目标，以合同管理为基础的项目质量管理模式。围绕这一管理模式及一流质量的要求，业主和参加建设的各方组建了质量管理组织机构。

1. 三峡枢纽工程质量检查专家组

为加强对三峡工程质量的监督，国务院三峡工程建设委员会于1999年6月成立了"三峡枢纽工程质量检查组"，每年两次到三峡工地开展质量检查工作，对三峡工程的质量保证体系、工程质量、工程进度进行检查，对存在的质量问题提出整改意见，对工程质量作出评价。国务院派出专家组，是对项目法人责任制的进一步健全和完善。

2. 三峡工程质量管理委员会

为统一、协调三峡工程质量管理工作，由业主单位（三峡总公司）组织参建各方（业主、设计、施工、监理等）成立了"三峡工程质量管理委员会"，负责三峡工程全面质量管理工作，检查、监督、协调、指导参建各方开展质量管理活动。下设办公室，挂靠业主单位，负责日常工作。

3. 参建各方内部管理机制

业主单位实行总经理负责制，工程建设部是三峡工程建设管理的现场代表，负责设计、施工、监理和业主各部门在施工现场的组织、协调工作。工程建设部下设的各工程项目部代表业主履行本项目合同甲方的职责。业主单位在现场组建了试验中心、结构中心、安全检测中心和水文、水情气象中心，对工程质量进行检测、监督。

各主要施工承包单位实行指挥长（总经理）负责制，设立了不同层次的质量管理机构，配备了专职质检人员，专门负责质量管理与质量检查工作。通过签订质量责任书，明确了各级质量目标和责任。各施工承包单位均建立了实验室，承担原料和混凝土性能方面的试验工作，为施工质量提供依据。

各监理单位实行总监理工程师负责制，设立了工程项目部、质量安全部、合同管理部、工程信息部等，与业主单位下属的工程建设部机构一一对应，以实现统一、规范化对口管理。监理单位在施工现场建立了实验室、成立了测量队，以满足质量监控的需要。

长江委设计院是三峡工程的设计总承包单位，对所承担的工程设计质量总负责。对勘测、规划、初步设计、技术设计、招标设计直至施工详图设计的全部设计质量负有直接责任，长江委三峡工程局是长江委设计院派出的现场设计代表机构。

二、质量控制

1. 工程规划及设计质量控制

三峡工程勘测设计资料经历多次专家评审，可行性报告于 1992 年 4 月 3 日由国务院提请第七届全国人民代表大会第五次会议审议通过，初步设计报告于 1993 年 7 月 26 日由国务院三峡工程建设委员会批准。

为保证工程设计质量，设计单位派出现场设计代表，做好技术交底和技术服务工作，并根据施工现场的具体情况，及时调整、变更或优化设计方案。当发生与国家审定的初步设计有重大变更时，由业主组织设计单位编制相应的文件报三峡工程建设委员会审查批准。采取设计优化方案及采用新工艺、新技术、新材料、新型结构前，首先要进行充分的工程技术论证，并进行必要的可靠性增长试验。

2. 设备采购质量控制

三峡工程的金属结构和机电设备，其性能和技术指标由设计单位提出，经组织国内专家反复审议后确定，所有的设备采用公开招标方式，由总公司组织采购，国内尚不能制造的设备，如水轮发电机组等，经国务院三峡工程建设委员会批准，采用国际公开招标方式采购。设备制造过程中，总公司组织专家或委托有资质的单位实行驻厂监造。

3. 原材料供应质量控制

对于原材料采购供应，利用市场竞争机制，引入公开招标方式。优选供应厂商，建立长期稳定的资源渠道，并将质量控制体系、检测体系延伸到定点供货厂商的产品生产、运输、仓储、供应的全过程。水泥、粉煤灰、钢材等必须有厂家的检验报告，其中水泥由业主委托国家建材中心和长江科学院驻厂检测，承包商、监理单位和业主试验中心按批次对进入现场的原材料进行抽检，不合格的不得用于三峡工程。

4. 施工质量控制

三峡工程施工质量控制实行"以单位工程为基础、工序控制为手段"的程序化管理模式。

采取的措施包括：①完善优化设计，加强技术交底，在保证工程安全的前提下，设计单位根据现场条件的变化或出现的问题，及时调整、变更或优化设计方案。②严格工艺作风，努力消灭"顽症"。施工单位认真编制施工方案、技术措施和作业指导书，做好施工设计和资源组织准备工作。严格按照设计图样和施工规程精心施工，严格执行模板加工及验收标准。③加强监理工作，严格质量把关。随着工程进展需要，监理单位增加了一批素质较高、年龄和职称结构相对合理的专业监理人员，补充完善了监理工作实施细则。④项目部现场值班，做好组织协调工作。

对质量问题严格处理，不留隐患。对于施工过程中发现的质量问题，遵循"三不放过"

原则进行调查处理，严格按照设计要求进行补救施工，做到不留隐患。

三、质量管理文件和质量检测标准

为实现制度化和规范化的严格管理，三峡工程质量管理委员会颁布实施了《三峡工程质量管理办法》，该办法明确了参建各方的主要职责和权限，对原材料及设备的采购供应、工程施工质量的监督控制、工程质量事故的处理等作出了具体规定。

施工承包单位参照《三峡工程质量管理办法》，结合自身特点，制定了适合本单位的质量管理办法，如质量管理责任制、质量检查验收办法、质量奖惩办法等。监理单位根据工程进展需要，对质量检查验收的工作程序、验收办法及具体实施细则进行了逐步完善、补充，形成了一套较为系统的监理工作实施细则。监理细则对监理质量监督控制的内容、程序、标准等作出了具体规定。

四、质量监督机制

为了加强对三峡工程质量的监督和检查，三峡工程形成了质量控制的"4+1"监督机制。其中"4"指的是：①施工单位对质量进行自检。②监理单位对施工质量进行监督控制。③业主项目部对质量工作实行统筹协调。④质量总监办公室按专业进行质量把关。"1"指的是三峡枢纽工程质量检查专家组，代表国家每年两次对三峡工程质量进行评价，实行高层次、更具权威的质量监督。

1997年11月8日，三峡工程高质量地实现了大江截流。国务院三峡建设委员会三峡工程第一阶段工程验收领导小组对三峡工程建设第一阶段（1993~1997年）作出了"工程质量总体良好、满足设计要求，工程建设进度满足设计进度要求，并略有提前，工程静态、动态投资均控制在国家批准初设概算投资范围"的评价，圆满地完成了项目目标。

思 考 题

1. 质量的含义是什么？判断项目质量优劣的最终标准是什么？

2. 简述为什么项目的质量是项目三要素——进度、成本和质量中最难以评价的。

3. 为什么以顾客为关注点是全面质量管理的首要因素？近年顾客的角色发生了什么变化？

4. 列出你个人的顾客。你会采用哪些步骤了解他们的需求并保持密切关系？怎样做才可以达到或超越他们的期望？

5. 简述项目五因素模型包括哪些内容？在你的工作中哪些是项目的产品质量和工作质量？

6. 简述质量保证与质量控制方法的区别和联系。

7. 全面质量管理的主要观点有哪些？

8. 如何将戴明的质量管理十四点应用到你熟悉的一个组织中？你认为其中的哪些要点会与组织现行的运行思想发生大的冲突？

9. 什么是质量方针和质量目标？在你的组织中质量方针和质量目标是什么？

10. 简述全面质量管理的含义。

11. 举例说明怎样理解PDCA循环的工作方式。

12. 简要阐述朱兰"质量环"的实质。

13. 项目质量管理的主要过程是什么？

相关网站

1. http：//www. caq. org. cn/

中国质量网：此网站是中国质量协会的官方网站，内容包括：质协系统、文件资料、质量培训、质量书籍、质量认证等内容。

2. http：//learning. sohu. com/7/0504/57/column220325795. shtml

管理大师速读：其中包含戴明、西蒙、科特等管理大师的生平及其主要的学说。

3. http：//www. leadge. com/

中国项目管理资源网：此网站包括项目管理入门、PM 新闻、PM 战略规划、项目决策、PM 软件、IT 服务管理、PM 书籍等内容。

第三章

项目质量规划

在项目的开始阶段，项目经理就应该拟订一个质量管理计划，用以规定怎样圆满实现项目的质量目标，公司的程序怎样作用于项目，以及项目经理打算怎样进行质量保证和质量控制等。

项目质量规划是进行项目质量管理、实现项目质量方针和目标的事前规划。质量规划是确定与项目相关的质量标准，并决定如何达到这些标准的要求。质量规划是质量管理的基础，项目小组应事先识别、理解顾客的质量要求，然后制定出详细的计划去满足这些需求。

第一节　概　　述

一、项目质量规划的基本含义和作用

项目规划是项目实施的基础。项目管理的实践中项目计划最先发生，并处于首要地位，是项目管理的龙头。无论组织还是个人，无论是传统的运营模式还是现代项目管理模式，毫无疑问都需要规划工作。每一个社会组织的活动不但受到内部组织事业环境的影响，而且受到外来多方因素的制约。因此组织要不断地适应复杂环境的影响，只有科学地制定计划才能协调与平衡多方面的活动，以求得组织的生存和发展。

项目质量管理活动，不论其涉及的范围大小、内容多少，都需要进行项目质量规划。ISO 9000：2000 将"质量规划"定义为：质量管理的一部分，致力于设定质量目标并确定必要的运行过程和相关资源以实现其质量目标。

高质量的产品不是偶然达到的，它来自于项目管理者的质量意图，也就是质量方针和目标，以此为依据进行周密的计划安排，一步一步地实现项目的质量目标。设定质量目标和标准，并策划为达到这些目标所需要的产品或过程就是质量规划工作的内容。项目团队应意识到现代质量管理的基本观点——质量是规划和计划出来的，而不是检查出来的。

质量规划的正确与否将最终影响到项目最终可交付物的质量。不同的项目在进行质量规划时，其目的都是为了实现特定项目的质量目标，因此具体地说，项目质量规划就是根据项目内外环境制定项目质量目标和计划，同时为保证这些目标的实现，规定相关资源的配置，以有效地把握未来的发展，最大程度地获得组织成功。

项目管理过程中进行质量规划的主要作用为：

- 质量规划可以作为一种工具。当用于项目组织内部时，应确保项目要求纳入质量规划；在合同情况下，质量规划应能向其顾客证实具体的特定要求已被充分阐述，编制质量规划的首要原则是提高顾客满意度；

■ 编制并执行质量规划，有利于实现规定的质量目标和全面、经济地完成分合同的要求；

■ 质量规划编制过程实际上是各项管理和技术工作协调的过程，这将有助于提高管理效能；

■ 质量规划可作为质量审核、评定、监督的依据。

质量规划是项目规划过程组和制定项目计划期间的关键过程之一，因此，项目质量规划过程应与其他项目规划过程结合进行。例如，为了达到已确认的质量标准，对项目产品所作变更可能要求对费用或进度进行调整；或者所要求的产品质量可能需要对某项已确认的问题进行详细的风险分析。

项目质量规划的过程如图 3-1 所示。

依据	工具与技术	成果
1. 质量政策	1. 成本效益分析	1. 质量管理计划
2. 范围说明书	2. 基准对照	2. 操作定义
3. 产品描述	3. 流程分析	3. 检查表
4. 标准与规范	4. 实验设计	4. 过程改进计划
5. 其他过程输出	5. 质量成本	5. 质量基准
		6. 其他输出

图 3-1　项目质量规划的过程

质量规划过程的主要成果（输出）是质量管理计划，它为项目综合计划提供输入，并为项目提出质量控制、质量保证和质量改进方面的措施。在项目规划过程中，通常需明确：

■ 为完成项目目标的各项任务范围；

■ 确定负责执行项目任务的全部人员；

■ 制定各项任务的时间进度表；

■ 阐明每项任务所必需的资源（人、财、物）；

■ 确定每项任务的预算；

■ 进行风险的识别、风险评价，制定风险应对措施；

■ 识别各种依赖关系、要求、机会、假设和制约因素。

以上各主要方面应得到项目主要利益相关者的认可。项目规划过程中通常采用"滚动式计划"方法，即由"粗"到"细"不断完善和细化计划。由于反馈和细化的过程不能无止境地拖延下去，应按组织确定的程序在适当的时机结束规划过程，这类程序受到项目性质、既定的项目边界、适当的监控活动以及项目所处的环境的影响。

质量管理计划是对特定的项目规定由谁、何时、何地、经历哪些程序、使用哪些相关资源的文件。项目的质量计划是针对具体项目的要求，以及应重点控制的环节所编制的对设计、采购、项目实施、检验等质量环节的质量控制方案。按照 ISO 9000 术语，质量管理计划应描述项目的质量管理体系："实施质量管理所需的组织结构、责任、程序、过程和资源"。质量管理计划可以是正式的或非正式的、非常详细的或简要概括的，皆以项目的需要而定。制定的质量计划应该：

- 必须致力于项目的质量控制、质量保证和质量改进；
- 描述项目团队如何实现质量方针和目标。

质量规划过程的输出除了质量管理计划外，还包括质量检查表、操作定义。

二、质量规划线路图

项目规划首先要识别顾客的需求，其主要步骤：

第一步：识别顾客的需求，其中包括目标顾客是谁、他们的需求是什么。

第二步：需求的陈述，如何在众多的需求中寻求平衡。

第三步：努力满足顾客的需求，将顾客的需求在工作中体现出来。

这些过程可用朱兰提出的质量规划（策划）线路图（见图3-2）来描述。其中右边的一列是各活动的输出。

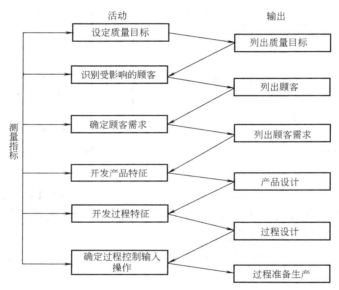

图 3-2　朱兰提出的质量规划（策划）线路图

质量规划过程的主要活动包括以下几项：

（一）设定质量目标

质量目标是组织在质量方面所追求的目的。质量目标将项目的质量方针转换为各个部门需要完成的单独的任务说明。质量目标详见本章第二节。

（二）识别谁是顾客

顾客就是接受或使用我们产品和服务的人，顾客分内部顾客和外部顾客两种。

内部顾客是企业内部那些接受服务或使用产品的人。在进行质量规划时，要充分识别内部顾客的需求，对过程和工序以及工艺流程等质量要求作出明确的规定，并以书面形式形成文件，以便于员工明确自己的质量责任，了解组织内部顾客的要求，并使得检验人员易于操作。在一条组装线上，客户是你的下道工序上的人或在你的工作的基础上进行工作的人。如果你是一个安全经理，你的顾客就是所有依靠你的知识和服务获得一个安全的工作环境的员工。

外部顾客存在于企业的外部，他们包括最终顾客、最终使用者，以及其他直接或间接得到你的产品或服务的人，如图 3-3 所示。外部顾客主要包括项目投资人、供货商、消费者和银行等。项目组织应认真识别外部顾客，因为外部顾客对项目质量的满意程度很大程度上决定了项目组织今后的质量方向。外部顾客的期望和需求一般主要表现在对项目的特性方面。例如，项目质量的符合性、项目组织

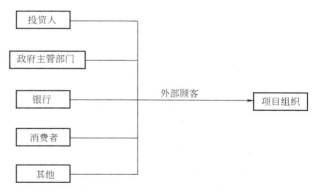

图 3-3　外部顾客的组成

的可信性、项目组织的交付能力、项目实现后的服务、价格和项目生命周期内的可用性。项目组织在辨别谁是组织的外部顾客的同时，需要判断顾客的要求是什么。

对内部顾客的服务与对外部顾客的服务同样重要。研究表明，顾客和员工关于服务质量的观点与内部服务气氛之间存在着很强的关联性。这也就是说，如果你希望员工对外部顾客的需要负责任，则这些员工以及所有其他员工都应该得到各种层次上的满足。

（三）确定顾客需求

对顾客需求的分类有不同的角度和方式，朱兰将顾客的需求分为以下五种类型：①表述的需求：顾客通过语言明确表达出的需求。②真正的需求：顾客的内在需求。③感觉的需求：这是一种顾客期望达到的需求，具有很强的不确定性和模糊性。④文化的需求：这是超越项目自身范畴的需求，主要包括一些服务质量、自尊和文化底蕴等方面的需求。⑤可追踪到的非预期用途的需求。

（四）开发项目特征

项目团队通过开发项目特征对顾客的需求作出反应并给予满足。开发项目特征的动力源于顾客，这其中既包括顾客（市场）的直接推动，也包括通过调查、分析、预测得出的顾客的需求，这是一种间接的推动。确定项目开发的特征主要包括三个阶段：项目开发的输入应该是顾客满意度标准，经过项目开发过程优化，输出项目的一系列特征和相关指标，以实现在满足顾客需求的同时，降低项目的开发成本，缩短项目周期。开发产品（项目）特征的过程如图 3-4a 所示。

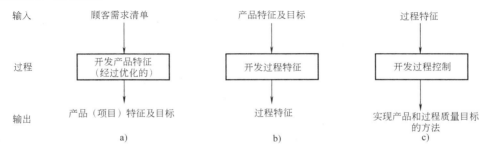

图 3-4　项目策划的主要过程输入输出图

a）开发产品特征过程　b）开发过程特征过程　c）开发过程控制过程

（五）开发过程特征

"过程"就是"为达到一定目标而进行的一系列有系统的行动"。开发过程就是指如何开发产生符合顾客需求的产品特征的生产过程。这里所用的"过程"，不仅包括实物设施，还包括人的因素。此外，一个过程需要满足下列要求：①目标导向，要作质量规划必须首先建立要尽力达到的项目质量目标。②系统化，组成过程的活动都以一致的概念相互联系。③有能力的，质量规划合理的最终结果应当是在经营条件下能满足项目质量规划的一个过程。④合法的，过程的产生和发展是被授权的，它达到了被授权的相关责任人的认可。该过程的输入输出如图 3-4b 所示。

（六）开发满足顾客需求的过程控制

企业产品形成过程的有效控制，是保持合格产品的再现性的关键因素。该过程的目的在于表明如何开发为保证生产过程处于稳定状态所需的过程控制，使生产过程能不断实现项目及质量目标。开发过程控制的输入输出如图 3-4c 所示。

三、质量规划的原则

质量规划是组织战略规划的重要方面，项目的战略规划（策划）过程是确定项目方向的过程，它对项目其他过程的实现进行组织和管理。战略规划过程中质量的实现取决于是否确保在所有过程中均考虑了以下方面：

（一）满足顾客和其他利益相关者明确和隐含的需求是首要目标

如前所述，在项目规划过程中应清楚地理解顾客和其他利益相关者的需求，以确保所有过程均注重并能够满足这些需求。

在整个项目期间，应明确与所有利益相关者的需求，并在必要时得到信息反馈。应解决利益相关者需求间的矛盾，通常，若顾客和其他利益相关者之间的需求发生矛盾时，应优先考虑顾客的需求。矛盾的解决方法应得到顾客的同意。应与利益相关者达成正式协议。在整个项目过程中，应始终注意利益相关者（包括新的利益相关者）需求的变更。应规定项目目标，以满足商定的要求，必要时，应在项目过程中修订项目目标。

（二）项目是通过一组经过策划和相互配合的过程来实现的

应规定项目过程、所有者及其职责和权限，并形成文件。应为项目过程制定政策。应考虑最终产品及其组成部分的结构，以确保识别适当的过程。过程的设计应考虑产品生命期中后期发生的过程，如与维护保养有关的过程。战略规划过程还应考虑外来产品或服务的获取及其对项目组织的影响。

应规定项目启动组织和项目组织之间的关系，明确划分其职责和权限，包括与其他利益相关者之间的关系、职责和权限。

（三）必须注重过程质量和产品质量，以满足项目目标

从项目作为一项最终产品来看，项目质量体现在其性能或者使用价值上，是项目的产品质量。从项目作为一次性的活动来看，项目质量体现在由 WBS 反映出的项目范围内所有的阶段、子项目、项目工作单元的质量所构成，也即项目的工作质量。

为达到顾客要求，并按时、按质地做到这一点，项目经理和项目团队必须考虑项目交付的产品（或服务）和项目管理过程本身。因此，项目的质量管理需要从项目的产品和项目的管理过程两方面进行管理。任何方面没能满足质量要求都将对部分或全部项目相关方造成严重的消极后果。例如，通过为达到项目进度要求而缩短规定的质量检验过程，如果产品的缺陷未被发现，将对产品质量造成消极后果。

由执行组织主动采取的质量提高措施（如全面质量管理、持续改进等）既能提高项目管理的质量，也能提高项目的产品质量。

然而，项目管理团队必须注意项目管理的质量和项目产品的质量之间的重要区别——项目的临时性意味着在产品质量提高上的投资，尤其是缺陷的预防和鉴定评估，必须由执行组织承担。因为这种投资的效果可能在项目结束以后才得以体现。

（四）管理者对营造质量环境负责

项目组织的管理者应营造质量环境。营造这种环境的途径和方法应包括：

- 建立有助于满足项目目标的组织结构；
- 根据数据和实际信息作出决策；
- 为进展评价作好准备并对质量开展评价；
- 全体人员共同参与实现项目工作质量和产品质量的过程之中；
- 与分承包方和其他组织建立相互受益的关系。

应安排具备能力的人员，并配备适用的工具、技术、方法和实践去监测和控制各过程，同时，实施纠正和预防措施对这些过程进行改进。

组织应尽早指定项目经理。项目经理是经指定的负有责任、权限和职责管理某一项目的人。授予项目经理的权限应与其职责相当。

第二节　项目质量规划的内容和依据

一、项目质量规划的内容

项目质量规划（策划）一般包括：项目质量目标的规划、项目质量管理体系的规划、项目实施过程的规划、项目质量改进的规划。

（一）项目质量目标的规划

项目质量目标是组织在质量方面所追求的目的。项目质量目标对员工具有激励作用，对于项目质量管理具有导向作用。因此，项目组织必须在项目组织的各相关职能和层次上建立相应的质量目标。

（二）项目质量管理体系的规划

项目质量管理体系的规划是一种宏观的质量规划，由项目组织最高管理层负责，根据质量方针确定项目的基本方向，设定质量目标，确定质量管理体系要素，分配质量职责等。

（三）项目实施过程的规划

项目实施过程的规划需要规定项目实现的必要过程和相关的资源。这种规划既包括对项目全生命期的规划，也包括对某一具体过程的规划，如设计、开发、采购和过程运作。在对实施过程进行规划的过程中，应将重点放在过程的难点和关键点上。

（四）项目质量改进的规划

质量改进目标是质量目标的重要组成部分。质量改进通常包括两种方式：中长期质量改进的规划及针对具体问题的质量改进规划。

二、质量规划的依据

(一) 质量政策

质量政策是组织对质量的整体构想的说明。它明确指出了组织对质量的态度和所采取的方法，并设定了绩效的总体成功标准。该政策是对总体战略目标的说明。它并没有指定个别绩效要求，也没有确定实现目标所需的机制。

质量政策一般以必要而有力的形式予以颁布。许多组织成功地制定出了很好的质量政策，但如果委派基层管理者去执行此政策，就将质量政策的良好意图降低了。因此质量政策的执行应是高层管理者的责任，高层管理者必须言行一致。

质量政策应能够明确以下几点：

- 描述做什么而不是怎么做的原则；
- 促使项目组织的质量方针与项目质量目标相一致；
- 对外界提供项目组织的质量观点；
- 为更改或更新质量政策制定规则。

质量政策中最重要的内容是质量方针。组织要建立一个统一的质量方针，使项目组织内的所有员工依据纲领指导项目管理工作，使质量观念深入人心，在保证工作质量的前提下，保证项目产品质量。

质量方针是指"由组织的最高管理者正式发布的该组织总的质量宗旨和方向"。质量方针是总方针的组成部分，由最高管理者批准。例如，某公司的质量方针是："我们将向我们的顾客提供及时的、无缺陷的产品和服务。"

质量方针体现了该组织的质量意识和质量追求，是组织内部的行为准则，也体现了顾客的期望和对顾客作出的承诺。一个组织（企业）的质量方针可以作为项目的质量方针应用于项目。但是如果执行组织缺少正式的质量方针，或项目涉及多个执行组织（如合资），项目管理团队需要专门为项目编制质量方针。

管理者必须清楚地知道，只有清楚地确定一个政策，以说明什么是良好的工作状态，这种状态才能产生。也就是说，项目质量的水平产生于管理者的质量"意图"，项目的质量状态不会超过管理者的质量"意图"，这个"意图"就是质量方针。

质量方针与组织的总方针相一致并为制定质量目标提供框架。

例如，北京现代汽车有限公司建立了独具特色的"三个最好，达到三个满意"企业理念，即"靠完美的汽车开辟最好的生活，让顾客满意；用精细的管理创造最好的回报，让股东满意；以舒适的现场提供最好的环境，让员工满意。"基于企业理念，北京现代汽车有限公司的质量方针是：让顾客享受超值，抓质量命脉，促持续改进，造世界级汽车。

其他一些具有代表性的质量方针：

- 中国建筑工程总公司：过程精品，质量重于泰山；中国建筑，服务跨越五洲；
- 上汽通用五菱汽车股份有限公司：倾听顾客声音，集成内外资源，持续改进质量，超越顾客期望；
- 华为技术有限公司：积极倾听客户需求；精心构建产品质量；真诚提供满意服务；时刻铭记为客户服务是我们存在的唯一理由；
- 河南仰韶酒业有限公司：以质量当关，酿仰韶精品；让买者放心，让喝者舒心。

处于组织中的项目小组在实施项目的过程中必须依照执行组织质量方针的要求。如果项目的实施缺乏质量方针和目标，或者项目比较独立，应该有自己的质量方针，项目小组就应制定出项目的质量方针，以确保在质量方向上项目小组与项目投资方达成共识。

项目管理班子有责任保证项目相关方全面获知质量方针，包括适当的信息分发。

（二）项目范围说明书

项目范围说明了顾客的要求及项目的主要目标，它理应成为项目质量计划的主要依据。项目的范围说明书主要应该包括以下四个方面的内容：

（1）项目的合理性说明。即解释为什么要实施这个项目，也就是实施这个项目的目的是什么。项目的合理性说明为将来提供了评估各种利弊关系的基础。

（2）项目目标。前面已经讲过，项目目标是所要达到的项目的期望产品或服务，确定了项目目标，也就确定了成功实现项目所必须满足的某些数量标准。项目目标至少应该包括费用、时间进度和技术性能或质量标准。当项目成功地完成时，必须向他人表明，项目事先设定的目标均已达到。值得注意的一点是，如果项目目标不能够被量化，则要承担很大的风险。

（3）项目可交付成果清单。如果列入项目可交付成果清单的事项一旦被完满实现，并交付给使用者——项目的中间顾客或最终顾客，就标志着项目阶段或项目的完成。

（4）产品说明。产品说明应该能阐明项目工作完成后，所生产出的产品或服务的特征。产品说明通常在项目工作的早期阐述少，而在项目的后期阐述的多，因为产品的特征是逐步显现出来的。产品说明也应该记载已生产出的产品或服务同商家的需要或别的影响因素间的关系，它会对项目产生积极的影响。尽管产品说明的形式和内容是多种多样的，但是，它们都应足够详细以对今后的项目规划提供详细的、充分的资料。

（三）产品说明书

产品说明书是对范围说明书的进一步具体化，在产品说明书中包含了更加详细的产品的技术要求和性能参数要求，这些资料对项目质量规划的编制非常有帮助。

（四）标准和规则

项目组织在制定项目质量规划时，必须要考虑所有可能对该项目产生影响的任何应用领域的专门标准和规则，如相关领域的国家、地区、行业等标准、规范以及政府规定等。这些标准和规则对质量规划将产生重要的影响。例如，建筑工程项目的质量规划就应依据建筑施工规范、建筑结构规范等国家、行业、地方标准和法律法规。需要强调指出，如果项目所涉及的领域和行业尚没有标准和规范的时候，项目组织应该在充分考虑其他竞争对手情况和组织自身技术能力的前提下，聘请行业专家参与到项目中，共同完成标准和规范的制定过程。

国际标准化组织对标准和规范的定义为：

标准是一个"由公认的组织批准的文件，是为了能够普遍和重复使用而为产品、过程和服务提供的准则、指导政策或特征，它们不是强制执行的"。标准按照范围可以分为：国家标准、行业标准和国际标准。

规范是一种"规定产品、过程和服务特征的文件，包括使用的行政管理条例"，与标准所不同的是规范具有强制性。

（五）项目中其他相关工作的输出

项目管理中其他相关领域工作的输出同样会影响项目质量目标的实现，因此，应该在制定质量规划的过程中将其考虑进去。比如，项目进度计划、项目工作分解结构、项目采购计划是项目质量规划过程的输入。

三、质量目标管理

项目质量规划过程中重要的内容是对项目的战略质量目标分解为可管理、可控制的战术质量目标，并对相关责任方进行目标管理。

（一）战略质量目标和战术质量目标

制定质量目标的主要依据是组织的质量方针。通常对组织的相关职能和层次规定质量目标。在这里，有必要说明项目组织建立质量方针和质量目标的目的和意义。在 ISO 9000 族标准中多处强调企业应建立正确的质量方针和适宜的质量目标，其战略意义就是方针和目标能成为项目组织可持续发展关注的焦点和前进的方向。质量方针为质量目标提供了框架，而质量目标应该与质量方针保持一致。质量目标必须逐级展开，而且应该是可以度量的，尤其在项目管理的各作业层次上必须可度量以便增加项目组织对质量目标的可操作性，并正确自我评估目标实现的过程和结果。

质量目标是企业实现满足顾客要求和达到顾客满意的具体目标，也是评价质量管理体系有效性的重要判定指标。

质量目标是对项目的质量方针明确、具体和可测量的语言表达。目标的可操作性要强，因此，目标应该可测量，包含时间限制，状态可确认、可实现。目标的特性可用 SMART 准则来概括：

- 明确：确定的目标是明确的；
- 可测量：建立可测量的指标（体系）；
- 可分配：目标可分配给特定人员完成；
- 现实性：用可获取的资源能够完成；
- 时限性：指该目标何时能被实现，即有工期限制。

例如：
- 5 年内质量成本降低 50%（HTM 公司）；
- 2 年内，减少差错率 90%（FLDEP 公司）。

通常，质量目标又可分为战略质量目标和战术质量目标。战略质量目标是在组织经营战略层面上的质量目标，由组织最高管理层制定，是组织整体经营计划的一部分，而且是将质量作为组织目标中最优先级的目标。战术质量目标是由项目组织的中下层来制定的质量目标。通常，项目的中下层都将项目组织的最高质量目标分解为一系列的、与自身工作直接相关的质量目标。虽然战术质量目标是由中下层制定的目标，但是，项目经理应从整体上掌握制定战术质量目标的方法，包括如何参与规划以及培训规划人员等。

（二）质量目标管理的主要内容

目标管理（Management By Objective，MBO）是指由企业的管理者和员工参与工作目标的制定，在工作中实行"自我控制"并努力完成工作目标的一种管理制度。

美国著名企业管理专家彼德·德鲁克（Peter F. Drucker）在 20 世纪 50 年代首先提出了"目标管理与自我控制"的主张，他在《管理的实践》一书中对目标管理作了较全面的概括，指出："如果一个领域没有特定的目标，这个领域必然会被忽视"，如果"没有方向一致的分目标来指导每个人的工作，则企业的规模越大、人员越多时发生冲突和浪费的可能性就越大。每个企业管理人员或工人的分目标就是企业总目标对他的要求，同时也是这个企业管理人员或工人对企业总目标作出的贡献。只有每个企业管理人员和工人都完成了自己的分目标，整个企业的总目标才有实现的可能。企业人员对下级的考核和奖惩也是根据这些分目标来进行的"。实行目标管理，使企业的成就成为每个员工的成就，有利于激励广大员工关心企业的兴衰，增强凝聚力和发扬"团队精神"。目标管理强调从工作的结果抓起，因此，有助于推动人们为实现既定的目标去寻求先进的管理技术和专业技术，改进经营管理和各项作业活动。

实施质量目标管理的一般程序是：

（1）制定组织的战略质量目标，通常是组织在一定时期内（多数组织均以一年为目标周期）经过努力能够达到的质量工作标准。

（2）以内部员工都能为质量目标的实现作出贡献的方式进行沟通，并规定质量目标的展开职责，将企业的质量总目标自上而下层层展开，落实到相关职能部门和员工，做到"千斤重担大家挑，人人肩上有指标"。这样，部门和个人的分目标，就是企业对他的要求，同时也是部门和个人对企业的责任和预期的贡献。这样做将有利于贯彻质量责任制与经济责任制。在制定各级的战术质量目标时，应制定相应的实施计划并明确管理重点，以便于检查和考核。战术质量目标应当系统地进行评审，并在必要时予以修订。

（3）以企业的战略规划和质量方针作为确立质量目标的框架，并建立质量目标管理体系，充分运用各种质量管理的方法和工具，质量目标应当是可测量的，以便管理者进行有效和高效的评审，以保证企业目标的实现。

（4）评价组织质量总目标。通过定期的检查、诊断、考评、奖惩等手段，实施改进，必要时进行目标值的调整。对质量总目标实施效果的评价，应将不足之处和遗留问题置于下一个新的质量目标的循环系统中，进一步组织实施，以持续改进所有过程，提高组织的质量业绩。

第三节 项目质量规划的主要工具和方法

一、基准对照法

基准对照法（Benchmarking），也称为"标杆法"，其基本思想是将自己需要改进的内容与竞争者或行业领先者的做法进行比较，以产生改进的思想，进而提供一套衡量业绩改进的目标和标准。简单地说，标杆就是榜样，这些榜样在业务流程、制造流程、设备、产品和服务方面所取得的成就，就是后进者瞄准和赶超的目标。例如：

- 要求对顾客提供服务的时间不低于最有效的竞争者；
- 要求产品的可靠性至少与被替代产品或者竞争者最可靠的产品的可靠性等同。

基准对照法产生于施乐公司。1976年，一直在世界复印机市场保持垄断地位的施乐公司遇到了佳能等日本竞争者的全方位挑战，施乐的市场份额在那一年从82%直线下降到35%。面对威胁，施乐公司开始了针对日本公司的对标研究。对标的结果让施乐重新夺回了失去的市场份额。今天，对标已经成为企业战略计划的工具之一，菲利普·科特勒解释说：

"一个普通的公司和世界级的公司相比，在质量、速度和成本绩效上的差距高达 10 倍之多。而对标是寻找在公司执行任务时如何比其他公司更出色的一门艺术。"而倡导对标思想与经营模式的施乐公司则认为："对标是一个不断地和竞争对手及行业中最优秀的公司比较实力、衡量差距的过程。对标实质上是将我们的注意力由削减价格、控制支出的方面移向外部，去了解和关注那些真正为消费者所注重的内容。"

对标的关键在于选择和确定被学习和借鉴的对象和标准。作为标杆对象可以是执行组织内部的项目，也可以是其外部的项目，可以是同一个应用领域的项目，也可以是其他应用领域的项目。对标的实践鼻祖施乐公司的 Robert Camp 曾指出：对标是对产生最佳效果的行业最优经营管理实践的一种探索。因此，它要求的是在经营管理实践方面"优中选优"，要求达到最优模式和最优标准，也就是盯住世界水平。只有盯住世界水平，才能把企业发展的压力和动力，传递到企业中每一层级的员工和管理人员身上，从而提高企业的整体凝聚力。

例如，广东移动在 1999 年 9 月进行第一次海外考察时，发现自己同世界一流公司相比，在以下方面存在很大的差距：

一是员工职业道德和敬业精神上的差距。广东移动的员工不认同企业的目标、追求和核心价值观，却又不愿离开公司；享受高的工作待遇，却又不遵守与企业的契约；缺乏团队精神和敬业精神，这是它在激烈的市场竞争中所面临的最大危机和挑战。

二是观念上的差距。国有企业的弊端，计划经济的模式，常常表现在公司的工作安排上，其中最明显的一点是遇事以技术为驱动，被动地等待技术成熟了再推向市场，白白浪费了许多发展机会；而国外一流公司则是以市场为驱动，市场需要什么服务，就推什么服务，技术不成熟，则通过管理手段来弥补，没有条件创造条件也要提供，因而它们在任何情况下都能把握市场先机，加快企业的发展。

三是管理上的差距。国外一流公司几乎管理优于技术，把管理放在第一位，制度健全，流程顺畅，手段先进，运作高质高效；而广东移动的管理效率偏低，整个公司的运作既缺乏控制又不灵活。

四是竞争策略方面的差距。世界一流公司的增值业务占了整个业务收入的 20% 以上，而广东移动当时却只占 1% ~ 2%；预付费卡用户，世界一流公司普遍占新增用户数的一半以上，有的高达 80%。仅从这两点看，广东移动在竞争策略上就明显缺乏市场洞察和前瞻性。

通过对标分析，差距感对其产生了巨大刺激，在广东移动制定三年发展战略目标时起到有力的推动作用。今天，广东移动的绩效与世界任何一流移动运营商相比都毫不逊色。

安永咨询公司曾将全球的企业分成胜利者、生存者和失败者，有 50% 的企业都处于平均水平，它们能满足顾客的需求，也能获取相当的利润。然而要想成为胜利者，企业不能满足于平均水平，而是必须瞄准 10% 的世界一流的企业。实施对标能确保企业的持续改善和不断优化，帮助企业迅速提高管理水平和组织绩效，成为市场竞争中的强中之强。

二、质量功能展开（QFD）法

随着质量规划过程的进行，收集了大量的信息。顾客对产品存在多种需求，很多产品特征是满足这些需求所必需的，而很多过程（工艺）特征又是产生这些产品特征所需要的。由此而产生的结合很多，因此，有必要建立一个有组织的工具，其中最广泛采用的工具就是质量功能展开法。

（一）QFD 的产生

质量功能展开法（Quality Function Deployment，QFD）产生于 20 世纪 60 年代。当时日本作为世界低成本钢材的生产大国，希望向造船业发展。面对 Kobe 造船厂建造巨型油轮的挑战，它的承包商之一——三菱重工请求日本政府给予帮助。日本政府委托了几名大学教授开发了一个系统，以确保船舶建造的每一过程能满足顾客的需要。在这样的背景下，1966年水野滋教授首先提出 QFD 方法。1972 年，赤尾洋二教授撰写了题为《新产品开发和质量保证——质量展开系统》的论文，全面阐述了质量展开的方法和步骤。

赤尾洋二教授对质量功能展开的定义如下：

"将顾客的要求转换为质量特性，通过系统地展开这些需求和特性之间的关系确保产品设计质量。这一过程从展开每一功能原件的质量开始，然后扩展到各部件的质量和工序质量，整个产品的质量通过这些相互关系的网络来实现。"

1983 年，赤尾洋二教授将 QFD 法介绍到美国，此后，QFD 方法在软件、医疗设备、通信产品、航空航天等领域得到了广泛的应用。1988 年，美国国防部颁布了指令 DODD 5000.51 "Total Quality Management"，其中明确规定 QFD 为研制国防产品的承包商必须采用的技术，同田口法、试验设计并列为重要的产品开发策略和技术手段。

如图 3-5 所示，由于 QFD 方法在产品概念设计阶段就考虑了制造因素对产品目标的影响，尽管采用 QFD 方法会在项目的启动和初步设计阶段花费一定的时间和费用，但是能大幅度地减少在制造过程中因技术方案的更改而导致费用增加和延期，QFD 方法能够带来产品设计和研制过程明显的改进。采用 QFD 方法，可提高顾客满意度、提高产品质量、缩短研制周期、开发有市场价格竞争力的产品。

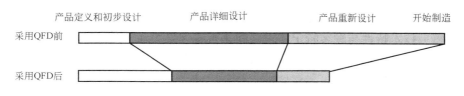

图 3-5　QFD 对产品研制周期影响的"典型"效果

（二）生成"质量屋"的主要过程

QFD 是一种"顾客驱动"的方法，由于质量展开的结果——质量展开表类似于房子，因此它又称为"质量屋"（Quality of House，QOH）。图 3-6 是一种典型的"质量屋"，它由六个部分组成，下面通过依次介绍"质量屋"的每一个"部分"来介绍 QFD 的生成过程。

第一部分：获得顾客需求（Whats）

QFD 法最重要的一步就是确定顾客需求即产品的目标，得到顾客关于产品所有需求信息（包括对产品的直接需求和长期战略发展方向）并以结构化、层次化的形式表述，信息来源涉及项目的各相关方。这一过程通常称为明确来自"顾客的声音"。

第二部分：策划矩阵（Planning Matrix）

其工作过程是：首先，量化顾客对各种需求的优先序和他们对现有产品的理解；然后，依据企业和产品长期发展战略以及竞争对手情况，适当调整这些目标的优先序；最终得到各

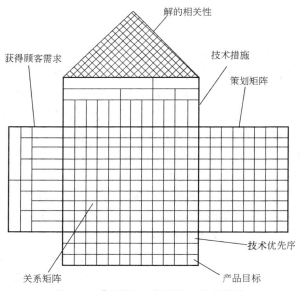

图 3-6 典型的"质量屋"组成部分

需求的权重，它反映了顾客对各目标的关注程度或各目标的竞争性。

第三部分：技术措施（Hows）

确定采用合适的可测度的技术特性来实现顾客的需求，通常一个技术特性可为多个需求服务，同样，一个需求也可能包含多个技术措施。这一阶段的工作常称为"工程师的声音"。

第四部分：关系矩阵（Relationship Matrix）

该阶段的工作是 QFD 的主体，它的作用是将顾客的需求转换为技术特性。工作过程是：首先，判断每一技术特性与顾客特定需求之间是否有因果关系，然后评价其满足顾客特定需求的程度，如果某一技术特性的变化对需求影响大，那么是强相关，依此类推。其评价有定性和定量两种描述方法。

第五部分：解的相关性

该矩阵描述了所对应技术特性之间的相关性。相关性强度可分为：正相关、负相关、强正相关或强负相关。正相关表示一个方法支持另一个方法；负相关表示一个方法与另一个方法相抵触。

第六部分：产品设计目标（How Much）

它是"质量屋"的最后一部分，是对整个 QFD 工作的总结并得到相应的结论，通常包括：技术优先序和产品目标。

技术优先序由策划矩阵描述的每一需求的权重与关系矩阵中的值相乘后按列相加后得到，它反映了产品的每一技术特性满足顾客特定需求的相对重要性；QFD 最后输出的是在综合考虑技术优先序和竞争基准后得到的一组工程目标，它全面反映了设计师对顾客需求的理解、竞争产品的性能以及企业的发展战略。

可见，质量展开的结果就是质量展开表或称为"质量屋"。其实质是建立一个矩阵来分析顾客需求（产品的属性）和工程特性之间的关系，体现了从"顾客的世界"策划产品，从"技术的世界"设计质量的思路，两者的变换关系通过"质量屋"形象地表现出来。

采用 QFD 方法所能带来的好处：

■ 由于产品的顾客可能来自多方，因此，QFD 方法可统一顾客对需求的共识，即产品到底应是什么样才能满足各方顾客的需求；

■ 是一种基于团队的决策工具。它可增进顾客和设计人员的交流，使公司的产品策略满足顾客的需求；

■ 使设计人员更深刻地了解顾客的需求，使设计过程真正是以顾客的需求为出发点和归宿；

■ 一个以专家经验为基础的能得到技术优先序的工具。

通常，QFD 法是一个连续的过程，从顾客的需求——产品的功能特征，产品的功能特征——产品特性，产品特性——过程特征，过程特征——过程控制特征，逐层展开（见图3-7），这四个过程分别称为产品规划（矩阵Ⅰ）、产品设计（矩阵Ⅱ）、过程规划（矩阵Ⅲ）和制造规划（矩阵Ⅳ）。在实际使用过程中，可根据问题的要求作适当的调整，选用其中的一个或几个矩阵，也可以根据"Whats"与"Hows"的实际情况进行展开（见下例）。

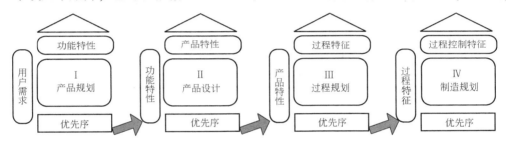

图 3-7 制造业中连续的 QFD 过程

【例 3-1】 研发一种新型的打印机，该打印机的用户是所有消费者，目标是确定哪些是个人电脑用户需要的打印机关键部件与工艺特性，以便对其进行重点控制，来最大程度地满足用户对产品的需求。

分析：采用三个连续的 QFD 矩阵，即产品规划矩阵、产品设计矩阵、部件与工艺特性矩阵，以逐步确定对顾客来说哪些是主要的功能特性、设计特性及关键部件与工艺特性。具体步骤为：

（1）首先，建立打印机产品规划矩阵，如图3-8所示。

步骤1：清晰地陈述项目目标。

该步骤要求：清晰地陈述项目目标要求：确定的目标不要太笼统；目标要细分，每一目标可根据需要分解到可操作的层次；确保在合适的层次上工作。

步骤2：识别目标顾客。

使用价值链（过程流图）识别目标顾客。此外，顾客还应包括各个层次和各职能部门——市场部、采购部、销售部、技术部、制造部。在 QFD 分析过程中需要倾听他们的声音。

步骤3：确定顾客需求。

步骤4：让顾客确定每一需求的相对重要性（权重）。

Maximize, minmize,or target	重要度权重	产品功能需求										竞争产品				
		Max	Max	Max	Min	Max	Max	Max	Min	Max	Min	Honey-1-Lied 2300	Zeerox 345	BoxBoy 200	Photo Maniac 100	Iripuoff 5130
用户需求		传送失效率	粘纸率/million	夹纸率/million	复印数量/minute	时间(sec)	损环率/million	维护成本$/Unit	外形设计	外形尺寸	抗震测试					
能够复印	3	3	3	3								4	2	2	3	3
没有空白的纸张	1	3	9	3	1							1	1	2	2	3
不夹纸	4	9	3	9	3		1					2	5	2	2	3
快速复印	2	9	3	9	9	9						1	1	3	4	1
易于清理	3	3	3	3								2	4	1	4	3
不损坏纸张	5	9	3	1	1		9					2	4	2	4	5
低的复印成本	5			3			1	9				4	4	2	3	5
外观好	2							1	9			2	2	2	2	1
结构紧凑	2			1				3		9		2	2	2	3	2
机器抗震	3							1			9	2	2	3	4	3
重要度原始得分		120	60	80	53	18	54	56	18	18	27	77	95	62	84	102
目标范围		<=70, UTL=100	<=30, UTL=50	<=100, UTL=120	>=70, LTL=60	<=20, UTL=25	<=100, UTL=110	<=$6k, UTL=$9k	>=6, LTL=5.9	<=20,UTL=27	>=70, LTL=60					

图 3-8　某新型打印机产品规划矩阵

各需求重要度的标度范围：设最主要的为 5，其他与最主要的相比取 1 ~ 5 之间的数。

步骤 5：采用竞争的思维识别竞争产品，包括现有的产品及正在被提议的概念中的产品。

步骤 6：识别竞争性的产品是如何满足顾客需求的，其权重是多少？

分值范围：5 = 很重要；4 = 重要；3 = 一般；2 = 不重要；1 = 很不重要。

一旦赋权重的工作完成，即可得到每一竞争产品的加权和。由权重和可对竞争产品排序，反过来重新考虑："我们得到的排序合理吗？""我们希望我们的产品应该排列在什么位置？""与竞争产品相比我们的优势在哪里？""与竞争产品相比我们的劣势在哪里？"

步骤 7：在顾客需求的基础上识别重要的产品功能需求。

采用头脑风暴法识别满足顾客需求的关键的输出（产品功能需求）。

步骤 8：建立顾客需求与产品功能需求之间的关系矩阵。

确定每一个功能需求是如何满足顾客需求的，关系分值通常不超过 4 级。通常使用：0，1，3 和 9。各级表示的关系为：

0（空白）= 没有关系；

1 = 功能与顾客需求有较小的关系；

3 = 功能与顾客需求有中等的关系；

9 = 功能对顾客需求有直接和明显的影响。

顾客需求与产品功能需求之间的关系矩阵 R 可表示为：

$$R = \begin{pmatrix} r_{11} & r_{12} & \cdots & r_{1n} \\ r_{21} & r_{22} & \cdots & r_{2n} \\ \vdots & \vdots & & \vdots \\ r_{m1} & r_{m2} & \cdots & r_{mn} \end{pmatrix}$$

式中　r_{ij}——第 j 个产品功能需求对第 i 个顾客需求的贡献程度。

步骤9：计算各功能需求的优先序。

首先计算关系矩阵值与顾客需求的积，然后各列相加得到各功能需求的满足顾客需求的总得分。即各功能需求满足顾客需求的总得分值为：

$$B = WR = (w_1, w_2, \cdots, w_m) \begin{pmatrix} r_{11} & r_{12} & \cdots & r_{1n} \\ r_{21} & r_{22} & \cdots & r_{2n} \\ \vdots & \vdots & & \vdots \\ r_{m1} & r_{m2} & \cdots & r_{mn} \end{pmatrix} = (b_1, b_2, \cdots, b_n)$$

其中，w_1，w_2，$\cdots$，w_m 为各顾客需求的权重。最后，依据各功能需求的得分对所有的功能排列优先序。得到初步的排序后还需要反思："这种排序合理吗？"

步骤10：确定各关键功能需求的目标值，并说明各关键功能需求的目标值的范围。

（2）然后，建立打印机产品设计矩阵，如图3-9所示。

Maximize,minimize,or target	Targ	Targ	Targ	Targ	Targ	Targ	Targ	Targ	Targ	Max	竞争产品				
产品功能	重要度	滚筒摩擦系数	滚筒半径	滚筒制动扭矩	弯曲角	皮带张力	触发时间	滚轮动作时间	打开夹	UMC分解	发动机扭矩	Honey-I-Lied 2300	Zeerox 345	BoxBoy 200	Photo Maniac 100	Iripuoff 5130
传送失效率	5	3										4	2	2	3	3
粘纸率	3	9	3	3	1			1				1	1	2	2	3
夹纸率	4			9	3		1					2	5	2	2	3
复印数量	3			3	9	9	3					1	1	3	4	1
每张复印时间	1	1		3			9				3	2	4	1	4	3
纸张损坏率	3	1		1		9		1				2	4	2	2	5
维修成本	3				3	9	9				9	2	4	3	5	5
外形设计	1						1	9	9			3	2	1	2	1
占地空间	1											3	2	3	4	3
抗震测试	2											2	3	3	4	3
相对重要度		46	9	60	45	36	43	37	12	12	30	64	72	56	72	82

图3-9　某新型打印机产品设计矩阵

步骤11：如图3-10所示，将产品功能需求矩阵从产品规划矩阵转化到产品设计矩阵。

步骤12：为每一个产品功能需求分配权值。

将在产品规划矩阵中得到的各功能需求的重要度原始得分转化为 1~5 之间的值。例如，若某产品功能参数在产品规划矩阵中的相对重要度为120，则在产品设计矩阵中其重要度是5。

步骤13：评价竞争产品是如何满足这些产品功能需求的。

给每一竞争产品满足产品功能需求的程度附值，与第6步同理，给出 1~5 之间的值。

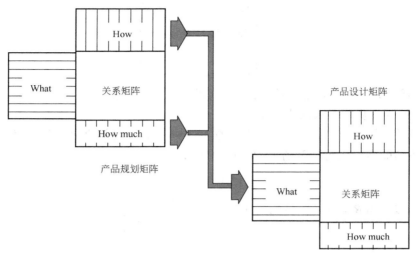

图 3-10 矩阵之间的转换

步骤14：识别实现产品功能需求的主要设计参数。

步骤15：与步骤8同理，建立每一功能需求与设计参数之间的关系矩阵。

步骤16：与步骤9同理，得到设计参数的优先序。

步骤17：确定每一设计参数的目标值，并说明每一设计参数的测量方法和计量单位。

（3）最后，建立部件与工艺特性矩阵。

与步骤12～步骤17相类似，将设计参数从产品设计矩阵转化到部件与工艺矩阵，得到部件和工艺特性优先序，如图3-11所示。

Maximize,minimize,or target	重要度	部件与工艺特性									竞争产品				
		Targ	Targ	Targ	Targ	Targ		Targ	Targ	Min		Honey-1-Lied 2300	Zeerox 345	BoxBoy 200	Photo Maniac 100	Iripuoff 5130
设计参数		滚筒距离	刀尖半径	弹簧负载张力	滚筒锥度	张力调节	I/O板设计	斜度	同歇测量	单位圈数	面具类型					
滚筒摩擦系数	3	3										4	2	2	3	3
滚筒半径	1	9	3	3	1			1				1	1	2	2	3
滚筒制动扭矩	4		9	3		1						2	5	2	2	3
弯曲角	2		3	9	9	3						1	1	3	4	1
皮带张力	3	1		3			9				3	2	4	1	4	3
触发时间	5	1	1	1		9				1		2	4	2	2	5
滚筒动作时间	5			3	1	9				9		4	4	2	2	5
打开夹	2					1	9	9				3	2	1	2	1
UMC分解	2											3	2	3	2	3
发动机扭矩	3											2	2	3	4	3
相对重要度		26	3	59	36	33	60	74	19	23	54	77	95	62	84	102

图 3-11 某新型打印机产品部件与工艺特性矩阵

通过以上分析，我们在产品的初步设计阶段即可通过识别顾客需求及其重要度，将它们转化为可量化的、可实现的功能需求、设计参数、部件与工艺特性的优先序，以便将有限的资源集中于高优先序的产品特性，以最大程度地满足顾客的需求，最终达到使该产品收益最大化的目标。

三、流程图分析

流程图是反映与一个系统相联系的各部分之间相互关系的图，它将项目全部实施过程，按其内在逻辑关系通过箭线勾画出来，可针对流程中质量的关键环节和薄弱环节进行分析。流程图分析是一种非常有效的分析过程现状及能力的方法，它是用来认识过程，进而对其进行改善的有力工具。流程图分析法在质量管理中的应用主要包括：系统流程图、关联图、鱼刺图、决策过程程序图等。其中，因果图主要用来分析和说明各种因素和原因如何导致或者产生各种潜在的问题和后果，如图3-12所示。

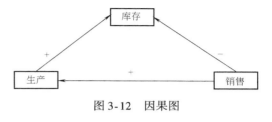

图 3-12　因果图

系统流程图主要用来说明系统各种要素之间存在的相互关系，通过流程图可以帮助项目组提出解决所遇质量问题的相关方法，如图3-13所示。

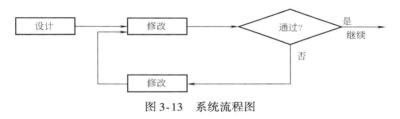

图 3-13　系统流程图

流程图分析的主要作用为：

■ 简化分析过程——用简单的目视方式，表现复杂的过程，便于理解整体情况。小组的每一个成员都能充分了解整体的以及自己这一部分的情况；

■ 识别改进的机会——详细了解过程的瓶颈，发现无附加值的过程，使观察过程很难发现、很难理清的东西明朗化。通过对过程改善前后的流程图进行对比，可以使所有人直观看到变化和改善；

■ 使边界更加清楚——每一个过程都同其他过程以及公司的外部过程有着这样那样的关系并直接影响到公司的全过程，所以要根据判断建立一个基础边界，流程图为建立边界提供了图形。

流程图分析的三个阶段：绘制现行过程流程图；对流程图进行分析；绘制改善后的新流程图。

流程图的主要符号和含义为：

▭：活动的符号是一个矩形，表示一项活动，活动的名称写在矩形中间；

◇：决策的符号是一个菱形，表示过程的分歧点，说明下一步怎么办；

▢：圆角矩形表示过程的起始点或结束点；

⟶：路线，代表过程的路线，箭头指出过程流动的方向。

【例3-2】　某公司主营来料加工某种电子产品，由于种种原因，顾客的要求变更频繁。该公司应对客户要求变更的过程为：客户提出变更要求后，该公司修改图样，交客户确认无误后开始按图样重新生产。现在的问题是：客户总是抱怨图样修改的周期太长。分析该过程并对其改善。

分析：

（1）通过讨论，确定现有过程的所有活动，如图 3-14 所示。

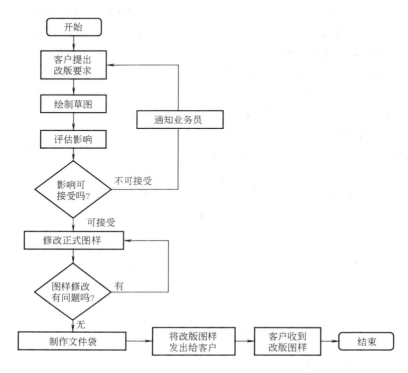

图 3-14　改进前的现有流程图

（2）流程分析。流程分析的目的是确认流程各工序之间的关系，确认问题点或问题区域，发现不必要的环节和可以简化的环节。可利用上节所介绍的方法去除非增值的活动。

四、试验设计

试验设计（DOE）是指对试验方案进行优化设计以降低试验误差和生产费用，减少试验工作量并对试验结果进行科学分析的一种科学方法。试验设计最早由费雪在农业试验时提出，20 世纪 60 年代，日本的田口玄一博士将其用在工业过程优化上。目前它已成为质量改进活动不可或缺的利器。

通常，影响试验结果有多个因素，试验设计方法是一种研究同时有多个输入因素对输出的影响的方法。它通过对选定的输入因素进行精确、系统的人为调整（变化），来观察输出变量的变化情况，并通过对结果的分析，最终确定影响结果的关键因素及其最有利于结果的取值方法。

传统的试验分析方法是多次单因素试验（即全因素试验），对影响输出的众多设计（输入）变量在同一时间只允许有一个变量变化，其他相对固定，以确定哪一组设计（输入）

可以得到最优的结果（输出）。而采用试验设计的方法，可以减少试验次数，发现变量之间的联系和变量的优化设置，以到达缩短试验周期、降低试验成本的目的。

常用的试验设计的方法包括：正交试验法、筛选试验法、中心复合试验法、田口试验设计法、均匀试验设计法等。

试验设计的术语：

■ 指标：在试验中用来衡量试验结果的量叫试验指标，试验指标通常是项目组织和顾客共同关心的项目的关键质量特性。"指标"即试验过程的输出；

■ 因素：在试验中，影响试验考核指标的量称为因素。"因素"即试验过程的输入；

■ 水平：水平是试验中各因素的不同取值；

■ 交互作用：因素间相互影响的程度。

【例3-3】 某公司主要生产 DVD-ROM 激光头，近来客户对该产品与激光管的黏结力过小投诉较多，公司为此决定成立一个质量改进小组，来改进该部位的黏结力。影响黏结力的各因素及其水平如表3-1所示。

表3-1　某试验的因素和水平

水平　　　　试验号	因　　素			指　　标
	A	B	C	
	黏结时间/s	黏结温度/℃	胶牌号	黏结力
1	A1 = 10	B1 = 180	555	
2	A2 = 7	B2 = 220	777	

分析：为降低试验次数，质量改进小组采用正交试验法进行试验设计。

正交试验可表示为：

$$Ln(j^i)$$

式中　L——正交试验表的代号；

n——正交表的试验次数；

j——正交试验的水平数；

i——正交试验的因素数。

查 $L4(2^3)$ 正交表，可得表3-2。采用该试验表进行 4 次试验，就可代替全因子组合的 8 次试验。

表3-2　由 $L4(2^3)$ 得到的提高黏结力试验表

水平　　　　试验号	因　　素		
	A	B	C
	黏结时间/s	黏结温度/℃	胶牌号
1	A1 = 10	B1 = 180	C1 = 555
2	A1 = 10	B2 = 220	C2 = 777
3	A2 = 7	B1 = 180	C2 = 777
4	A2 = 7	B2 = 220	C1 = 555

五、其他质量规划工具

（一）成本效益分析

质量计划编制过程必须考虑收益/成本之间的平衡。符合质量要求根本的好处在于降低返工率，这意味着较高的生产率、较低的成本和项目关系人满意度的提高。达到质量要求的主要成本是项目质量管理相关活动所发生的成本。收益高于成本是质量管理原则中的公理。

（二）质量成本分析

质量成本是指将产品质量保持在规定的质量水平上所需要的费用，以及当没有获得满意质量时所遭受的损失。组织（项目）追求质量的最终目标是为了获得利润，而利润和成本是紧密相连的，高质量的生产者也应是最低成本的生产者。质量成本的高低体现了一个公司整个流程的能力高低，也反映了公司获利能力的高低。

（三）失效模式与影响分析

失效模式与影响分析（FMEA）是一种可靠性设计的重要方法。FMEA 实际上是 FMA（失效模式分析）和 FEA（故障影响分析）的组合。它对各种可能的风险进行评价、分析，以便在现有技术的基础上消除这些风险或将这些风险减小到可接受的水平。及时性是成功实施 FMEA 的最重要因素之一，它是一个"事前的行为"，而不是"事后的行为"。为达到最佳效益，FMEA 必须在故障模式被纳入产品之前进行。

第四节　质量成本分析

20 世纪 50 年代，由美国质量管理专家朱兰、费根堡姆等人首先提出了质量成本概念，随后在美国 IBM、GE 等大公司相继推行质量成本管理并收到了良好的效果。我国于 20 世纪 80 年代初期，开始引进并在企业中推行质量成本的核算与管理。

质量成本（Quality Cost）是指为了确保和保证满意的质量而发生的费用以及没有达到满足的质量所造成的损失。

质量成本是企业生产总成本的一个组成部分。质量成本的内容大多和不良质量有直接的密切关系，或是为避免不良质量所发生的费用，或是发生不良质量后的补救费用。因此，美国质量管理协会前主席哈林顿（James Harrington）于 1987 年在其著作《不良质量成本》中提出，质量成本就是"不良质量成本"。

一、质量成本的构成

根据国际标准化组织（ISO）的定义，质量成本由两部分构成，即运行质量成本和外部质量保证成本。其中运行质量成本包括：①预防成本；②鉴定成本；③内部损失成本；④外部损失成本。质量成本的构成如图 3-15 所示。

（一）运行质量成本

运行质量成本是项目为达到和确保所规定的质量水平所支付的费用，包括下列各项：

1. 预防成本

预防成本（Prevention Cost）是指用于预防产生不合格品与故障所需的各项费用。一般包括：

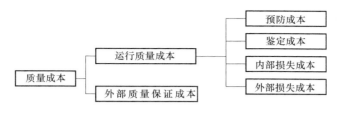

图 3-15 质量成本的构成

- 质量工作费（企业质量体系中为预防发生故障、保证和控制产品质量所需的各项费用）；
- 质量培训费；
- 质量奖励费；
- 质量改进措施费（制定和贯彻各项质量改进措施的费用）；
- 质量评审费（新产品开发或老产品质量改进的评审费用）；
- 工资及附加费（质量管理专业人员的工资及附加费用）；
- 质量情报及信息费等。

2. 鉴定成本

鉴定成本（Appraisal Cost）是指为了确保项目质量达到质量标准的要求，而对项目本身以及对材料、构配件、设备等进行试验、检验和检查所需的费用。一般包括：

- 进货检验费；
- 工序检验费；
- 成品检验费；
- 试验材料等费用；
- 检验试验设备校准维护费、折旧费及相关办公费用；
- 工资及附加费（专职检验、计量人员的工资及附加费用）。

3. 内部损失成本

内部损失成本（Internal Failure Cost）是指项目在交付前，由于项目产出物不能满足规定的质量要求而支付的费用。一般包括：

- 报废损失；
- 返工、返修损失；
- 复检费用；
- 因质量问题而造成的停工损失；
- 质量事故处置费用；
- 质量降等降级损失等。

4. 外部损失成本

外部损失成本（External Failure Cost）是指项目交付后，因产品未能满足质量要求所发生的费用。一般包括：

- 索赔损失；
- 退货或退换损失；
- 保修费用；

- 诉讼费用损失；

- 降价处理损失等。

内部损失成本和外部损失成本构成了总的损失成本。

（二）外部质量保证成本

外部质量保证成本不同于外部损失成本。外部质量保证成本一般发生在合同环境下，指因用户要求，而提供客观证据的演示和证明所支付的费用。一般包括：

（1）按合同要求，向用户提供的、特殊附加的质量保证措施、程序、数据等所支付的专项措施费用及提供证据费用。

（2）按合同要求，对产品进行的附加的验证试验和评定的费用。

（3）为满足用户要求，进行质量体系认证所产生的费用等。

根据以上关于质量成本的定义及其费用项目的构成，有必要将现行的质量成本作以下说明，以明晰质量成本的边界条件。

第一，质量成本的四项构成中，预防成本和鉴定成本是为确保质量所进行的投入；内、外部损失成本是由于出现质量故障而造成的损失。显然，随着预防成本、鉴定成本的增加，内、外部损失成本将减少。可以这样理解，假定有一种根本不出现质量故障的理想系统，则其质量成本为零。事实上，这种理想系统是不存在的，因而质量成本是客观存在的。

第二，质量成本是指与不合格品密切相关的费用，它并不包括组织中与质量相关的全部费用，而只是其中的一部分。例如，生产工人的工资、材料消耗费用、车间或企业管理费用等，这些费用多多少少与质量有关，但却是正常生产所必须具备的条件，不应计入质量成本中。计算和控制质量成本，是为了用最经济的手段达到规定的质量目标。

第三，严格来说，质量成本并不属于成本会计范畴，而属于管理会计范畴。因此，研究质量成本的目的并不是为了计算产品成本，而是为了分析寻找改进质量的途径，达到降低成本的目的。因此，它对企业的经营决策有重要意义。

二、质量成本各构成部分之间的相互关系及优化

质量成本的各构成部分之间有着内在的联系，相互影响，相互制约。例如，降低对检验环节的要求，内部损失成本固然降低了，但是不合格品必然增多，就会导致外部损失成本增加，从而致使质量总成本上升；反之，如果加强对产品的检验，内部损失成本增加了，但外部损失成本就会减少。再如，项目采用预防性的质量管理方针，增加预防成本，加强工序控制，产品产量得以提升，那么，鉴定成本、内部损失成本和外部损失成本这三项都有可能下降，质量总成本也相应减少。一般来说，预防成本和鉴定成本越高，项目及产品的质量水平就会越高；而质量水平越高，质量损失成本（包括内部损失成本和外部损失成本）就会越低。因此，所谓的质量成本的合理构成，就是探寻质量成本四个构成项目的一个合理比例，以实现质量总成本的最低。

（一）质量成本各部分之间的关系

1. 预防成本与鉴定成本和损失成本之间的关系

如图 3-16 所示，预防成本与鉴定成本和损失成本之间成反比关系，即预防成本越高，则所花费的鉴定成本和损失成本越少。

由于"质量成本杠杆"的原理（见图 3-17），增加预防成本，鉴定成本和损失成本可

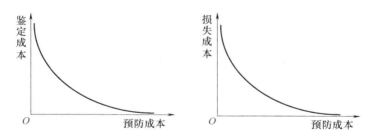

图 3-16 预防成本与鉴定成本和损失成本之间的关系

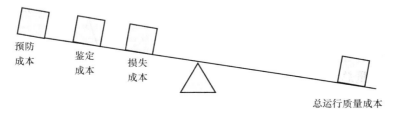

图 3-17 质量成本杠杆原理

以有大幅度的下降。

20 世纪 60 年代初，美国工业企业尚未普遍推行质量成本管理，质量管理专家费根堡姆针对当时情况作出分析，在一般企业内，外部与内部损失成本在质量总成本中的比重高达70%，鉴定成本约占 25%，而预防成本很少超过 5%。由于预防措施不足，不合格品率很高，直接导致损失成本大量增加，为了减少故障损失，企业又加强了对产品的检验，于是增加了鉴定成本。为了限制总成本，不得不减少预防成本，但结果适得其反，不合格品率反而上升了，导致了恶性循环。费根堡姆指出，实行预防为主的全面质量管理，预防成本增加3%～5%，可以取得质量总成本降低 30% 的良好效果。从推行全面质量管理的结果来看，适当增加预防成本，确实可以减少损失成本和鉴定成本，使质量总成本降低，取得了良好的经济效果。

2. 鉴定成本与损失成本之间的关系

如图 3-18 所示，鉴定成本与损失成本呈反比关系，增加鉴定成本，可以减少流至顾客的不良品，进而降低外部损失成本。

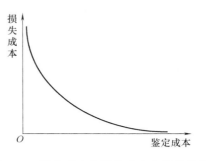

图 3-18 鉴定成本和损失成本之间的关系

（二）质量成本特性曲线

质量成本构成比例也是影响质量经济性的重要因素。即便质量总成本相同，由于质量成本的各构成项的比例不同，也会带来不一样的经济效益。因此，在探讨对质量经济性的改进时，分析质量成本的构成并对之进行优化也是十分重要的。

所谓质量成本构成比例，指的是预防成本、鉴定成本、内部损失成本和外部损失成本四项成本在质量总成本中所占的比例（这里，质量总成本中没有包括外部质量保证成本，是因为该成本项目比较稳定，对质量成本优化的影响不大，所以没有考虑）。

不同的项目具有不同的质量成本构成，即便是同一个项目，在不同的阶段，由于经营管理的方法和水平的差异，这四项成本的构成比例也会发生变化。但是，根据长期实践经验的探索和总结，质量成本的四个项目之间还是存在一定的比例关系，根据国外统计资料分析，通常是，内部损失成本约占质量总成本的 25% ~40%；外部损失成本约占质量总成本的 20% ~40%；鉴定成本约占质量总成本的 10% ~50%；预防成本约占质量总成本的 0.5% ~5%。

质量成本的四项费用的大小与产品质量水平之间存在内在的联系，这种关系可以用质量成本特性曲线来反映。如图 3-19 所示。

在图 3-19 中，横坐标表示用产品合格率表示的质量水平，曲线 1 表示预防成本和鉴定成本之和，曲线 2 表示内部损失成本和外部损失成本之和，两条曲线之和即曲线 3 表示质量总成本曲线。

可见，质量成本的四个构成成分的比例，在不同项目、项目的不同阶段是不相同的。在开展质量管理的初期，一般预防成本和鉴定成本较低，此时质量水平较低（合格率低），于是损失成本

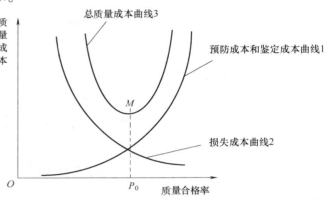

图 3-19　质量成本特性曲线

较大，质量总成本也较高；随着质量要求的提高，预防成本和鉴定成本就会逐渐增加，损失成本明显下降，而且损失成本的降低速度超过了预防成本和鉴定成本的增加速度，所以，质量总成本逐渐降低，曲线 3 呈现下降趋势。

但是，随着质量水平的提高，对质量的改进变得越来越困难，当质量合格水平达到一定水平之后，如要进一步提高合格率，则预防成本和鉴定成本将急剧增加，表现为曲线 1 越来越陡，超过了损失成本降低的速度，质量总成本越来越大，曲线 3 呈上升趋势。

所以，质量总成本曲线在图中表现为抛物线，存在一个最低点 M，其对应的质量水平 P_0 就称为最经济的质量水平。企业如果能把质量水平控制在 P_0 点，那么就可以获得最低的质量成本。

第五节　项目质量规划的成果

项目质量规划的主要成果包括：质量管理计划、操作定义和检查表。下面主要介绍质量管理计划和质量检查表。

一、质量管理计划

质量管理计划是对特定的项目、产品、过程或合同，规定由谁及何时应使用哪些程序和相关资源的文件，它需要明确如何规定必要的运行过程和相关资源以实现质量目标。具体地说，项目质量管理计划应明确为了达到质量目标所采取的措施，明确应提供的必要条件，包括人员、设备等资源条件；明确项目参与各方、部门或岗位的质量责任。

质量管理计划往往并不是单独一个文件，而是由一系列文件所组成。项目开始时，应从

总体考虑，编制一个较粗的、规划性的质量管理计划；随着项目的进展，编制相应的各阶段较详细的质量管理计划，如项目操作定义。

项目质量管理计划的格式和详细程度并无统一规定，但应与用户的要求、供方的操作方法和活动的复杂程度相适应。计划应尽可能简明。

通常，项目质量管理计划包括以下内容：

（一）确定项目质量目标树，明确项目质量管理组织机构

在了解项目的基本情况并收集大量的相关资料之后，所要做的工作就是确定项目质量目标树，绘制项目质量管理组织机构图。

首先，按照项目质量总目标和项目的组成与划分，进行逐级分解，建立本项目的质量目标树。

其次，根据项目的规模、项目特点、项目组织、项目总进度计划和已建立的项目质量目标树，配备各级质量管理人员、设备和器具，确定各级人员的角色和质量责任，建立项目的质量管理机构，绘制项目质量管理组织机构图。例如，一个普通的软件开发项目，项目各级人员所扮演的角色和承担的责任如表3-3所示。

表3-3　软件开发项目质量责任表

角　色	质　量　责　任
项目经理	进行整个项目内部的控制、管理和协调，是项目的对外联络人
系统分析员	开发组责任人
编程人员	详细设计、编程、单元测试
测试组组长	准备测试计划，组织测试案例，实施测试计划，准备测试报告
测试人员	编制测试案例，并参与测试
文档编写人员	编制质量手册
产品保证人员	对整个开发过程进行质量控制

（二）制定项目质量控制程序

质量控制程序需要明确项目重要的质量管理活动，如：质量管理工作流程，可以用流程图等形式展示过程的各项活动；在项目的各个不同阶段，职责、权限和资源的具体分配；项目实施中需采用的具体的书面程序和指导书；有关阶段适用的试验、检查、检验和评审大纲；达到质量目标的测量方法；随项目的进展而修改和完善质量计划的程序；为达到项目质量目标必须采取的其他措施（如更新检验技术、研究新的工艺方法和设备、用户的监督、验证等）。

质量控制程序通常规定：

（1）合同评审。计划应指明项目的特定要求是何时、如何以及由谁来进行评审。

（2）设计控制。计划应引用合适的标准、法规、规范、规程要求，指明何时、如何以及由谁来进行控制。

（3）采购。计划应指明重要物品从哪里采购，以及相关的质量要求；用于评价、选择和控制供应商的方法；对采购物品如何检验。

（4）过程控制。计划应指明如何控制项目各过程以满足规定的要求。

（5）不合格品的控制。计划应指明如何标识和控制不合格品。

（6）纠正和预防措施。为避免不合格品的重复出现，计划应指明针对项目的预防和纠正措施以及跟踪活动。

（7）质量记录的控制。计划应指明记录采用的方式；如何满足记录的清晰度、存储、处置和保密性要求；规定记录保存时间及由谁保存。

（8）质量审核。计划应指明所进行的质量审核的性质和范围，以及如何使用审核结果以纠正和预防重复出现影响项目的不良因素。

（三）设置分级质量控制点

设置分级质量控制点就是将所有质量控制点按重要程度分别定为 A、B、C 三级。一般是将对项目质量有重大影响的关键工序定为 A 级；将对项目质量有较大影响的工序定为 B 级；将一般工序定为 C 级。质量控制点的等级不同，检验（检查）的要求也不同。对于重大工程项目，A 级要求用户来参与检验，B 级由用户派驻的代表参与检验，C 级可由制造单位直接进行检验。

（四）质量文件体系策划

质量文件包含四个层次，如图 3-20 所示。

质量手册是项目质量管理中规定质量方针、质量管理体系和质量实施的纲领性文件。它一般应规定：

■ 质量方针、政策；
■ 质量管理组织机构及其质量职责；
■ 质量过程的控制程序；
■ 质量手册的管理办法等内容。

程序文件是规定项目质量过程的实现途径的文件。作业指导书是控制质量过程的重要手段，规范了与质量有关的工作人员的作业行为。质量记录是为用户提供质量满足要求程度的客观依据，由一系列的表格文件组成。项目不同，其质量记录文件也不尽相同。为使项目质量得到有效保证，质量记录文件应与分级质量控制点设计检查情况有效地结合起来。

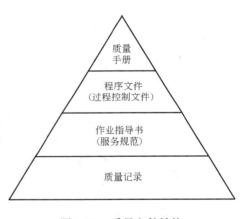

图 3-20　质量文件结构

在制定好项目的质量控制程序之后，应根据项目总的进度计划，编制相应的项目质量工作计划表、质量管理人员计划表和质量管理设备计划表等。项目质量计划编制后，经相关部门审阅、项目总工程师审定和项目经理的批准后颁布实施。

在编制项目质量计划时，应注意以下几个方面：

■ 在编制质量管理计划时应处理好与质量手册、质量管理体系、质量规划的关系。与质量手册和质量体系程序文件相比，质量管理计划的管理具有一定的特殊性，质量手册和体系程序文件是一个组织长期遵循和需重复实施的文件，具有较强的标准性质；而项目的质量管理计划是一次性实施的，项目结束了质量计划的有效性也就自动终止；

■ 当一个组织的质量管理体系已经建立并有效运行，质量计划仅需涉及与项目有关的那些活动；

■ 为满足顾客期望，应对项目或产出物的质量特性、功能进行识别、分类、衡量，以便明确目标值；

■ 应明确质量管理计划所涉及的质量活动，并对其责任和权限进行分配；

■ 保证质量管理计划与现行文件在要求上的一致性；

■ 质量管理计划应由项目组织的技术负责人主持，由质量、技术、工艺、设计、采购等有关人员参加制定；

■ 质量计划应尽可能简明并便于操作。

二、质量检查表

质量规划过程中另一个重要的输出是质量检查表。如果在项目的执行过程中，随意变更项目每一项活动的内容，则一定无法完成符合要求的项目。因此，必须对作业、作业方法、作业条件加以规定，使之标准化。根据这些工作标准制定的表格就是质量检查表。

检查表是一种用于核实一系列要求的步骤是否已经实施的结构化工具。通常，检查表由详细的条目组成。检查表可以简单或复杂。它们通常采用命令式的（做这个！）或询问式的（你做完了吗？）短语。检查表就是一种备忘录，它可以将要检查的工作内容一项一项地整理出来，然后定期或定时检查。

采用标准化的质量检查表能带来的好处：

一是将企业长期积累下来的经验保留于标准化的质量检查表中，防止因技术人员的流失而使其掌握的技术也随之流失；

二是便于操作人员的训练，易于实施，使得工作人员在较短的时间内就可掌握正确的工作方法，尤其在人员流动大的项目组，更为需要；

三是易于追查产生质量问题的原因，遇到质量异常发生时，可依质量检查表逐步追究，可在最短的时间内，找到产生质量问题的原因之所在，即时调整，可收到事半功倍的效果。

许多组织提供标准化的检查表，以确保对常规工作的要求前后一致。在某些应用领域，检查表来自于专业协会或商业服务组织。表3-4为麦当劳的店铺检查表。

表3-4　麦当劳的店铺检查表

（1）检查餐牌及食品灯箱
是否清洁？是否所有照明都亮着？产品价格是否正确？
（2）检查所有购物指引牌
是否配合推广活动？是否清洁？是否需要维修保养？
（3）检查纸巾及吸管箱
是否内外清洁？是否需要维修保养？是否有足够供应？
（4）检查大堂地下
有否垃圾？是否清洁？
是否定时用地板保养剂溶液及热水拖地？
是否每星期最少刷地一次？
楼梯台级是否清洁？是否需要维修保养？
墙脚是否清洁？是否需要维修保养？
（5）检查桌椅，包括儿童椅
是否底面清洁？请多留意缝隙、桌脚、凳脚等，是否需要保养？
桌椅是否用不同抹布清理？抹布是否整洁地放在不显眼处？
清理食物后，是否用消毒液（两加仑半用水配一包专用消毒粉）喷射处理桌面？
（6）查看客人的食物盘、烟灰缸
是否清洁？有无损坏？
客人的食物品质是否合乎标准，有无剩余弃置的食物和饮料？

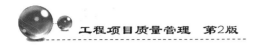

（续）

（7）检查垃圾桶
是否内外清洁？有否异味？是否需要维修？是否满袋？
（8）留意盆栽
花草是否茂盛？花草是否清洁？
花盆是否清洁？有否损坏？
（9）检查镜子、妆台及其他布置
是否清洁？是否需要维修保养？
（10）检查布告板
是否清洁？布置是否恰当？
资料有否通知？是否维修？
（11）检查天花板
是否清洁？是否有错位或下坠现象？
是否需要更换？
（12）检查灯格、灯片
是否所有照明灯都亮着？
是否内外清洁？
（13）检查风口
是否清洁？
（14）感受大堂气温及气氛
大堂温度是否过高或过低？
冬天：68 ℉　夏天：78 ℉
是否播放轻音乐？
员工及公关是否积极、亲切地招呼客人？
（15）检查工具间
是否清洁？是否有异味？
是否组织妥当？工具是否齐全、清洁？
是否合乎规格？员工是否懂得使用不同清洁工具去清洗大堂、厕所及厨房？

意见及行动：_____
_____

　　企业的检查（检验）制度通常包括：进料检验、过程检验、最终检验、质量审核。因此，质量检查表可大致有以下几种：

　　（一）质量检查评定用的表格

　　质量检查评定是保证质量体系是否有效运行的重要环节，在工厂，质量管理体系制定了许多制度在运行，这些制度是否确实在运行，或执行人员是否确实在执行，应该加以检查。

　　检查的项目可以包括：原材料管理；机器操作与保养；采购管理；不合格品的处置与管理；量规与仪器校验；包装与运输。

　　（二）检查项目质量分布状态的检查表

　　对数据分布状态的了解和掌握是质量控制的基础。检查表还可以采用可交付成果的图形，它可以反映可交付成果缺陷的部位。

　　（三）可交付成果缺陷部位检查表

　　有时，虽然有良好的过程控制，也不见得能确保产品完全符合规格，尤其当产品于生产完成放置于仓库一段时间后，会因放置条件如温度和湿度的变化使产品的质量发生改变，因此在产品交付前还需要对外观进行检查、对尺寸进行检查、对指定的特性进行检查、对产品包装与标识进行检查，判断是否满足交付条件。

（四）影响可交付成果质量主要原因的检查表

除了需要对产品和过程进行检查外，还需要对可能造成产品质量变化的因素进行检查。对于不稳定的因素应事先掌握，并作重点控制。不稳定的因素可能包括：使用机器不稳定、材料不稳定、新的操作人员对过程不熟悉等因素。

有经验的管理人员，通常会把管理工作划分为两个阶段来运作：一个是改善管理，一个是维持管理，并持续进行。谈到改善（突破）管理，就是要有计划，然后项目全体成员去做，进行改善，进行突破，得到好的成果。这些成果来之不易，而要将这些成果维持下来，就得在维持管理上下功夫，也就是所谓的"标准化"工作。而标准化的形式之一就是建立标准的检查表。

案例：福特公司"金牛座"型号车的质量规划

20世纪80年代早期，福特公司开始规划一种新型福特车——前轮驱动、中等车型，预计在20世纪80年代末生产出来。该型号的汽车决定了公司的未来，因为国外的竞争对手已经抢走了公司的很多市场份额，公司已经连续几年严重亏损。这种新型车称为"金牛座"。

公司上层管理者确定"金牛座"车的质量战略目标是最优级，即该车应当等于或超过国外本级别中任何一个有竞争力的车型。为了实现该车的质量目标，福特公司做了以下工作：

一、首先确定谁是顾客

福特公司对谁是顾客、谁将受到该项目的影响等作了仔细的调查。例如，保险公司会受到新车的影响。当车由于交通事故损坏时，他们要支付维修费，他们要寻找减少修理费的途径。这些费用部分地取决于车本身的设计。"金牛座"小组提供了有助于修车的一些产品特征，因此帮助了受到影响的顾客——保险公司。

类似的，交通管理部门也会受到影响，福特公司知道他们没有重视这个新型车"高亮度"的刹车灯。尽管在当时还没有这样的要求，但公司为防止意外而预先设计了该灯，这样可降低交通事故的发生。

二、项目式组织结构

过去福特公司采用传统的职能型的组织结构按顺序设计新车型，每个职能部门（市场研究部门、生产设计部门等）执行自己的职能，然后把结果传到下一个职能部门，因此研发周期长。福特公司在设计"金牛座"时采用了一种新方法，即以项目为导向的方式，称为"金牛座"小组。图3-21表示了传统的组织结构形式，图3-22表示了"金牛座"小组的组织结构形式。

所有的与"金牛座"规划有关的职能部门共同组建了"金牛座"小组，目的是让所有这些部门同时规划而不是顺序进行，与此同时扩大了受此项目影响的参与面。

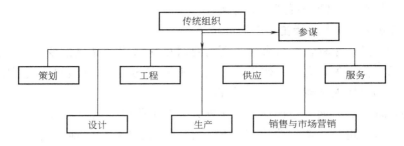

图 3-21　传统的组织结构形式

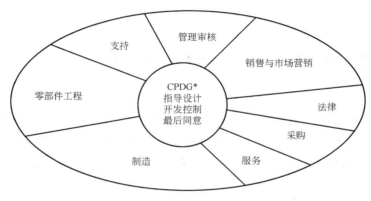

*轿车开发小组 (CPDG)

图 3-22　"金牛座"小组的组织结构形式

三、为什么买"金牛座"? 顾客需求:产品特征

主要的顾客当然是车的买主。福特公司深入地提出这样的问题:为什么买"金牛座"? 什么样的产品特征决定了顾客购买的车型? 在设计、生产、销售和售后服务等方面有数以千计的质量特征,其中哪些是能被顾客所感知并由此影响他们的购买决定? 此外,福特公司从专家那里获取意见,还要考虑顾客和许多公司部门的意见来补充市场调查。从这些特征中,福特公司就可以选择那些对主要顾客感知有直接影响的几个主要特征了。这些主要特征有400 多个,其中最主要的包括:

- 提起发动机罩所需的力量;
- 后储箱的高度;
- 刹车制动距离;
- 噪声。

四、最优级概念的效果

为了确保"最优级","金牛座"小组需要有竞争力的车型款式,这就需要用 400 多个主要特征来确定哪个是最好的。接下来的工作是如何使"金牛座"等于或超过本级别最好的车型。这个工作由 400 多个项目构成,每个项目都需要:

- 质量目标;
- 对目标的实现承担责任的组织;

■ 预算；

■ 进度表。

福特公司以后的情况表明：最优级的目标与400多项产品特征中的绝大多数相吻合。对于余下的特征，要对利弊进行权衡，以避免次优。

五、质量特征的转换和测量

400多个质量特征开始是以顾客的语言来表达的，因而通常是定性的。工程师要将它们全部转换为技术的、可测量的术语，如用"度"来测量气温，用"米"来测量距离，用"分钟"来测量时间，用"分贝"来测量噪声。这个转换是质量规划的主要部分，并且由于在清单上的定性术语太多，使得这个转换非常复杂。

在福特公司内部，为确保工厂的意见在过程开发时就予以充分的考虑而做了大量的工作。他们征求了所有来自生产现场和生产一线职工的意见。1400多项意见被识别和评价，并融入到产品设计中。对于外部的供应商，"金牛座"小组采取了实质性的步骤来执行公司新的措施——与供应商建立合作伙伴关系，原型车的零部件试验由生产零部件的供应商进行，以更早地提供高质量的零部件。

以上措施保证了顾客的质量需求能够反映到产品的实现过程中。

六、最终的效果

"金牛座"在市场上取得了令人瞩目的成功，使福特公司成为当时美国汽车业中获利能力最强的企业。福特公司作为美国质量领先者的形象也相应地提高了。从该案例可以看出项目质量规划中的一些措施：

■ 上层管理的领导作用；

■ 以顾客为中心；

■ 跨职能的小组；

■ 项目方法；

■ 联合规划而不是顺序规划。

思 考 题

1. 质量管理计划通常包括哪些内容？

2. 简述项目质量规划的输入和输出有哪些。

3. 简述项目质量规划的主要工具和方法。

4. 为什么要采用质量检查表？它有什么作用？

5. 结合你做过的实际项目，运用质量功能展开法确定产品质量特征的优先序。

6. 简述项目质量规划的主要内容和基本原理。

7. 在你的组织中如何开展质量目标管理？

8. 依据朱兰的质量规划线路图，请阐述项目研发的基本过程。

9. 举例说明如何运用质量功能展开法（QFD）？质量屋的构成要素有哪些？

10. 什么是标杆分析法（基准对照法），在你的组织中应如何开展标杆分析方法？

11. 试验设计（DOE）的主要作用有哪些？简述它的基本原理。

相关网站

1. http：//www. qmonline. org/

中国质量管理在线：该网站包括质量动态、专业知识、质量工具、质量论坛、质量博客等内容。

2. http：//www. cnqm. net/ss/

中国品质管理网：该网站提供了质量管理学习与交流的平台，网站内容包括品质管理、品质工具、品质体系、六西格玛、品质软件、质量与环境体系、精益生产等方面相关的详细资料。

第四章

项目质量保证与标准化

第一节 概 述

为了保证项目质量管理活动严格按照程序执行、质量管理方法行之有效，就要求项目组织开展项目质量保证活动。为此，项目组织需要配备一部分独立质量保证人员对直接影响项目的主要质量活动实施监督、验证和质量审核工作，以便及时发现质量控制中的薄弱环节，提出改进措施，促使质量控制能更有效地实施，提高顾客对项目质量的信任。

一、质量保证的概念

ISO 9000：2008 质量管理体系基础和术语中将"质量保证"定义为："质量管理的一部分，致力于提供质量要求会得到满足的信任。"质量保证的含义如图 4-1 所示。

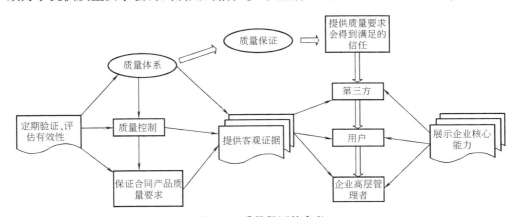

图 4-1 质量保证的含义

质量保证分为外部质量保证和内部质量保证。前者向组织外部提供保证，以取得用户和第三方（质量监督管理部门、行业协会、消费者协会）的信任；后者是使组织的管理者确信组织内各职能部门和人员对质量控制的有效性。

（一）质量保证的含义

质量保证有以下两层含义：

（1）保证满足规定的质量要求，这也是质量控制的基本任务。

（2）以保证满足质量要求为基础，提供"信任"是质量保证的基本任务。如图 4-1 所示，质量保证主要应该向以下方面提供质量要求，并会得到满足的信任：

■ 企业的用户；

- 第三方（如独立的认证机构）；
- 企业的高层管理者。

（二）质量保证的内容

（1）企业应当保证质量体系的正常运行，以确保企业的总体经营质量。

（2）企业应当保证合同产品的质量控制方案的正常实施和有效性。

（3）企业要对上述质量体系和质量控制方案的实施过程及成果进行阶段性验证和评分，以保证其有效性和效率。

（4）企业应当展示合同产品在设计、生产等各阶段的主要质量控制活动和内部质量保证的有效性，使用户、第三方，以及企业的高层管理者建立信心，相信本企业能够持续提供满足质量要求的产品和服务。

（5）企业应当有计划地组织各类活动，向用户、第三方及社会展示企业的实力。这些实力包括企业的领导力、经营理念、资源能力、过程管理水平、信息管理水平以及经营业绩等方面的卓越表现。

二、项目质量保证的基本含义和作用

项目质量保证，就是为了使项目相关方确信该项目将能达到有关质量标准，而在执行项目质量计划过程中所开展的一系列经常性的项目质量评估、项目质量核查与项目质量改进等方面工作的总称。

项目质量保证的主要过程如图4-2所示。质量保证的主要依据包括：质量管理计划、质量控制的结果。质量保证的主要工具与技术是质量审核，其成果是项目质量的改进。

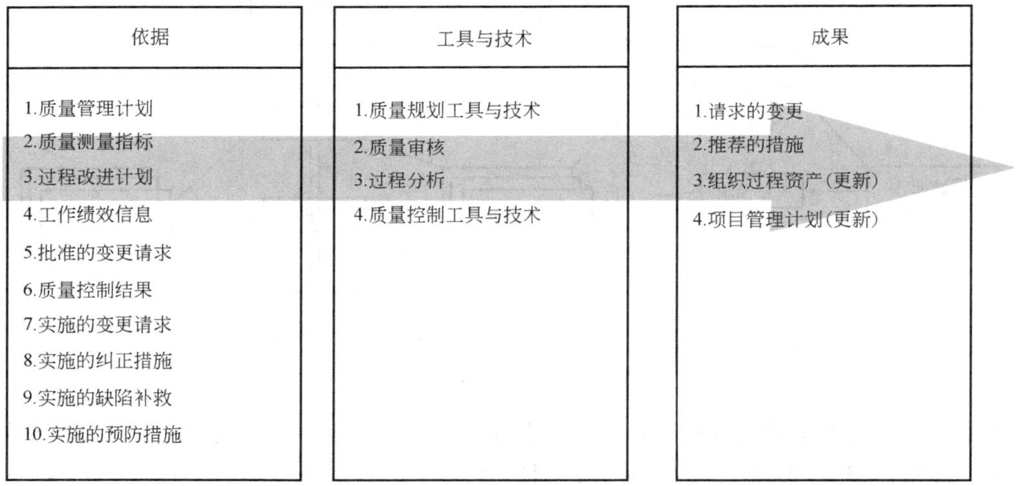

依据	工具与技术	成果
1.质量管理计划 2.质量测量指标 3.过程改进计划 4.工作绩效信息 5.批准的变更请求 6.质量控制结果 7.实施的变更请求 8.实施的纠正措施 9.实施的缺陷补救 10.实施的预防措施	1.质量规划工具与技术 2.质量审核 3.过程分析 4.质量控制工具与技术	1.请求的变更 2.推荐的措施 3.组织过程资产(更新) 4.项目管理计划(更新)

图4-2 项目质量保证的主要过程

项目质量保证的内涵可以从以下四个方面来理解：

1. 项目质量保证是质量管理中的一个重要组成部分

质量保证是项目质量管理的第二个过程，它致力于提高质量要求得到满足的信任。质量保证的主要工作是促使完善质量控制，以便准备好客观证据，根据项目相关方的要求有计划、有步骤地开展提供证据的活动。

可以看出，保证质量、满足要求是质量保证的基础和前提，质量管理体系的建立和有效运行是提供信任的重要手段；项目质量保证的核心是向项目相关方提供足够的信任，使顾客和其他相关方确信项目最终可交付的产品、项目管理体系和过程达到规定的质量要求。

2. 项目质量保证的目的是提供"信任"

"质量保证"以提供"信任"为基本目的。如果"项目质量控制"强调的是项目交付成果的质量，那么"项目质量保证"强调的是项目实施过程的质量。

3. 项目质量保证借助内部质量保证和外部质量保证得以实现

质量保证有内部质量保证和外部质量保证之分。

（1）项目内部质量保证是向项目组织的管理者提供信任，依据质量要求以及见证材料，使管理者对组织的产品研究开发体系和生产制造的全过程达到规定的质量要求充满信心。可以说，内部质量保证是企业领导的一种管理手段。

（2）外部质量保证是组织向项目顾客或其他相关方提供信任，使其确信组织的项目质量管理体系足以达到满足规定的要求，具备持续提供顾客要求的项目质量保证能力。

4. 项目质量保证的基础是提供证实

质量保证要求供方提供证实，以使顾客有足够的信任。证实的方法主要包括：由供方提供合格声明、由其他顾客提供确认的证据、顾客亲自审核、第三方进行审核、提供形成文件的基本证据、提供经国家认可的认证机构出具的认证证据。

总之，项目质量保证是为确保项目质量计划的完成而开展的系统性的和贯穿项目全部生命周期的项目质量管理工作。它最终要达到两个目标：提供高质量的项目成果；不断改进质量水平。

三、质量保证关键环节的控制制度和方法

（一）质量保证关键环节控制制度

（1）质量责任制。建立项目质量责任制，使责、权、利相互统一；把工程质量和个人经济效益相挂钩。管理人员所负责的施工项目达不到质量要求的，扣发本人奖金或工资；操作者所施工的产品达不到质量要求的，扣发本人工资并承担返工和修理的一切费用。这样做可使每个职工意识到工程质量是企业的生命，只有创造出优良的工程质量，才能提高企业的竞争力，才能提高企业的经济效益，个人的经济利益才可以得到保障和提高。

（2）质量分析例会制。保证每周召开一次质量分析例会，由项目总工程师牵头，对本周的工程施工质量进行一次全面的总结和评比，总结经验，找出不足，及时作出相应的调整方案。

（3）质量否决制。坚持工程质量一票否决制，施工现场质量检查员对工程质量提出的问题必须进行认真整改；未经质检部门验收合格，不得进行下道工序的施工。

（4）单项工程样板制。一般工序施工前，必须先做样板，经过有关方面验收合格后，方可进行大面积施工。

（5）质量验收三检制。每道工序都必须坚持自检、互检、专检，并办理相应的验收文字手续；否则不得进行下道工序的施工。

（6）方案先行制。各个施工项目在施工前必须要有针对性的施工方案和技术交底，以使得操作人员能够了解施工任务，掌握操作方法，明确质量标准。

（7）质量工作标准化制。在整体工程施工期间，要求有一套规范标准的质量保证工作程序，做到每个工作有标准，工作方法按程序，做到质量工作责任分明，质量标准目标明确，防止工作混乱。

（8）质量目标管理制。按照总体施工质量目标，将各单项工程进行质量分解，质量责任落实到人。

（二）质量保证关键环节控制方法

（1）技术交底。每个分部工程和分项工程开工前，项目工程师都应向承担施工任务的负责人和操作者进行书面技术交底。所有技术交底资料均应办理签证手续。在施工过程中，项目工程师对甲方或监理工程师提出的有关施工要求和设计变更，应在执行前向有关人员进行书面技术交底。

（2）工序控制。严格要求操作人员按照操作流程、施工方案和技术交底进行施工。在施工全过程中，要求认真如实纪录施工日志。

（3）测量控制。在工程开工前，认真编制工程测量方案；在施工过程中应对所设的测量点进行定期复测，对测量点进行妥善保护。

（4）材料控制。项目经理部必须在企业确定的合格材料供应商名单中计划采购原材料、半成品和构配件（甲方指定的材料供应商除外）。在材料等运输、储存和使用期间，严格按照技术要求进行操作。应建立收支台账，按照产品标识的可追溯性要求，对原材料、半成品和构配件进行标识；未经检验和已经验证为不合格的原材料、半成品、构配件和设备不得在工程中使用，必须及时清退出场。

（5）机械设备控制。按照设备进场计划进行施工设备的采购、租赁和调配。现场的机械设备须达到满足工期和质量配套要求，充分发挥机械效率。所以机械操作人员必须进行资格认证，持证上岗。

（6）计量控制。计量人员必须按照规定有效控制计量器具的使用、保管、维修和检验，确保施工过程有合格的计量器具，监督计量过程的实施，保证计量准确。

第二节 质量管理体系与质量审核

项目质量保证与组织质量管理体系的建立分不开，项目相关方为开展质量保证活动必须建立起质量管理体系并使之有效运行。ISO 9000 族系列标准为组织建立质量管理体系提供了指南。

一、质量管理体系标准与项目质量管理标准

（一）ISO 9000 族系列标准

在 2008 版 ISO 9000 族标准中，包括 4 项核心标准：

ISO 9000：2008《质量管理体系——基础和术语》。

ISO 9001：2008《质量管理体系——要求》，用于组织证实其具有提供满足顾客要求和适用的法规要求的产品能力，目的在于增进顾客满意。

ISO 9004：2008《质量管理体系——业绩改进指南》，提供考虑质量管理体系的有效性和效率两方面的指南。其目的是用于组织业绩改进和使顾客及其他相关方满意。

ISO 19011：2011《质量（或）和环境管理体系审核指南》。

（二）ISO 10006：2003《质量管理体系——项目管理质量指南》

2000 年国家质量技术监督局批准、实施了 GB/T 19016—2000《质量管理——项目管理质量指南》，本标准为实现对项目管理质量起重要作用和影响的质量体系要素、概念和实践提供了指南，而且也对 ISO 9004 指南作了补充。

2006 年，国家质量技术监督局实施了 GB/T 19016—2005《质量管理体系——项目管理质量指南》（ISO 10006：2003，IDT）。该标准是 ISO 9000 族标准的组成部分，并与其保持一致。该标准代替 GB/T 19016—2000《质量管理——项目管理质量指南》，并作了技术上修订。与 GB/T 19016—2000 相比，结构上发生了变化，旨在提高与 ISO 9000 族标准的一致性，内容增加了质量管理八项原则这一新思想，题目也作了相应的修改，以反映 ISO 9000 族标准的变化并更好地表达本标准的意图。

ISO 10006：2003 标准是广义上的指南，适用于各类项目，可以从小到大、从简单到复杂，从单个项目到一个大的工作计划的一部分或项目的组合。

二、质量管理体系的建立和运行

质量管理体系是指"在质量方面指挥和控制组织的管理体系"。质量管理体系是实施质量方针和目标的管理体系。质量管理体系在项目内外发挥着不同的作用，对内实施质量管理，对外实施外部质量保证。质量管理体系是由组织结构、职责、程序和资源构成的有机整体。

建立并不断完善质量管理体系，是整个质量管理的核心内容，它为质量保证活动奠定了一个坚实的基础。

（一）质量管理体系的架构

质量管理体系由以下五个质量保证系统构成：

1. 组织架构的保证体系

在这一体系中应该明确三个方面的角色：最高层领导在这个组织架构中扮演的角色；全体员工参与的方式和参与的程度；专业质量管理人员的配备以及所扮演的角色。

根据保证体系组织机构图，进一步建立岗位责任制度和质量监督制度；明确职责分工，落实质量控制责任，通过定期和不定期的检查，发现问题，总结经验，纠正不足，奖优罚劣，对每个部门每个岗位实行定性和定量的考核。质量保证程序图如图 4-3 所示。

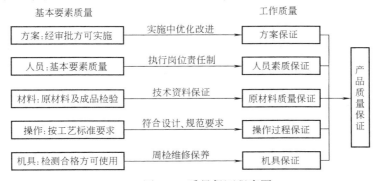

图 4-3 质量保证程序图

2. 规章制度的保证体系

在这一体系中包括三个要素：操作流程的规范制度；信息管理的规范制度；检验程序和变更程序的操作规程。

3. 质量标准的保证体系

在建立这一体系时应坚持三项基本原则：必须有精确量化的质量指标；必须有具体明确而不是抽象含糊的质量要求；必须对实施操作的细则进行统一的术语说明。

4. 资源配置的保证体系

在这一体系中包括三个要素：设备要素，配备必要的质量检验设备，并保证生产设备本身的质量；原材料要素，建立质量认证体系保证原材料供应链的质量标准；人才要素，选择、配备、培训合格的质量管理专才。

5. 持续改进活动的保证

持续改进活动的内容并无正式规定，但一般都包括培训、检查、评比、问题分析、征集建议等活动。

（二）质量管理体系的建立

质量管理体系的建立通常包括以下七个步骤：

1. 统一认识，完成决策

组织的领导层应认真学习相关标准和文件，统一认识，在此基础上进行决策，建立项目质量管理体系。

2. 组织落实，明确职权

组织应成立领导小组或工作委员会，领导质量管理体系的建立和运行工作；同时，要组织一个由既懂技术又懂管理、有较强分析能力和文字表达能力的技术人员组成的工作组，具体执行质量管理体系的建立和运行。

组织应依据质量管理体系策划以及其他策划的结果，确定各部门、各过程及其他与质量工作有关人员应承担的相应职责，赋予相应的权限并确保其职责和权限能得到沟通。最高管理者还应该在管理层中指定一名管理者代表，全权负责质量管理体系的建立和实施。

3. 培训

组织应在内部广泛宣传建立质量管理体系的意义，使全体员工能充分理解这项工作的重要性，并对这项工作给以支持与配合。

组织应分别对中层领导及工作组人员、质量控制人员和全体员工进行分层培训，以提高其素质。

4. 制定工作计划

建立质量管理体系是一项系统工程，应分步推进。为使该工作有条不紊地进行，应编制工作计划。该计划应明确各阶段或某项工作的进度和要完成的任务，并明确各有关部门和人员的协调和配合。

5. 制定项目质量方针和质量目标

根据组织的宗旨和发展方向确定项目的质量方针，在质量方针提供的目标框架内规定项目的质量目标及其相关职能和层次上的质量目标。需要强调的是质量目标必须可以测量。

6. 质量管理体系设计

组织应该依据项目质量方针、质量目标，运用过程方法策划项目应该建立的质量管理体系，并确保所策划出的质量管理体系满足质量目标要求。在质量管理体系策划的基础上，要进一步对项目产品的实现过程进行策划，确保这些过程的策划满足所确定的项目质量目标和相应的要求。

组织应根据所承担的项目的特点对自身的质量管理体系进行完善和更新。

通常，一个组织只需建立一个质量管理体系，其下属基层单位的质量控制和质量保证活动以及质量机构和职责只是组织质量管理体系的组成部分，是该组织质量管理体系在特定范围的体现。对项目实施的基层单位，应根据项目活动和环境特点补充和调整体系要素。

7. 项目质量管理体系文件的编制

组织应依据质量管理体系策划以及其他策划的结果确定质量管理体系构建的框架和内容，在质量管理体系文件的框架里确定文件的层次、结构、类型、数量、详略程度，规定统一的文件格式，编制质量管理体系文件。

（三）质量管理体系的运行

建立质量管理体系的根本目的是使之有效运行，以达到保证质量和提高组织业绩的目的。

要使质量管理体系有效地运行，有赖于组织协调、质量监督、质量信息管理以及质量管理体系审核评审。

1. 组织协调

对实施项目的组织来说，一般有集团（总公司）、公司、分公司、项目经理部等管理组织，但由于其管理职责不同，所建立的质量管理体系的侧重点可能有所不同。所以，从纵向和横向两个方面，组织内部的协调对质量管理体系的有效运行至关重要，其具体要求在目标、职责与分工、进度、资源等方面都要协调一致。

2. 质量监督

质量管理体系在运行过程中，各项活动及其结果不可避免地会偏离标准，为此，必须实施质量监督。质量监督有组织内部监督和外部监督两种，需方或第三方对组织进行的监督是外部质量监督。质量监督是符合性监督。质量监督的任务是对项目进行连续性的监视和验证。发现偏离管理标准和技术标准的情况时应及时反馈，并采取纠正措施，从而使组织的质量活动和项目质量符合标准所规定的要求。

3. 质量信息管理

质量信息是保证质量管理体系正常运行的神经系统。在质量管理体系的运行中，通过质量信息反馈系统对异常信息的反馈和处理，进行动态控制，从而使各项质量活动和项目质量保持受控状态。

质量信息管理和组织协调、质量监督是密切联系在一起的，异常信息一般来自质量监督，异常信息的处理要依靠协调工作，三者有机结合是使质量管理体系有效运行的保证。

为搞好质量信息管理，不但要重视硬件的建设，更要重视软件的建设和制度的完善。

4. 质量管理体系审核与评审

组织应进行定期的质量管理体系审核与评审。一方面对质量管理体系进行审核、评价，确定其有效性；另一方面对运行中出现的问题采取纠正措施，保持体系的有效性。

三、质量审核技术

质量审核技术和过程方法是项目质量保证得以顺利开展的关键技术和方法。正如IBM前任总裁郭士纳所言：人们不会做你希望的事情，只会做你检查的事情，不检查就等于不重视。质量审核是使质量保证活动得以顺利开展的一项关键技术。

（一）审核

ISO 19011对"审核"的定义是：为获得审核证据并对其进行客观的评价，以确定满足审核准则的程度所进行的系统的、独立的并形成文件的过程。

上述定义强调了审核的三个重要特点：其一，审核必须运用系统论的方法，从目标、过程顺序、程序制定与实施到结果，全面地进行评价；其二，从事审核的人员必须与受审核的组织无任何直接的或间接的利益联系；其三，审核获得必须是正式的，审核活动必须形成一系列文件和记录，如审核计划、检查表、不符合报告、审核报告等。

（二）质量审核

质量审核就是确定质量活动及其有关结果是否符合计划的安排，以及这些安排是否有效地实施并适合于达到预定目标所作的系统的、独立的检查。

质量审核包括：质量管理体系审核、产品审核和过程审核。其中，过程审核包括产品实现过程、服务提供过程以及其他质量管理体系过程的策划和实施及其效果的评价。

根据审核的执行主体，可把质量审核划分为内部审核和外部审核。内部审核又被称为"第一方审核"，是由组织自身或以组织的名义进行，用于管理评审和其他的内部目的，可作为组织自我合格声明的基础。外部审核包括"第二方审核"和"第三方审核"。第二方审核由组织的相关方（如顾客）或其他人员以相关方的名义进行。第三方审核由外部独立的审核组织进行。

1. 第一方审核，即内部评审

内部评审包括了制度性的基层组织自我评审，领导的定期评审以及专职质量管理人员的日常评审。内部评审就如同现在学校的小考测验、期中测验、模拟考试，是组织对自身健康状况的自我检验。

2. 第二方审核，即客户评审

产品最终由客户使用，因而需要客户的认可。第二方审核有多种方式，如现场考察、访谈评估等。如果客户是庞大的消费者群体，无法实施评审，往往聘请咨询顾问机构代理，以问卷调查及访谈会等方式征集消费者的意见，然后综合提出评审报告。

3. 第三方审核，又称认证评审

第三方审核是由甲乙双方之外的权威机构和独立机构对组织的质量管理体系进行认证，以其公信力担保组织有提供合格产品和服务的能力。这样可免除客户对每一次交易进行评审的繁琐。企业或机构一旦被赋予认证资格，就自然会得到客户的信任。美国国防部首创的QA认证制度和ISO 9000的贯标认证制度，以及我国行业协会组织的质量信得过企业评选认证、重合同守信誉企业评选认证、绿色食品安全认证等，都属于这类认证评审。

需要强调的是，上述提及的质量评审不是对产品本身质量的评估，而是对项目组织提供合格产品或服务能力的评估。

（三）项目质量审核方案的管理

无论是第一方审核、第二方审核，还是第三方审核，都需要管理审核方案。

组织的最高管理者应当对审核方案的管理进行授权。负责管理审核方案的人员应当完成两项基本工作：建立、实施、监视、评审与改进审核方案；识别并确保提供必要的资源。

图4-4给出了项目质量审核的流程图。

（四）质量管理审核的一般程序

质量管理审核包括以下七个步骤：①审核的启动；②文件评审的实施；③现场审核活动的准备；④现场审核活动的实施；⑤审核报告的编制、批准和分发；⑥审核的完成；⑦审核后续活动的实施。

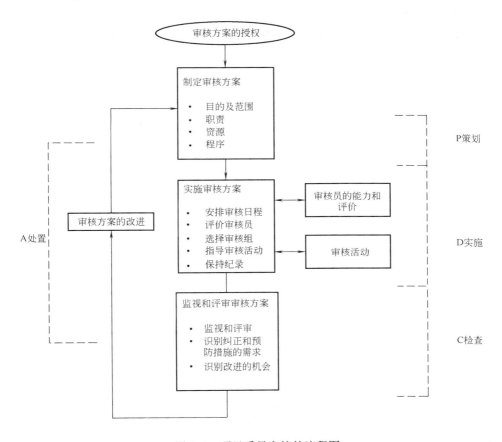

图4-4　项目质量审核的流程图

（五）质量评审的主要方法

质量评审的主要方法包括文件评审和现场评审。文件评审就是对受审核方的主要体系文件进行评审。文件评审是进入现场审核的前提。文件审核贯穿于项目质量管理体系审核的全过程，包括建立和批准文件体系前的文件初审以及现场审核时对体系文件的继续评审活动。

文件审核的具体对象应包括全部质量体系文件，包括：①质量方针和质量目标；②质量手册；③质量体系程序；④作业文件（质量文件、作业指导书等）；⑤质量记录。

现场评审的过程是指从首次会议开始到末次会议结束的全过程。通过现场评审不仅评价受审核方是否建立了一个符合审核准则的质量管理体系；而且要验证受审核方所建立的质量管理体系能否有效运行，能否保证所提供的产品和服务满足顾客要求，满足法律法规要求。

第三节　质量管理的过程模式与基本原则

一、ISO 9001：2008 的质量管理体系模式

ISO 9001：2008 标准将"过程方法"解释为"组织内部过程的系统应用，连同这些过程的识别和相互作用及其管理。"这一解释虽不属定义和对组织要求的范畴，但可以为理解过程方法的内涵提供指导。ISO 9000：2008 标准给出了以过程为基础的质量管理体系模式，如图4-5 所示。

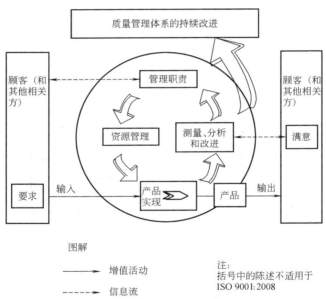

图4-5　以过程为基础的质量管理体系模式

使用"过程方法"的主要目的是对组织的相关过程和体系进行整合，在识别和确定所需过程的基础上，明确各过程的相互关系，从而充分利用组织的资源，提高管理体系整体的有效性和效率，并为持续改进提供充分依据。

这一模式以顾客（和其他相关方）的要求为输入，以提供给顾客（和其他相关方）满意的产品为输出，从顾客要求出发以顾客满意为归宿，体现了"顾客满意"的理念。

为确保从顾客要求出发以顾客满意为归宿，该过程模式将"管理职责""资源管理""产品实现"和"测量、分析和改进"四个部分集成在一起构成"质量管理体系"。

组织输入的产品经顾客（和其他相关方）接收后，将是否满意的信息反馈给组织，组织根据顾客（和其他相关方）的满意程度决定改进之处。所以，改进的要求来自于顾客（和其他相关方）。在项目实施过程中，通过测量分析会发现项目本身和过程中的不合格、不足、不期望甚至缺陷之处，即改进的机会。从这个意义上，改进也来自于组织

内部。

测量、分析和改进的结果作为"管理职责"的输入，对"管理职责"的改进提出了要求。"管理职责"中的"管理评审"就是响应这种要求，着眼于对整个质量管理体系的改进，包括对质量方针、质量目标、职责权限、质量文件以及对"资源管理""产品实现""测量、分析和改进"的改进。这种改进是更高层次的改进。

这一集成体系不停地运动，并且这种运动不是简单的重复，而是每进行一次，质量水平就提高一次，体现了"持续改进"的理念。项目质量持续改进是对组织质量管理体系提出的基本要求，是质量管理体系得以正常运行的基本条件，是质量管理体系的重要内容，是满足或超过顾客（和其他相关方）的要求的动力所在。持续改进融入了质量管理体系的全部要素和全部要求之中。

如果从直观上看，质量管理过程模式不仅体现了戴明博士提出的 PDCA 质量循环的思想，更体现了朱兰螺旋曲线质量改进的思想。这再一次说明项目质量持续改进是组织的唯一选择。

二、项目质量管理体系模式

在 ISO 10006：2003《质量管理体系——项目管理质量指南》中，以过程为基础的项目质量管理体系模式可描述为下列内容。

（一）管理职责

1. 管理承诺

为了建立和保持有效和高效的项目质量管理体系，启动组织和项目组织的最高管理者的承诺和积极参与是非常必要的。

启动组织和项目组织的最高管理者都应当为战略过程提供输入。

由于项目组织在项目完成后可能被解散，启动项目组织的最高管理者应当确保现行的和未来的项目采取持续改进措施。

启动组织和项目组织的最高管理者需要创造一种质量文化，它是确保项目成功的一个重要因素。

2. 战略过程

基于质量管理原则的应用，对质量管理体系的建立、实施和保持所进行的策划是一个战略过程、确定方向的过程。这种策划应当由项目组织完成。在策划中，必需关注过程和产品二者的质量以满足项目目标。

（二）资源管理

与资源有关的过程旨在计划和控制资源，帮助识别资源方面可能出现的问题。资源包括设备、设施、资金、信息、材料、人员、服务和空间。与资源有关的过程包括资源策划和资源控制。

1. 资源策划

项目管理过程中应当识别项目所需的资源。资源计划应当规定项目需要什么资源，在项目进展中何时需要。计划应当指明资源是如何获得和分配的，以及在什么地方获得和分配到什么地方。

应当验证资源策划的输入的正确性，评价提供资源的组织的稳定性、能力和业绩。

应当考虑资源的限制。限制包括可用性、安全性、文化考虑、国际协议、劳资协议、政府法规对项目环境的影响。

资源计划，包括所作的估计、分配、限制以及假设。这些都应当形成文件并包含在项目管理计划中。

2. 资源控制

应当进行评审以确保获得充足资源，满足项目目标。评审的时机以及相关数据的收集和资源要求预报的频次应当在项目管理计划中形成文件。应当识别、分析与资源计划的偏离，并采取措施和予以记录。

只有当考虑了对其他项目过程和目标的影响，才能作出采取措施的决定。对影响项目目标的变更，在实施前应当征得顾客及有关相关方的同意。资源计划的变更应当有适当的授权。在制定后续工作计划时，对资源要求预测的修改应当与其他项目过程协调。

（三）产品实现（见本章第四节）

（四）测量、分析和改进

1. 与改进有关的过程

启动组织和项目组织应当应用测量的结果和项目过程中的资料的分析结果，采用纠正措施、预防措施和损失预防方法，以促使在当前的和未来的项目中的持续改进。

与改进有关的过程包括：

■ 测量与分析；

■ 纠正措施、预防措施和损失预防。

2. 测量和分析

启动组织需要确保数据的测量、收集与确认是有效的和有效率的，以提高组织的业绩，增加顾客和其他相关方的满意。

业绩的测量示例包括：

■ 单个活动和过程的评价；

■ 审核；

■ 用的资源及费用和事件的评价，与初始的估计进行比较；

■ 产品评价；

■ 供方业绩评价；

■ 项目目标的实现；

■ 顾客和其他相关方的满意。

项目组织的管理应当确保项目的产品和过程中的不符合项记录及其处置得到分析，用于积累经验，并为改进提供数据。项目组织及顾客应当决定记录哪些不符合项和控制哪些纠正措施。

3. 持续改进

（1）由启动组织进行的持续改进。启动组织应当规定需要从项目中学习的信息，建立项目中信息的识别、收集、储存、更新、检索系统。启动组织应当确保通过其项目的信息管理系统能识别和收集项目中的相关信息，以便改进项目管理过程。启动组织应当确保有关信息用于其启动的其他项目。

需要从项目中学习的有关信息来自于项目中所包含的信息，包括来自顾客和其他相关方的反馈。信息还有其他来源，如项目记录、有关的关闭报告、申诉、审核结果、数据分析、纠正和预防措施、项目评审。在使用这些信息之前，启动组织应当验证它们的有效性。

在关闭项目之前，启动组织应当对项目的业绩进行文件化评审，着重描述此项目中可用于其他项目的经验。项目管理计划应当被用做进行此项评审的框架。在可能的情况下，这些评审应当由顾客和其他相关方参加。

注：对于长期的项目，应考虑中间评审以便更有效地收集信息，从而及时改进。

（2）由项目组织进行的持续改进。项目组织应当设计项目信息管理系统，以确保其向启动组织提供的信息是准确和完整的。项目组织应当利用上述由启动组织建立的系统中得到的与项目有关的信息实施改进。

三、质量管理的基本原则

ISO 9000：2008 标准在总结质量管理实践经验的基础上，用高度概括的语言表达了质量管理最基本、最通用的一般规律，这就是质量管理八项基本原则。ISO 10006：2003（GB/T 19016—2005）针对项目和项目管理的特点，提出了项目质量管理的八项基本原则，具体内容如下：

1. 以顾客为关注焦点

组织依赖其顾客。因此，组织应当理解顾客当前的和未来的需求，满足顾客要求并争取超越顾客的期望。

满足顾客及其他相关方的要求对项目的成功是非常必要的。这些要求应当得到明确理解，以确保所有的过程都受到关注并能够满足这些要求。

包括产品目标的项目目标中应当考虑顾客和其他相关方的需求和期望。在项目进行中可对目标进行修正。项目目标应当形成文件，纳入项目管理计划。项目目标应当详细说明要完成什么（用时间、成本和产品质量表示）以及要测量什么。

当在实践中要在成本与产品质量之间确定平衡关系时，应当评价对项目产品的潜在影响，考虑顾客的要求。

在适当时候，应当在整个项目进程中建立与所有相关方的接口关系，以便于交换信息。相关方要求之间的任何冲突都应当得到解决。

通常，当顾客的要求与其他相关方的要求之间出现冲突时，首先考虑顾客的要求；但当法规有要求时除外。

冲突的解决结果应当取得顾客的同意。相关方达成的一致意见应当形成文件。在整个项目进程中，需要注意相关方要求的变更，包括来自项目开始后才加入项目的新的相关方的附加要求。

2. 领导的作用

领导者确立组织统一的宗旨及方向。他们应当创造并保持员工能充分参与实现组织目标的内部环境。

领导者应当及早指定项目经理。项目经理是具有规定职责和权限的个人，负责管理项目并确保项目质量管理体系的建立、实施和保持。项目经理被赋予的权限应当与其所拥有的职责相适应。

启动组织和项目组织的最高管理者应当通过以下途径确保在创造质量文化中的领导作用：

- 建立项目质量方针并确定目标，包括质量目标；
- 提供基础设施与资源以确保项目目标的实现；
- 提供有助于满足项目目标的组织结构；
- 依据数据和实际的信息进行决策；
- 授权并激励所有项目人员改进项目过程和产品；
- 策划未来的预防措施。

3. 全员参与

各级人员都是组织之本，只有他们的充分参与，才能使他们的才干为组织带来收益。

对于项目组织的人员参与项目的职责和权限应当有明确的规定。项目参与者被赋予的权限应当与其所分配的职责相适应。

应当选择有能力的人员参与到项目组织中。为了提高项目组织的业绩，应当向这些人员提供适用的工具、技术和方法，以使他们能够监视和控制过程。

当遇到多国的和多文化的项目、合资项目、国际项目等时候，应当强调跨文化管理的意义。

4. 过程方法

将相关的资源和活动作为过程来进行管理，可以更高效地达到预期的目的。如图4-6所示，任何利用资源并通过管理将输入转化为输出的活动，均可视为过程。系统地识别和管理组织所应用的过程，特别是这些过程之间的相互作用，就是"过程方法"。过程方法的目的是获得持续改进的动态循环，并使组织的总体业绩得到显著的提高。过程方法通过识别组织内的关键过程，随后加以实施和管理并不断进行改进来达到顾客满意的效果。过程方法鼓励组织要对其所有的过程有一个清晰的了解。

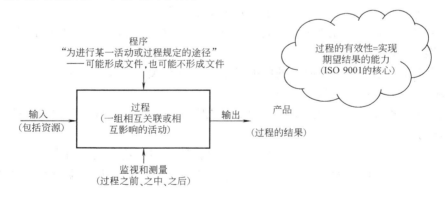

图4-6 过程方法

过程包含一个或多个将输入转化为输出的活动。通常一个过程的输出直接成为下一个过程的输入，但有时多个过程之间形成比较复杂的过程网络。这些过程的输入和输出与内部和外部的顾客相连。在应用过程方法时，必须对每个过程，特别是对关键过程的要素进行识别和管理。这些要素包括输入、输出、活动、资源、管理和支持性过程。此外，PDCA循环适用于所有过程，可结合考虑。

在项目管理过程中，应当识别项目过程并形成文件。启动组织应当将其在开发和自己使用的过程中获得的经验或从其他项目中获得的经验向项目组织传授。项目组织在确定项目过程中应当考虑这些经验，可能还需要确定项目特有的过程。这可通过以下途径完成：

- 识别对该项目适宜的过程；
- 识别项目过程的输入、输出和目标；
- 识别过程的所有者并确定他们的权限和职责；
- 设计项目过程以预见项目生命期中未来的过程；
- 确定过程之间的相互关系和相互作用。

过程的有效性和效率可通过内部和外部评审来评定，还可通过标杆或成熟度模型评价法进行评定。成熟度划分一般从"无正式体系"到"同类中最佳"。已经开发出来大量的不同用途的成熟度模型。

5. 管理的系统方法

通常，管理的系统方法使组织策划的过程之间协调和兼容，接口关系明确。项目是按一系列经策划的、相互影响的、相互依赖的过程进行的。项目组织控制项目过程。为了控制项目过程，必须确定并连接所需的过程，按与启动组织整个体系一致的体系对其进行整合和管理。

应当针对项目过程明确划分和确定项目组织和其他有关的相关方（包括启动组织）之间的职责和权限，并作好记录。项目组织应当确保规定了适当的沟通过程，确保项目过程之间以及项目、其他相关项目和启动组织之间的信息交换。

将相互关联的过程作为系统加以识别、理解和管理，有助于组织提高实现目标的有效性和效率。图 4-7 是将企业整个管理过程视为一个系统的图例。

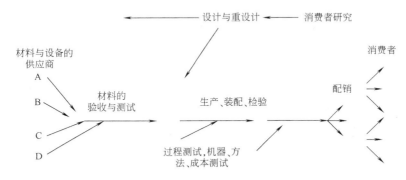

图 4-7 将企业整个管理过程视为一个系统

图 4-7 是一个生产系统，项目质量的提高包含了整个过程。系统图的开端是关于产品或服务的构想——顾客可能要什么，也就是预测。由这种预测可以导出产品或服务的设计，然后经过采购、交货验收、生产、装配、检验、销售等一个个过程，其中，一个过程的输出是下一个过程的输入，各个过程联系起来成为一个系统。顾客是这个系统中最重要的部分，所以质量要针对顾客的需要——不论是过去还是未来。这个循环不断运行，根据新的预测重新设计，形成一个持续改进的过程。

当我们改变系统的一个或多个组成部分时，流程图有利于预测系统的哪些部分会受影响，以及影响的幅度有多大。假如我们把上述流程拆分，成为彼此竞争的单位，消费者研究、产品设计、再设计、制造都各成一个单元，每个单元彼此相互竞争，每个人都只顾自己的最大利益而不顾其他过程和系统的总体目标，这个系统就不会达到最终的目标。这种"一组相互依赖的组成部分，提供共同运作以达到该系统的目标"，就是系统的观点。

6. 持续改进

持续改进总体业绩应当是组织的一个永恒目标。

持续改进的循环是基于"策划—实施—检查—处置"（PACD）的概念。

启动组织和项目组织负责不断寻求改进各自过程的有效性和效率。

为了从经验中学习，应当将项目的管理作为一个过程进行，而不是作为一项孤立的活动来进行。应当建立一个系统，以记录和分析项目中获得的信息，以便将其用于持续改进过程。

应当指定自我评定、内部审核和（要求时）外部审核的规定，以识别改进机会，这些规定也应当考虑所需的时间和资源。

7. 基于事实的决策方法

有效的决策是建立在数据和信息分析的基础上。

应当记录项目进展和业绩方面的信息，如记在记录卡上。

为评定项目状态，应当进行业绩和进展评价。项目组织应当分析来自业绩和进展评价的信息，对项目作出有效的决策，修订项目管理计划。

应当分析来自以前项目的项目关闭报告的信息，并用于支持现在或未来的项目的改进。

8. 与供方互利的关系

组织与供方是相互依存的，互利的关系可增强双方创造价值的能力。当确定获得外部产品（特别是交货期的产品）的战略时，项目组织应当与其供方合作，并可考虑与供方共担风险。

项目组织应当与供方一起指定对供方过程和产品规范的要求，以便从可得到的供方知识中受益。项目组织应当确定供方满足其过程和产品要求的能力，并考虑顾客的优选供方目录或选择准则。

应当研究多个项目选用同一个供方的可能性。

八项质量管理原则是质量管理实践经验和理论的总结，尤其是 ISO 9000 族标准实施的经验和理论研究的总结。它是质量管理的最基本、最通用的一般性规律，适用于所有类型的产品和组织，是质量管理的理论基础。八项质量管理原则实质上也是组织管理的普遍原则，是随现代社会发展，管理经验日渐丰富，管理科学理论不断演变发展的结果。八项质量管理原则充分体现了管理科学的原则和思想，因此使用这八项原则还可以对组织的其他管理活动，如环境管理、职业安全与卫生管理、成本管理等提供帮助和借鉴，真正促进组织建立一个改进其全面业绩的管理体系。

第四节　项目全生命期的质量保证与质量评审

一、项目全生命期质量保证

由项目质量管理标准——ISO 10006：2003 项目管理质量指南，项目包含一系列经策划的相互依赖的过程，其中某一过程的行为往往影响其他过程。项目经理的职责是对经策划的项目过程之间的相互依赖性进行全面的管理。同时，项目组织还要对不同项目组人员之间有效的和高效的沟通进行管理，明确职责分工。

相互依赖的过程包括：

- 项目启动和项目管理计划编制；
- 相互作用管理；
- 变更管理；
- 过程和项目关闭。

（一）项目启动和项目管理计划编制

编制项目管理计划并保持其最新有效状态是最重要的，项目管理计划应当包括或引用项目质量计划。其详略程度取决于项目的规模和复杂性等因素。

在项目启动阶段，应当识别启动组织已经承担过的相关项目的细节，并与项目组织沟通，以便最大程度地利用以往项目所获得的经验（如吸取的教训）。

如果项目的目的是完成合同要求，在项目管理计划的制定期间应当进行合同评审，以确保满足合同要求。当项目没有合同要求时，则应当进行初始评审以确定要求，并确认这些要求是适当的、可实现的。

项目管理计划应当包括：

（1）引用顾客及其他有关相关方的形成文件的要求和项目目标；每一要求的输入来源应当形成文件以便能够追溯。

（2）识别项目过程及其目的，并形成文件。

识别组织的接口，尤其应注意：

- 项目组织与启动组织不同职能之间的联系与报告线路；
- 项目组织各职能之间的接口。

（3）整合其他项目过程中策划所形成的计划，这些计划包括：

- 质量计划；
- 工作分解结构；
- 项目进度；
- 项目预算；
- 沟通计划；
- 风险管理计划；
- 采购计划。

（4）应当评审这些计划的一致性，解决任何不一致的地方。

（5）识别、包括或引用产品特性及如何对其测量与评定。

（6）为进展测量与控制提供基线，以便策划后续工作；应当编制评审计划和进展评价计划，将其列入进度表。

（7）规定业绩指标及如何测量，明确定期评定要求，以便监视进展情况，这些评定应当包括：

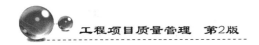

- 促进预防和纠正措施；
- 确认项目目标在变化的项目环境中仍然是有效的。

（8）提供合同所要求的项目评审，以确保履行合同要求。

（9）定期评审，并且在出现重大变更时还要进行评审。

项目质量管理应当形成文件，或在项目质量计划中引用。应当在项目质量计划与启动组织质量管理体系的使用部分之间建立联系。只要可行，项目组织应当采纳，若有必要，还应当适应启动组织的质量管理体系和程序。当其他相关方对质量管理体系有特定要求时，应当确保项目质量管理体系与这些要求是兼容的。

应当在整个项目中建立质量管理的方法，如文件化、验证、可追溯性、评审和审核。

（二）相互作用管理

为了促进过程之间的相互依赖（经策划的），需要对项目中的相互作用（非策划的）进行管理，这应当包括：

- 建立接口管理的程序；
- 召开项目内部职能间的会议；
- 解决诸如职责冲突或风险暴露的变更问题；
- 使用诸如挣值分析（根据预算基线监视项目整体业绩的一种技术）测量项目的业绩；
- 进行进展评价，以评定项目状态和策划后续工作。

进展评价也被用于识别潜在的接口问题，应当注意接口处风险通常是高的。

注：项目沟通是项目协调中的重要因素。

（三）变更管理

变更管理涉及变更的识别、评价、授权、文件化、实施和控制。在授权变更之前，应当分析变更的内容、程度和影响。对影响项目目标的变更，应当与顾客和其他有关相关方协商一致。

变更管理应当考虑：

- 对项目范围、项目目标和项目管理计划的变更管理；
- 协调内部关联的项目过程之间的变更并解决任何冲突；
- 将变更形成文件的程序；
- 持续改进；
- 影响人员变更的方面。

变更可能会对项目产生负面影响（如索赔），应当尽快予以识别，并负面影响产生的根本原因，利用分析的结果形成预防性的解决方案并在项目过程中进行改进。

变更管理中的一个方面是技术状态管理。项目管理涉及项目产品的技术状态，这包括不可交付的产品（如试验工具和其他安装设备）和可交付产品。

注：有关技术状态管理的进一步指南见 GB/T 19016。

（四）项目和项目关闭

项目本身是一个过程，应当特别重视其关闭。

应当在项目开始时规定过程和项目关闭，并包含在项目管理计划中。在策划过程和项目关闭时，应当考虑以前的过程和项目关闭时获得的经验。

在项目生命周期的任何时间，应当按照计划关闭已完成的过程。过程关闭时，应当确保汇总所有记录，在项目内分发，适当时传递给启动组织，并按规定时间保存。

项目应当按计划关闭，但有时因不可预见的事件，可能必须比计划提前或滞后关闭项目。

不管项目关闭的原因如何，都应当对项目业绩进行完整的评审，考虑所有相关记录，包括来自进展评价的和相关方的记录。应当特别考虑顾客和其他有关相关方的反馈，在可能的情况下，这些反馈应当是可测量的。

应当根据评审编写适当的报告，突出可用于其他项目和持续改进的经验。

在项目关闭时，应当向顾客正式移交项目产品。只有当顾客正式接受了项目产品，才算是完成了项目关闭。

应当向有关相关方正式传达项目关闭的信息。

二、管理评审与进展评价

（一）管理评审

项目组织的管理者应当按策划的时间间隔评审项目质量管理体系，以确保持续的适宜性、充分性、有效性和效率。启动组织可以参与管理评审。

（二）进展评价

进展评价应当覆盖所有的项目过程，并为评定项目目标的实现提供机会。进展评价的输出作为未来管理评审的输入能提供项目业绩方面的重要信息。

（1）进展评价应当用于：

- 评定项目各年计划的充分性以及所完成的工作与计划的符合性；
- 评价项目过程之间相互配合与相互连接的程度；
- 识别并评价对项目目标的实现可能产生不利或有利影响的活动和结果；
- 为项目中的后续工作获得输入；
- 促进沟通；
- 通过识别偏离和风险变化，促使项目中的过程改进。

（2）策划进展评价应当包括：

- 编制进展评价的总体进度表（包括在项目管理计划中）；
- 分配单个进展评价的管理职责；
- 规范每一进展评价的目的、评定要求、过程及输出；
- 指派人员参与评价（如负责项目过程的个人和其他相关方）；
- 确保被评价的项目过程的适当人员作好接受问询的准备；
- 确保为评价作好准备和获得有关信息（如项目管理计划）。

（3）从事评价的人员应当做到：

- 理解被评价过程的目的及其对项目质量管理体系的影响；
- 检查有关的过程输入和输出；
- 评审正在用于过程的监视和测量准则；
- 确定过程是否有效；

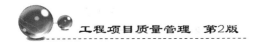

- 寻求过程效率可能的改进；
- 利用进展评价结果编写报告或其他有关输出。

（4）进展评价完成后应当做到：

- 针对项目目标对评价的输出进行评定，以针对计划的目标确定项目业绩是否可接受；
- 为进展评价形成的措施分配职责。

进展评价的输出也可用于向启动组织提供信息，以持续改进项目管理过程的有效性和效率。

案例：研发项目阶段评审工作指引

某著名 IT 企业有着严格的质量保证程序，其中，研发阶段的阶段评审是控制项目风险的主要措施，其目的是根据关键数据和评审规则，确定是否进入下一阶段或停止项目。

为此，对评审工作相关人员的职责、工作流程、评审会前注意事项、工作责任矩阵均作了详细的说明。

一、相关人员的职责

（一）项目管理工程师

- 协助完成评审会议资料的准备（CHECKLIST 表和汇报 PPT）；
- 评审内容是否符合评审要求的检查；
- 评审会议的召集和组织；
- 会议结果的督促落实；
- 根据评审工作指引，规范评审过程。

（二）项目经理

- 评审会前根据 CHECKLIST 表与项目管理工程师一起进行检查，检查项目是否达到召开会议的标准；
- 负责编写评审报告和评审汇报 PPT；
- 负责向评审小组作项目情况介绍，答复评审小组的质疑；
- 负责项目的开展以及后续评审结论的落实；
- 会议后负责输出相关的评审文档。

（三）提供评审意见人员

- 具有评审资格，参与会议评审，提供意见；
- 针对评审内容作出的评审意见；
- 评审人员需来自不同的业务部门。

（四）评审决策人

- 根据阶段不同，在不同评审会中相关的决策人不同；
- 对评审意见有分歧而无法达成一致意见的问题作最终的决策；
- 对于评审结果作最终的决策。

二、评审工作的流程

评审工作的流程图与责任矩阵如图 4-8 所示，评审会的前提条件如表 4-1 所示。

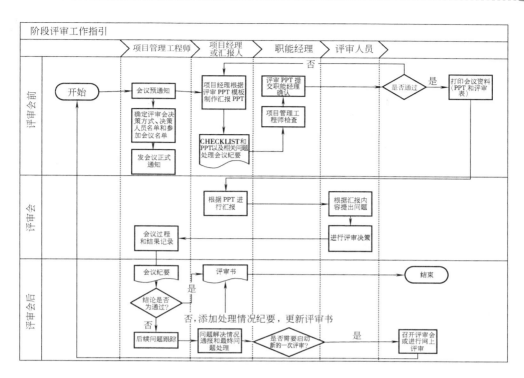

图 4-8 评审工作的流程图与责任矩阵

表 4-1 评审会的前提条件

阶段评审名称	评审前提条件
策划方案评审	➢ 功能点需求的确认(新部件新工艺的可实现性评估) ➢ 项目目标的确认、分解及达成的策略(主要是成本、时间、质量、服务、交付产品概念原形) ➢ 完成系统方案及系统框图 ➢ 完成项目计划及关键路径,风险评估及决策 ➢ 对于立项阶段没有确认的遗留问题,给出处理方案 ➢ 完成相关的风险评估
开发方案评审	➢ 完成技术规格的细化论证 ➢ 完成可生产性评估 ➢ 完成详细的投入产出分析 ➢ 完成相关功能手板的技术验证 ➢ 完成相关的风险评估 ➢ 对于策划阶段没有确认的遗留问题,给出处理方案
功能样机评审	➢ 完成产品功能完备性和实现效果的检查 ➢ 具有完整的一套样机和应用软件用于演示 ➢ 完成对产品的产能和上市方案的论证 ➢ 确认新品功能符合立项时的要求 ➢ 完成相关的风险评估(采用 FMEA,QRE 进行评估) ➢ 对于开发阶段没有确认的遗留问题,给出处理方案

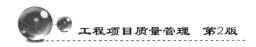

(续)

阶段评审名称	评审前提条件
工程化评审	➤ 新部件批量评测正式发布通过(正常通过、允许通过)结论 ➤ 完成遗留问题处理判定以及给出客服的输出话术 ➤ 机型批量评测正式发布通过(正常通过、允许通过)结论 ➤ 工厂生产工程文档及软件正式下发完成 ➤ 完成相关的风险评估(采用 FMEA,QRE 进行评估) ➤ 所有遗留问题都已明确改善计划和措施

1. 试说明质量控制与质量保证之间的关系。
2. 你如何理解质量保证的内涵？质量保证的原理及其关键是什么？
3. 简述项目质量保证过程的输入和输出是什么？
4. 试举例说明"过程"和"过程方法"的含义。
5. 举例说明怎样理解八项质量管理原则。
6. 简述与供应商建立伙伴关系的基本原则。
7. 试述质量管理体系的含义。
8. 项目质量保证的主要过程是什么？
9. 质量审核的主要方式和目的是什么？
10. 简述 2008 版 ISO 9000 族标准的特点。
11. 过程方法与 PDCA 循环之间的联系何在？
12. 如何建立和运行项目质量管理体系？

相关网站

1. http：//www. cqc. com. cn/chinese/index. htm

中国质量认证中心：该网站包括产品认证、体系认证、国际认证、证书查询等内容。

2. http：//www. 226e. net/class/276_1. html

企业信息化联盟：在此网站可以下载有关质量管理的各项内容（ISO 的各项内容、质量方针和质量目标的编写、质量手册的内容、质量管理体系的内容、质量控制等）。

第五章

项目质量控制

第一节 概　　述

一、项目质量控制的概念

（一）质量控制的概念

ISO 9000：2008 质量管理体系基础和术语中将"质量控制"的定义为："质量管理的一部分，致力于满足质量要求。"这一概念包括以下四个方面的含义。

（1）质量控制的目标是确保产品的质量能满足顾客、法律法规等方面所提出的质量要求。

（2）质量控制的工作内容包括专业技术和管理技术两个方面。

（3）质量控制的范围涉及产品质量形成全过程的各个环节。在质量形成全过程的各个环节，对影响工作质量的人、机、料、法、环、测量六大因素进行控制，并对质量活动的成果进行分阶段验证。有效的质量控制系统不但具有良好的反馈控制机制，而且具有前馈控制机制，并使这两种机能很好地耦合起来。

（4）质量要求随时间的进展而在不断变化，为了满足新的质量要求，随工艺、技术、材料、设备的不断改进，需采用新的控制方法，以保证持续提供符合规定要求的产品。此即质量控制的动态性。

（二）项目质量控制的概念及目标

1. 项目质量控制的概念

PMBOK（Project Management Body of Knowledge）指南将项目质量控制定义为："监控特定的项目成果，以判定它们是否符合有关的质量标准，识别并消除引起不满意绩效的原因的方法。"对这一概念可从以下三个方面去理解：

（1）项目控制是在项目的实施过程中，对项目质量的实际情况进行监督，判断其是否符合相关的质量标准，分析产生质量问题的原因，制定出相应的措施消除影响项目质量的因素，确保项目质量得以持续不断的改进。

项目的质量控制主要从以下两个方面进行：项目产品或服务的质量控制和项目管理过程的质量控制（即工作质量）。

（2）项目质量控制贯穿于项目质量管理的全过程。项目的进行是一个动态过程，围绕项目的质量控制也具有动态性。

（3）在项目进展的不同阶段，质量控制的对象和重点会有变化，需要在项目实施过程中加以识别和选择。质量控制的对象可以是项目所需要的生产要素、工序、计划、验收、决策等一切与项目质量有关的要素。

2. 项目质量控制的目标

控制目标是指控制主体针对其被控制对象实施控制，所要达到的目的。在项目质量控制中，根据控制对象、控制范围的不同，有若干控制子系统，每一个子系统都有其相应的控制目标。

项目质量控制的目标包括：项目规模在计划的范围之内；项目的投入小于产出，具有较为明显的经济效益；项目实施期间，无任何重大事故和经济损失；项目资源配置合理高效；项目产品具有市场竞争力。

项目质量控制就是要使项目实施达到预期目标，是贯穿项目全过程的一项质量管理工作。

二、项目质量控制的过程

项目质量控制的工作原理就是将项目实施的结果与预定的质量标准进行对比，找出偏差，分析偏差形成的原因，然后采取纠偏措施。图 5-1 所示的是实施质量控制的过程。

依据	工具与技术	成果
1. 质量管理计划	1. 因果图	1. 质量控制衡量
2. 质量测量计划	2. 控制图	2. 确认的缺陷补救
3. 质量核对表	3. 流程图	3. 质量基准（更新）
4. 组织过程资产	4. 直方图	4. 推荐的纠正措施
5. 工作绩效信息	5. 帕累托图（排列图）	5. 推荐的预防措施
6. 批准的变更申请	6. 趋势图	6. 请求的变更
7. 可交付成果	7. 散点图	7. 推荐的缺陷补救
	8. 统计抽样	8. 组织过程资产（更新）
	9. 检验	9. 确认的可交付成果
	10. 缺陷补救审查	10. 项目管理计划（更新）

图 5-1　实施质量控制的过程

（一）质量控制的主要输入依据

1. 新的组织过程资产

质量管理计划和质量保证实施的所有输出结果，都将作为新的组织过程资产输入质量控制系统。质量管理计划和质量检验标准，是输入质量控制系统的尺度。质量检验表格是输入控制系统的绩效信息载体。有了尺子也有了绩效考核结果，就可以对照两者发现偏差。

2. 项目的可交付成果

项目可交付成果是质量控制的标的物，其功能和效果需要在控制过程中进行验证。

3. 批准后的变更申请

无论是实施方法的变更，还是集成计划的变更，都需要输入控制系统进行验证。

（二）质量控制的输出结果

质量控制系统的输出结果，取决于对质量控制效果的评估，即实施绩效（方法及成果）与检验尺度（规范和标准）之间的偏差需要采取什么措施。评估结果可能出现以下三种情况。

（1）如果偏差在容忍范围之内，就作出验收决定，即对项目可交付成果的确认。并将完成控制程序后的检验表格分类存档，补充组织过程资产，以便作为今后趋势分析的参考数据。

（2）如果偏差超出了容忍范围，尚未产生后果的，需要采取预防纠偏措施；已经形成后果的，需要采取缺陷补救措施，例如返工退货。

（3）如果是由于实施过程中的制度性因素产生的偏差，就需要对项目整个流程以及涉及的要素进行调整，例如，更新质量检验标准，更新质量管理计划和其他相关计划，然后再将调整措施纳入下一轮的质量管理计划，形成更新的组织过程资产。

质量控制过程中涉及的诸多方法工具，我们将在后面的章节中详细介绍。

三、项目质量控制的基本原理

项目质量控制就是将项目实施的结果与预定的质量标准进行对比，找出偏差，分析偏差形成的原因或因素，识别偶然性因素和系统性因素，采取措施纠正或消除系统性因素。项目质量控制的实质是一个输入—转换—输出的过程。输入内容包括质量计划、组织过程资产、一切授权的变更等。其中组织过程资产既包括组织的资源，也包括经验证行之有效的调整措施。转换即质量形成过程。输出的是既定的项目产品或服务。在这个控制过程中，质量标准即控制目标，要把所得出的阶段性或最终结果与质量标准进行比较，对所出现的偏差及时作出调整。

项目质量控制原理如图 5-2 所示。质量控制的三部曲为：确定标准；衡量绩效；纠正偏差。

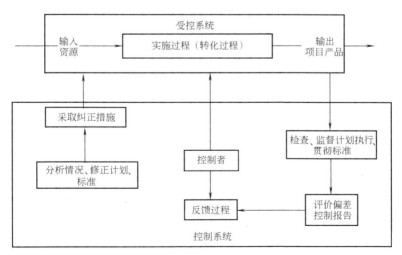

图 5-2　项目质量控制原理

由项目执行阶段质量控制模式可知，项目执行全过程可分为事前控制、事中控制和事后控制三个阶段，如图 5-3 所示。

（一）事前质量控制

在项目执行前所进行的质量控制就称为事前质量控制。其控制的重点是做好项目执行的

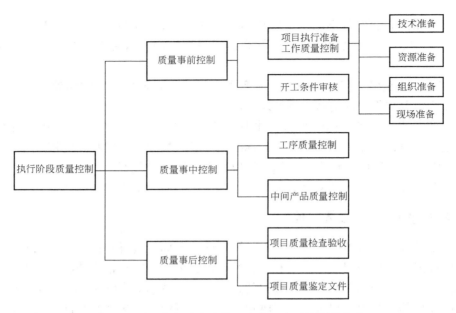

图 5-3 项目执行阶段事前、事中、事后控制的内容

准备工作，且该项工作应贯穿于项目执行全过程。其主要工作内容包括技术准备、资源准备、组织准备、现场准备。

对于工程项目，事前质量控制的重点是：通过招投标选择优秀的参建单位；重点审查施工单位现场施工项目经理部人员的素质、构成和业绩，发现人员不到位或能力不足时，应及时要求施工单位予以增加或调整；应要求施工单位提供材料设备进场计划，对拟采购的主要材料、构配件、设备的厂家资质应进行预审，必要时应提前安排考察。

（二）事中质量控制

在项目执行过程中所进行的质量控制就是事中质量控制。事中质量控制的策略是：全面控制执行过程，重点控制工序或工作质量。工程项目事中质量控制的主要内容包括：工序交接有检查，质量预控有对策，项目执行有方案，质量保证措施有交底，动态控制有方法，配制材料有实验，隐蔽工程有验收，项目变更有手续，质量处理有复查，行使质控有否决，质量文件有档案。

工程项目事中质量控制的重点是：督促监理进行巡视、旁站和工序验收，不仅要重点检查关键工序的施工工序和效果，更要检查操作人员的施工水平以及质检人员是否落实自检、自查、自纠的工作责任。

（三）事后质量控制

一个项目、工序或工作完成形成成品或半成品的质量控制称为事后质量控制。工程项目事后质量控制工作的内容包括：进行质量检查、验收及评定，整理有关项目质量的技术文件并编目、建档。

工程项目事后质量控制的重点是：纠正检查中发现的问题，应视问题的严重程度和发生频率采用口头整顿通知和书面整顿通知相结合的方式；对已提出整改要求的问题，一定要进行复查，"一查到底，彻底纠正"，防止问题的重复发生。

四、项目质量管理目标控制的重点和主要内容

（一）项目质量管理目标控制的重点

以建设工程项目为例，项目质量管理目标控制的重点为以下几点。

（1）设计方案质量管理的重点在于改建设计与扩建设计的和谐、统一以及内在功能的实现。它主要通过组织高水平的设计方案论证和专项方案论证等工作实现。

（2）初步设计质量管理的重点在于设计标准、系统配置、规范要求、投资控制指标的协调一致。它主要通过初步设计中的专项技术方案论证、专项方案报批和专项方案评审等工作来完成。

（3）施工图设计质量管理的重点在于解决各专业设计之间的"错、漏、碰、缺"。它主要通过设计过程中的设计质量检查、施工图会审等工作来实现施工图设计质量的管理。

（4）施工质量管理的重点在于各分部、分项工程施工质量的"高标准、严要求"。它应通过以合同管理为核心且综合运用经济、技术、法律手段，确保选择优秀的施工单位和施工管理人员，制定具体、细致的施工方案和现场管理措施来实现。

（二）项目质量管理目标控制的工作内容

以建设工程项目为例，项目质量管理目标控制的工作内容为：制定项目质量目标分解任务；组织各参建单位建立适宜的质量管理体系；编制质量控制实施计划；设计方案的质量评审；施工图设计的质量会审；审核监理单位的监理大纲、监理规划、监理实施细则；审核施工单位的施工组织设计、实施方案、专项施工方案；现场施工质量的巡视检查；重点施工工序、部位的跟踪检查；对监理、施工单位质量管理体系和工作质量的检查；参加分部、分项工程的验收；参加材料、设备进场的验收、检查；参加设备及系统调试和验收；参加各专项工程验收和整体工程竣工验收；资料的归档、保管与移交。

第二节　数据的波动性及其原因

质量控制的根本是控制数据的波动性。

一、产生数据变异的原因分析

（一）质量的变异性

人们早就发现，在生产过程中，生产出绝对相同的两件产品是不可能的。无论把环境和条件控制得多么严格，无论付出多大努力去追求绝对相同的目标，也是徒劳的。它们总是或多或少存在着差异，正像自然界中不存在两个绝对相同的事物一样。这就是质量变异的固有本性——波动性，也称变异性。

（二）引起数据波动的因素

要达到控制质量的目的，自然要研究质量变异的原因，这样，控制才有针对性。研究变异的原因，就是寻找变异的根源，确定控制的对象。质量变异的原因可以从来源和性质两个不同的角度加以分析。

引起质量变异的原因通常概括为"4M1E"，即：操作者（Man）；设备（Machines）；材料（Materials）；方法（Methods）；环境（Environment）。如图5-4所示。

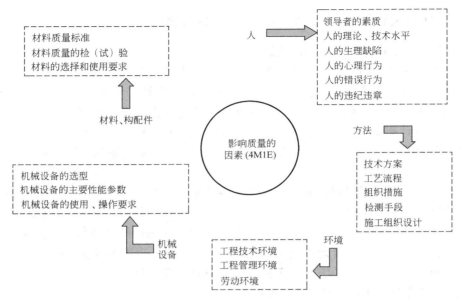

图 5-4　影响项目质量的因素

1. 人的因素（Man）

人，是指直接参与项目的组织者、指挥者和操作者，所以，为确保项目质量，应根据项目特点，从以下几个方面着手对项目参加人进行控制：①人的技术水平；②人的生理特征；③人的心理特征；④营造积极的质量文化环境，提高人的质量意识，充分调动人的积极性，发挥人是质量控制"第一因素"的主导作用，形成人人重视项目质量的文化环境。

2. 机器设备（Machines）

项目建设阶段所用到机器设备的大型化、临时性、多样性增加了机器设备维修与管理的难度。所采用的机械设备在生产上应适用、性能可靠、使用安全、操作和维修方便。合理使用机械设备，正确地进行操作，是保证项目质量的重要环节。机械设备维修、保养不良也是产生质量偏差的原因之一。

3. 材料、零部件、构配件（Materials）

材料、零部件、构配件的质量要符合有关标准和设计的要求，要加强检查、验收，严把质量关。材料的质量控制包括两个方面，一是材料自身的质量，二是材料质量检验方法的选择。材料订货前，使用单位应将相关生产商的情况、出厂证明、技术合格证或质量保证书提供给有关部门，经审核同意后方可订货。材料的检验方法主要包括外观检验、书面检验、无损检验和理化检验等方法，通过合理的选择检验方法判断材料质量的可靠性。

4. 工艺和测量方法（Methods）

由于项目建设的一次性，不能保证项目建设的工艺技术是绝对成熟的。这就对工艺方案的稳健性提出了更高的要求。如奥运场馆鸟巢和水立方，无论是其安全性还是功能都必须万无一失，工艺流程、技术方案、检测手段、操作方法均应符合标准、规范、规程要求才有利于质量控制。

项目建设的一次性，总会用到一定数量的一次性检测工具和检测方法，这增加了项目质量检测的难度。

5. 环境（Environment）

影响项目质量的环境因素很多，有技术环境、劳动环境和自然环境等。环境的突然变化会影响项目质量，如温度、湿度的突然变化均可能造成加工质量偏差。因此，应对可能造成质量偏差的环境因素，采取有效的控制措施。

过程的输入对输出的影响可用图5-5来描述，即4M1E的波动导致输出结果的波动。

此外，在项目执行阶段，由于工序交接多，中间产品多，隐蔽工程多，而取样数量又受到各种因素、条件的限制，造成了质量数据的采集、处理和判断的复杂性、不确定性。

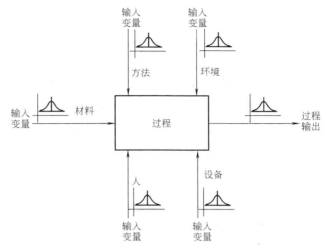

图5-5　输入的波动对输出变异的影响

（三）导致数据变异的原因分类——偶然因素和系统因素

质量变异的原因按性质可以分为偶然因素和系统因素两类。

1. 偶然因素

偶然因素引起的差异又称随机误差。其特点是：偶然因素引起的过程变化较小，不会因此而造成废品；利用现有的各种手段无法控制这些因素或费用太高；可理解为背景噪声，因为这种误差是由无数细微原因所致。偶然因素是一种不可避免的原因，经常对质量变异起着细微的作用，这种原因的出现带有随机性。例如，同批材料内部结构的不均匀性表现出的微小差异，设备的微小振动，刀具的正常磨损，以及操作者细微的不稳定性等。显然，它们是不容易被识别和不容易消除的。在产品（包括无形产品）形成过程中会遇到大量偶然性因素的影响，因为现实中不可能有绝对完全相同的条件，那么，微小的变化就是不可避免的。所以也称偶然因素为正常因素。

2. 系统因素

系统因素通常属于特殊原因。其特点是：变异引起的过程变化较大，会导致过程均值偏移和分布的变化，造成废品和次品；可以利用现有技术加以控制和避免。

系统因素是一种可以避免的原因。在产品形成过程中，出现这种因素，实际上生产过程已经处于失控状态。因此，这种原因对质量变异影响程度大，但容易识别，可以消除。例如，使用了不合规格标准的原材料，设备的不正确调整，刀具的严重磨损，操作者偏离操作规程等。这些情况容易被发现，采取措施后可以消除，使生产过程恢复受控状态。所以，也称系统因素为异常因素。

应该说，偶然因素和系统因素也是相对而言的，在不同的客观环境下，二者是可以互相转化的。例如，科技的进步可以识别一些材料的细微不均匀性，那么这种可以测度的差异超过一定限度就被认为是系统因素，视为异常，不再是正常的偶然因素了。于是便可以在识别后加以纠正。当然要根据实际需要而划分二者的界限。

二、控制产生变异的方法

（一）纠正措施

纠正措施是针对不合格品产生的原因，或内审、外审中发现的不合格项或其他监测活动所发现的不合格的产生原因，采取消除该原因，防止不合格再发生的措施。纠正措施的实施应采取以下步骤：

（1）评审所发生的不合格品或不合格项（包含顾客抱怨）。

（2）通过调查确定不合格产生的原因。

（3）研究为防止不合格再发生应采取的措施。

（4）确定并实施所需的纠正措施。

（5）跟踪并记录纠正措施的结果。

（6）评审所采取的纠正措施。对于富有成效的改进作出永久性更改；对于效果不明确的有必要采取进一步的分析以改进。

应权衡风险、利益和成本，以确定适宜的纠正措施。

（二）预防措施

预防措施是为消除潜在不合格或其他潜在不期望情况的原因所采取的措施。项目组织应建立并实施预防措施的程序文件，针对潜在不合格原因采取适当措施，以防止不合格发生。

预防措施的实施应采取以下步骤：

（1）识别并确定潜在不合格并分析其原因。

（2）评价采取措施的必要性和可行性。

（3）研究确定需采取的预防措施，并落实实施。

（4）跟踪并记录所采取措施的结果。

（5）评价预防措施的有效性，并作出永久更改或进一步采取措施的决定。

在权衡风险、利益和成本的基础上，确定采取适当的预防措施。可针对以下几种情况决定采取预防措施：

（1）容易出现质量通病的活动。

（2）过去的或在其他项目已多次出现不合格的活动。

（3）项目中的质量管理难点。

（4）项目中出现重大事故后，在相似的活动或部位。

（5）在各级或部门的质量活动中出现应采取预防措施的问题。

第三节　质量数据分析与过程能力计算

一、质量数据及其特点

（一）质量数据的重要性

ISO 9000：2000 系列标准的八项基本原则中第七项是"基于事实的决策方法"。这一原则表明，在质量管理过程中，一切以事实为依据。而说明事实的重要信息是数据，所以，数据是项目质量控制的基础。

（二）计量特征与计数特征数据

根据项目质量数据特性的不同，将其分为两大类，即计量特征数据和计数特征数据。计量特征数据可以连续取值，如重量、长度、压力、强度、密度等。计数特征数据不能连续取值，如不合格品数、缺陷点数、单位面积划痕数等。对这两类数据应区别对待，在分析处理时采用不同的方法。

（三）质量数据的基本特点

质量数据有两个基本特点，即变异性与规律性。

质量数据的变异性是指质量数据总是在一定范围内存在着差异。质量数据的变异性是客观的。人们常说，绝对生产不出来两件完全相同的产品，说的就是质量数据变异的客观性。

二、质量数据的采集方法

在既定的质量检测手段下，质量数据的可靠性与代表性取决于所采取的质量数据采集方法。

在项目质量管理中主要采取随机抽样方法采集数据，即从被控制对象（总体）中随机抽取样本。对样本数据进行处理，得到样本质量特征值，以此来推断总体质量水平。其原理如图5-6所示。下面介绍常用的三种随机抽样方法，即单纯随机抽样法、系统抽样法和分层抽样法。

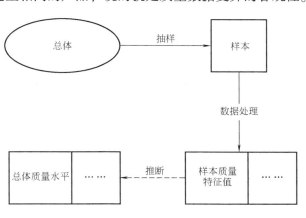

图5-6　通过抽样推断总体质量水平

（一）单纯随机抽样法

在总体中，直接抽取样本的方法就是单纯随机抽样法。这种方法适用于对总体信息掌握较少，总体中各个个体之间差异较小，总体、样本容量较小等场合。

采用单纯随机抽样法时要解决好两个问题，即样本大小及其随机性。

显然，只有抽取足够数量的样品，才能对总体作出估计。此外，如果总体质量的稳定性和均衡性均较差，采取这种方法所得到的推断结果会有误差。

为保证所抽取样本的随机性，可采用抽签法、随机数骰子法、查随机数表法或计算机生成随机数法。其中，计算机生成随机数法快捷、科学、可靠。

（二）系统抽样法

系统抽样法就是将总体分成若干部分，然后从每一部分抽取一个或若干个个体，组成样本，这种方法称之为系统抽样。具体划分方法有以下三种：

（1）将比较大的项目分成小项目，再根据样本容量大小，对每个小项目按比例进行单纯随机抽样，将各小项目抽取的样品组合成一个总体样本。

（2）每隔一定时间，从工作面抽取一个或若干个样品。

（3）每隔一定数量的"单位产品"，抽取一个或若干个样品。

系统抽样法使得所抽取的样品能够相对均匀地分布在总体中，这对于质量不均衡的项目（工序）来说，是一种较为理想的抽样方法。但是，采用这种方法要求对项目、工序情况有

一定的了解，否则当其质量发生周期性变化时，易产生较大的抽样误差。

（三）分层抽样法

一个项目或工序往往由若干不同的班组或作业队伍来完成。分层抽样法就是根据这种阶层关系，将项目或工序分为若干层。例如，某项工程或工序由三个不同的班组施工，那么就可以把这三个班组作为同一阶层，按一定的比例对其分别进行单纯抽样，并对样本数据进行分析，以便于了解每层的质量状况。

样本所提供的质量信息与总体质量状况之间总会存在一定的误差，此即代表性误差。代表性误差的大小主要取决于以下三个因素：

（1）总体中数据的离散程度，即总体质量的均一性。离散程度越小，抽样代表性误差就越小。

（2）样本容量的大小。样本容量越大，则抽样代表性误差就越小。

（3）抽样方法的随机性。随机性越好，代表性误差就越小。

三、质量数据变异的数字特征及其度量

数据的集中性和离散性是表征数据变异最典型的两个数字特征。

（一）集中性

数据围绕某一中心值而上下波动的趋势称为数据的集中性。通常可用平均数、中位数和众数来度量数据的集中性。

1. 平均数

设有一批数据 x_1，x_2，$\cdots$，x_n，则

$$\bar{x} = \frac{x_1 + x_2 + \cdots + x_n}{n} = \frac{1}{n} \sum_{i=1}^{n} x_i$$

称为 n 个数据的平均数。

如果 n 为总体所含个体数，则称 $\bar{x}$ 为总体平均数；若 n 为样本所含样品数，则称 $\bar{x}$ 为样本平均数。在质量管理中，一般用 μ 表示总体平均数，用 $\bar{x}$ 表示样本平均数。

平均数是一种综合指标，它表示这批数据所代表的产品或工序所能达到的平均水平。

2. 中位数 $\tilde{x}$

设有一批数据 x_1，x_2，$\cdots$，x_n，按升序或降序排列，形成新的序列 $x_{(1)}$，$x_{(2)}$，$\cdots$，$x_{(n)}$，如果 n 为奇数，中间的数只有一个，以 $\tilde{x}$ 表示；若 n 为偶数，中间的数有两个，这两个数的平均数仍以 $\tilde{x}$ 表示。$\tilde{x}$ 就是中位数。

用中位数表示数据的集中性比较粗略，但计算比较简单。当对数据的集中性进行粗略描述时，会用到中位数。

3. 众数 $\hat{x}$

在一批数据中，与最高频数所对应的数值即为众数。

（二）离散性

离散性反映了数据相对集中的程度或分散程度。

有一组数据：19，13，9，6，5，其平均数为 10.4，最大值为 19，最小值为 5，变异范围为 14。

另有一组数据：15，12，10，8，7，其平均数仍为 10.4，最大值为 15，最小值为 7，变异范围为 8。

由此可见，虽然两组数的平均数相同，但其分散程度却差别很大。因此，要完全掌握一批数据的变异特征，仅用集中性是不够的，还要有表征数据离散程度的特征量。表征数据离散程度最常用的特征量有极差和标准差。

1. 极差 R

极差是指一批数据中最大值与最小值之差，一般用 R 表示。极差反映了数据波动范围，R 越大，说明数据波动范围越大；R 越小，说明数据波动范围越小。由于极差只考虑了一组数据中的最大者和最小者，所以其反映数据离散程度的能力有限。一般只有当数据个数较小时，可用 R 直接表示数据的离散程度。

2. 标准差

标准差也称均方差，用 σ 或 S 表示。其计算公式为：

$$\sigma = \sqrt{\frac{(x_1 - \bar{x})^2 + (x_2 - \bar{x})^2 + \cdots + (x_n - \bar{x})^2}{n}} = \sqrt{\frac{\sum_{i=1}^{n}(x_i - \bar{x})^2}{n}}$$

$$\sigma^2 = \frac{\sum_{i=1}^{n}(x_i - \bar{x})^2}{n}$$

式中　σ——标准差；

　　σ^2——方差；

　　x_i——个体数据，$i = 1，2，\cdots，n$。

从标准差的计算公式可以看出，标准差是以平均值为基准，每个数据与平均值相比的偏差程度，比较全面地反映了一批数据的离散性。

第四节　过程能力分析与统计过程控制

本节主要介绍两个方面的内容：过程能力分析和统计质量控制。过程能力分析是判断工序的固有差异是否落在设计标准以内。统计质量控制着眼于根据统计数据判断生产过程的非随机性差异，并分析造成其原因。

一、过程能力指数 C_p 和 C_{pk}

（一）过程能力

过程能力是指工序的加工质量满足技术标准的能力。它是衡量工序加工内在一致性的标准，过程能力决定于质量因素 4M1E 而与公差无关。

当工序处于稳定状态时，产品的计量质量特性值有 99.73% 落在 $\mu \pm 3\sigma$ 的范围内，即至少有 99.73% 的产品落在 6σ 范围内，这几乎包括了全部产品。因此，通常用 6 倍标准差，即 6σ 表示工序能力要求。

过程能力的测定十分重要，这不仅对于加强质量管理，而且对于产品设计、工艺制定、计划安排、生产调度和经济核算等方面的作用都很大。只有在设计、工艺及计划等工作中，一方面考虑用户要求，另一方面考虑加工过程的过程能力，改善工艺水平，合理组织生产，才能提高企业的生产经营效果。例如，分析过程能力后，合理使用设备，可以尽可能少地减少废品和返修品的产生，又不至于让高精尖的设备生产质量要求不高的产品，即可以减少两种不同类型的浪费和损失。就质量管理本身而言，过程能力的确定，是一项质量管理的基础性工作。通过测定，掌握薄弱环境，开展革新与改造活动，可以提高过程能力。

（二）过程能力指数

1. 过程能力指数 C_p 的意义与计算

如图 5-7 所示，若工序输出 Y 服从正态分布，即 $Y \sim N(\mu, \sigma^2)$，μ，σ 分别为 Y 的均值和标准差。

过程能力指数是容差的宽度与过程波动范围之比，以 C_p 表示，其数学表达式为：

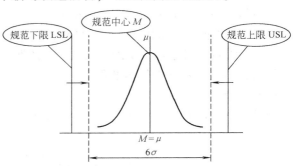

图 5-7　过程能力指数 C_p 示意图

$$C_p = \frac{USL - LSL}{6\sigma} = \frac{T}{6\sigma} = \frac{M}{3\sigma}$$

式中　USL、LSL——质量特性的上、下规范限；

M——$M = (USL - LSL)/2$ 称为规范中心；

T——容差，$T = USL - LSL$ 反映了对过程的要求。

在这个定义中，容差 T 一般不能轻易改变，因此 σ 越小，C_p 值越大。

需要注意的是，C_p 的计算与工序输出的均值无关，它是假定工序输出的均值与规范中心重合时的过程能力。因此，C_p 指数反映了过程的潜在能力，当我们设法把过程输出均值逐渐移向规范中心时，这种潜力便会得到充分体现。所以在一般场合下，C_p 指数称为潜在工序能力指数。当 $\mu \neq M$ 时，供需输出的不合格品率将增加。这就造成了尽管 C_p 值较大，但不合格品率仍很高的情况，因此要引入另一个称作实际过程能力的指数。

2. 过程能力指数 C_{pk}

对大多数情况来说，工序输出的均值 μ 不与规范中心或目标值重合。因此，在进行过程能力分析时，应将均值 μ 的影响考虑进来。引入过程能力指数 C_{pk} 就是为了解决这个问题。对于工序中心 μ 通常在规范限（LSL，USL）之间，因此，用工序中心 μ 与两个规范限最近的距离 $\min(USL - \mu, \mu - LSL)$ 与 3σ 之比作为过程能力指数，记为 C_{pk}，如图 5-8 所示。

其计算公式为：

$$C_{pk} = \frac{\min(USL - \mu, \mu - LSL)}{3\sigma} = \min(C_{pu}, C_{pl})$$

式中，$C_{pu} = \dfrac{USL - \mu}{3\sigma}$ 为单侧上限过程能力指数，仅有上规范限的场合即可使用；$C_{pl} = \dfrac{\mu - LSL}{3\sigma}$ 为单侧下限过程能力指数，仅有下规范限的场合即可使用。

利用 $T = USL - LSL$，$M = (USL - LSL)/2$，则 C_{pk} 可表示为另一种形式：

$$C_{pk} = \frac{T}{6\sigma} - \frac{|M - \mu|}{3\sigma}$$

若对上式第二项的分子、分母分别乘以 $T/2$，可得到 C_{pk} 的第三种形式：

$$C_{pk} = C_p(1-k)$$

$$k = \frac{|M-\mu|}{T/2} = \frac{2|M-\mu|}{T}$$

式中，$k > 0$，称为偏移系数。

3. 单向公差要求的情况

在某些情况下，对产品质量只有上限要求，例如，噪声、形位公差（同心度、平行度、垂直度、径向跳动等），原材料所含杂质等，只要规定一个上限就可以了；而在另

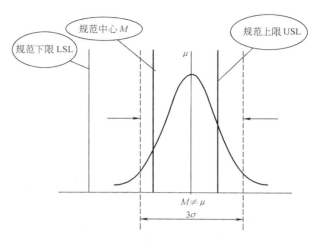

图 5-8　过程能力指数 C_{pk} 示意图

外一些情况下，对产品质量只有下限要求，例如，室内墙面的光洁度、耐电压强度、使用寿命、可靠性等，要求不低于某个下限值。

单向公差要求 C_p 的计算公式由双向公差要求 C_p 的计算公式推导而来，即

$$C_p = \frac{\text{USL} - \text{LSL}}{6\sigma} = \frac{\text{USL} - \mu}{6\sigma} + \frac{\mu - \text{LSL}}{6\sigma}$$

因为正态分布是对称分布，所以

$$\text{USL} - \mu = \mu - \text{LSL}$$

所以只有上偏差要求时，C_p 值为

$$C_{pu} = \frac{\text{USL} - \mu}{3\sigma}$$

同理得

$$C_{pl} = \frac{\mu - \text{LSL}}{3\sigma}$$

（三）工序等级及过程能力评价

利用过程能力指数可把每个工序质量划分为五个等级，如表 5-1 所示。

表 5-1　工序等级表

过程能力指数范围	工序等级	过程能力评价
$C_p > 1.67$	I	过程能力过高,应视具体情况而定
$1.67 \geqslant C_p > 1.33$	II	过程能力充分
$1.33 \geqslant C_p > 1.00$	III	过程能力尚可,但接近 1.0 时要注意
$1.00 \geqslant C_p > 0.67$	IV	过程能力不足,需要采取措施
$0.67 \geqslant C_p$	V	过程能力严重不足

根据工序等级，可以对现在和将要生产的产品有所了解，进而有重点、有主次的采取不同措施加以管理。当发现过程能力过高，例如，工序等级为 I 级，即 $C_p > 1.67$ 时，意味着粗活细做，或用一般工艺方法可以加工的产品，采用了特别精密的工艺进行加工。这势必影响工作效率，增加产品成本，应该考虑改用精度较低但效率高、成本低、技术要求低的设

备、工艺。当过程能力不足，例如，工序等级为 Ⅳ 级，即 $1.00 \geq C_p > 0.67$ 时，意味着所采用的设备、工艺精度不够，产品质量无保证，一部分产品不合格，这时要制定计划、采取措施、努力提高设备精度，并使工艺更为合理有效，使过程能力得到提高。必须指出，当发现过程能力不足时，为保证出厂产品质量，一般要对产品进行全数检验。

应当指出，表 5-1 给出的过程能力指数及相应的评价不是一个统一的模式。通常所谓过程能力不足或过高都是指特定生产制造过程、特定产品的特定工序而言的。例如，建筑、装备、电站、电子等工业建设生产过程都具有自身的特点。同时需要说明的是，随着时代发展及科技进步，摩托罗拉公司率先采用了高质量、高可靠性的 6σ 质量标准。这一标准是以质量特性平均值加减 6σ 作为质量的上、下控制界限，依此标准过程能力指数等于2。因此，表 5-1 所列当 $C_p > 1.67$ 时，过程能力过高是相对的。从不断满足用户的需求及持续不断地改善质量水平这一出发点，组织应当不断地提高生产过程的过程能力。

【例 5-1】 某产品的关键加工尺寸要求为 $\Phi = 6.00 \pm 0.02\,\text{mm}$。为了分析该加工过程的过程能力，项目团队跟踪收集了一些数据（见表 5-2）。试估算该加工过程的 C_p 和 C_{pk}。

解：

1. 过程能力指数 C_p 的计算

根据表 5-2 的数据可作均值——级差控制图判断过程是否统计受控。本例的均值——级差控制图显示该过程处于统计受控状态。因此，过程固有波动的 σ 可由下式估计

$$\sigma = \bar{R}/d_2 = \frac{0.02338}{1.693} = 0.0138$$

式中，d_2 为控制图系数，它与样本组的容量 n 有关。在本例中，$n = 3$ 查控制图系数表，$d_2 = 1.693$。将 σ 代入公式得

$$C_p = \frac{\text{USL} - \text{LSL}}{6\sigma} = \frac{T}{6\sigma} = \frac{0.04}{6 \times 0.0138} = 0.48$$

表 5-2 数据表

样本序号	测量值			$\bar{x}$	R	样本序号	测量值			$\bar{x}$	R
	x_1	x_2	x_3				x_1	x_2	x_3		
1	6.028	6.003	6.020	6.01700	0.025	13	6.034	6.006	6.028	6.02267	0.028
2	6.014	5.994	6.008	6.00533	0.020	14	6.002	5.988	6.008	5.99933	0.020
3	6.002	5.983	6.014	5.99967	0.031	15	6.012	5.982	6.036	6.01000	0.054
4	6.012	5.982	6.036	6.01000	0.054	16	5.990	5.978	5.980	5.98267	0.012
5	6.024	6.002	6.008	6.01133	0.022	17	6.016	5.992	6.004	6.00400	0.024
6	6.022	5.998	6.008	6.00933	0.024	18	6.014	5.992	5.998	6.00133	0.022
7	6.014	5.991	6.000	6.00167	0.023	19	6.032	6.018	6.018	6.01933	0.024
8	5.978	5.980	5.994	5.98400	0.016	20	6.014	5.994	6.008	6.00533	0.020
9	6.012	5.998	5.982	5.99733	0.030	21	5.988	5.988	5.994	5.99000	0.006
10	6.008	6.002	5.984	5.99800	0.024	22	6.000	6.002	6.008	6.00333	0.008
11	5.968	5.986	5.988	5.98067	0.020	23	6.036	6.008	6.024	6.02267	0.028
12	6.014	6.000	6.008	6.00733	0.014	24	6.010	5.998	6.000	6.00267	0.012
									$\bar{\bar{x}}$		6.0030
									$\bar{R}$		0.02338

2. C_{pk} 过程能力指数的计算

此时过程输出的均值为 $\bar{x}=6.0035$，由公式可得：

$$C_{pk}=\frac{\min(\text{USL}-\mu,\mu-\text{LSL})}{3\sigma}=\frac{\min(6.02-6.0035,6.0035-5.98)}{3\times0.0138}$$

二、Z 值的计算

在数据为正态分布的前提下，已知所要测量的特性的规格、公差上下限，通过取样并计算样本平均值和标准偏差，可以推测出总体的不合格率，也就是说，通过对正态分布数据的 Z 值分析，可以评价一个过程的过程能力。这个 Z 值就是过程能力的度量指标，习惯上我们称其为"工序西格玛值"。

Z 值是过程能力的度量指标，它表示测量点与数据中心之间的距离包含标准差的数量。其计算公式为：

$$Z=\frac{\text{观测值}-\text{平均值}}{\text{标准差}}$$

$$Z=\frac{X_i-\mu}{\sigma}$$

Z 值具有如下属性：

（1）其 $\mu=0$ 且 $\sigma=1$。

（2）关于均值对称。

（3）Z 为正数表示观测值大于平均值（在右边）。

（4）Z 为负数表示观测值小于平均值（在左边）。

如图 5-9 所示，Z 值计算公式中取观测值通常取规格的上限或下限，并由此可以计算缺陷率见表 5-3 和本书附录。

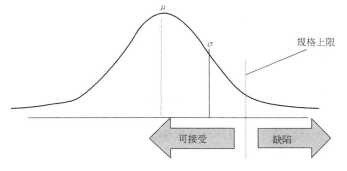

图 5-9　Z 值与缺陷率示意图

表 5-3　Z 值与缺陷率

Z 值	缺陷概率（ppm：一百万分之一）	Z 值	缺陷概率（ppm：一百万分之一）
1	159000	4	32
1.5	66800	4.5	3.4
2	22800	5	0.28
2.5	6210	5.5	0.02
3	1350	6	0.001
3.5	233		

【例 5-2】 某儿童食品包装的重量平均值为 296g，标准差为 25g，假设该产品的重量服从正态分布，已知重量规格下限为 273g，求低于规格下限的不合格品率为多少？

解：

（1）计算 LSL $=273$，$\sigma=25$，$\mu=296$

（2）计算 Z_{LSL}

$$Z_{LSL} = \frac{LSL - \mu}{\sigma} = \frac{296 - 273}{25} = -0.92$$

（3）将 Z 值转化为不合格率

查正态分布表得：

对应于 $Z_{LSL} = -0.92$，不合格品率 $= 17.9\%$

（4）计算结果如图 5-10 所示。

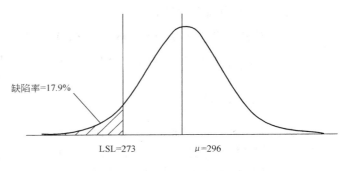

图 5-10　正态分布曲线

三、统计质量控制

1924 年，来自贝尔实验室的美国数理统计专家休哈特（W. A. Shewhart）制定了第一张控制图，1930 年，同样来自贝尔实验室的数学家道奇（H. F. Dodge）与罗密克（H. G. Romig）编制了第一批抽样数表。1931 年休哈特的《工业产品质量的经济检验》一书问世，统计质量控制理论逐步形成。统计质量控制就是应用统计抽样原理，抽取一部分产品（零件），对这些产品的主要质量特性给予数量测定，并经过统计分析来判断产品质量的情况和趋向，借以预防和控制不合格品的产生。它的主要特点是，从质量管理的指导思想上看，由事后把关变为事前预防；从质量管理的方法论上看，广泛深入地应用了数理统计的原理和方法。

（一）控制图及其原理

1. 控制图

控制图又称管理图，它是画有控制界限的一种图表，用来分析质量波动究竟由于正常原因引起还是由于异常原因引起，从而判明生产过程是否处于控制状态。它可被用来检验某一工序，判断该工序的产品特性值分布是否是随机的；还能被用来确定质量问题发生的时间以及引起质量差异的原因。

质量控制图是按时间顺序描点作出的有关产品质量的样本统计量图形。图 5-11 是一质量控制图示例。图上有三条横线：中心线、上控制线和下控制线，这三条线统称为控制线。中心线是产品质量特性的分布中心，即均值，上、下控制界限是允许产品的质量特性在此间的变动范围，如果要求产品的合格率为 99.7%，那么就可以选择平均数加减 3σ 作为上、下控制界限。按数据性质分类控制图可分为计量特性值控制图和计数特性值控制图。

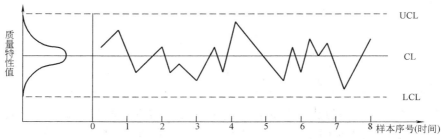

图 5-11　质量控制图

2. 控制状态判别

由于两类错误的存在，通过控制图上的点推测生产过程的状态总有一定的局限性。不过，当满足下述条件时，可以认为生产过程大体为控制状态：

（1）没有出现在界外的点。

（2）界内的点没有排列、分布方面的缺陷。

所谓点的排列缺陷主要是指有以下一种或几种情况出现：

（1）7个以上的点连续出现在中心线一侧，如图5-12a所示。

（2）7个以上的点连续上升或下降，如图5-12b所示。

（3）点呈现出周期性变动，如图5-12c所示。

（二）计量特性值控制图

计量特性值控制图的管理和控制对象为长度、重量、时间、强度、成分及收缩率等连续量。这里介绍两种计量特性值控制图，即均值控制图和极差控制图。

1. 均值控制图

均值控制图也叫做 $\bar{x}$ 控制图，用于检查生产过程的中心变动趋势。$\bar{x}$ 控制图的控制界限由以下公式确定：

中心线：

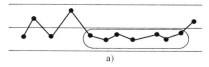
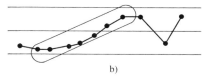
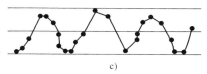

图 5-12 控制状态判别

$$CL_{\bar{x}} = \bar{\bar{x}} = \frac{\sum_{i=1}^{k} \bar{x}_i}{k}$$

上下界限：

$$UCL_{\bar{x}} = \bar{\bar{x}} + A_2 \bar{R} \qquad LCL_{\bar{x}} = \bar{\bar{x}} - A_2 \bar{R}$$

式中　$\bar{x}_i$——各样本组的平均值（$i = 1, 2, \cdots, k$）；

　　k——组数；

　　A_2——控制界限参数，可根据每组的样本大小查表5-4得到；

　　$\bar{R}$——样本极差的平均值。

表5-4　控制界限参数表

n	2	3	4	5	6	7	8	9	10	11	12	13	14	15
A_2	1.880	1.023	0.729	0.577	0.483	0.419	0.373	0.337	0.308	0.285	0.266	0.249	0.235	0.223
D_4	3.267	2.575	2.282	2.115	2.004	1.924	1.864	1.816	1.777	1.744	1.716	1.692	1.671	1.652
D_3	0	0	0	0	0	0.076	0.136	0.184	0.223	0.256	0.284	0.308	0.329	0.348

2. 极差控制图

极差控制图也叫 R 控制图，用于检查生产过程的散差。R 控制图的控制界限由以下公式确定：

中心线：

$$CL_R = \bar{\bar{x}}$$

工程项目质量管理　第2版

上下界限：

$$UCL_R = D_4 \overline{R} \qquad LCL_R = D_3 \overline{R}$$

其中，D_3，D_4 为控制界限参数，可查表 5-4 得到。其他符号同均值控制图。

（三）计数特性值控制图

计数特性值控制图主要以不合格品数、不合格品率、缺陷数等质量特性来控制产品质量。这里介绍 p 控制图。

p 控制图用于检测生产过程中产生的不合格品所占百分数。p 控制图的控制界限由以下公式确定：

中心线：

$$CL_p = \overline{p}$$

上下界限：

$$UCL_p = \overline{p} + 3\sqrt{\frac{p(1-\overline{p})}{n}} \qquad LCL_p = \overline{p} - 3\sqrt{\frac{p(1-\overline{p})}{n}}$$

式中　$\overline{p}$——总体不合格率平均值；

n——样本大小（这里只讨论了每组样本数均相同的情形）。

第五节　项目质量控制的常用工具

随着科学技术的发展以及各种管理思想的创新，特别是计算机技术的高速发展和普及，使得许多新的管理理念和方法得以不断提出，并广为推广和应用，并取得了极大的成功。在项目管理领域获得成功的例子不胜枚举，而项目质量控制工具的发展也同样经历了这样一个过程，现将主要的控制工具划分为新、老七种列于表 5-5 中。

表 5-5　项目质量控制工具一览表

七种老工具	七种新工具
调查表（调查分析法，核查表）	关联图
散点图（散布图，相关图）	系统图（树形图）
直方图（条形图，频数分布图）	箭条图（网络计划技术）
排列图（帕累托图，主词因素排列图）	PDPC 法（过程决策程序图法）
因果图（石川图，鱼刺图）	KJ 法（亲和图法）
控制图（管理图）	矩阵图
分层图	矩阵数据分析法

从 20 世纪 70 年代起，全面质量管理在日本企业中全面推广使用七种工具，即调查表、散点图、直方图、排列图、因果图、控制图和分层图。但是随着时代的发展，上述七种工具已经不能满足需要，这就要求研究开发适用于全面质量管理的新方法和工具。因此，在现代质量管理中，上述七种工具被称为"老七种工具"。自 1977 年底，日本人又开始推广使用"新七种工具"或称"新七种方法"，即关联图法、KJ 法、系统图法、矩阵图法、矩阵数据

106

分析法、箭条图法和 PDPC 法。下面介绍质量管理常用的方法——"老七种工具"。控制图的原理及使用方法已在本章第四节中作了详细介绍，在此不再赘述。

一、调查表

调查表又称统计分析表、核查表或检查表，是用表格形式来进行数据整理和粗略分析的一种方法。形式多种多样，常用的有两种调查表，即不合格品分项调查表和缺陷位置调查表。

不合格品分项调查表是将不合格品按其种类、原因、工序、部位或内容等情况进行分类记录，能简便、直观地反映出不合格品的分布情况，如图 5-13 所示。

天	时间	缺陷类型					总计
		遗漏标签	贴偏标签	油墨污迹	脱落和卷曲	其他	
M	8~9	‖‖	‖				6
	9~10		‖‖				3
	10~11	‖	‖‖	‖			5
	11~12		‖		‖	‖（撕裂）	3
	1~2		‖				1
	2~3		‖	‖‖	‖		6
	3~4		‖	‖‖‖			8
	总计	5	14	10	2	1	32

图 5-13　不合格品分项调查表

缺陷位置调查表是将所发生的缺陷标记在产品或零件简图的相应位置上，并附以缺陷的种类和数量记录，因此能直观地反映缺陷的情况，如图 5-14 所示。

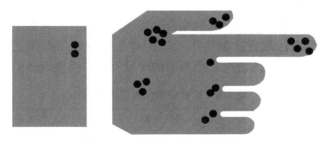

图 5-14　手套缺陷位置调查表

二、分层法

分层法也称分类法或分组法，它把"类"或"组"称为层。分层法可将杂乱无章的数据和错综复杂的因素按不同的目的、性质、来源等加以分类，使之系统化、条理化。在分析质量的影响因素时，一般可以按以下几种特征分层：按日期、季节、班次等时间因素分层，按操作人员的性别、年龄、技术等级等因素分层，按工艺流程、操作条件如速度、温度、压力等分层，按原材料的成分、生产厂家、规格、批号等分层，按测量方法、测量仪器等分层，按噪声、清洁程度、采光、运输形式等操作环境因素分层，按使用单位、使用条件等分层。

【例 5-3】 对钢筋焊接质量的调查数据采用分层法进行统计分析。

调查钢筋焊接点共 50 个，其中不合格的较多，有 19 个，不合格率为 38%。为了调查清楚焊接质量较差的原因，现分层进行数据采集。经查明，该批钢筋的焊接由 A、B、C 三个焊工操作，每个人采用焊接方法不尽相同；另外，在焊接过程中使用了甲、乙两个工厂供应的焊条。基于上述条件，可以分别按操作者分层和按供应焊条的厂家分层进行分析，如表 5-6 和表 5-7 所示。

表 5-6　按操作者分层

操作者	不合格点数	合格点数	不合格率（%）
A	6	13	32
B	3	9	25
C	10	9	53
合计	19	31	38

表 5-7　按供应焊条的厂家分层

工　厂	不合格点数	合格点数	不合格率（%）
甲	9	14	39
乙	10	17	27
合计	19	31	28

从表中可以看出，就操作方法而言，操作工 B 的焊接方法较好；就供应焊条的厂家而言，使用乙厂的焊条焊接较好。

若进一步分析，可得出表 5-8 所示的综合分层表。综合分层的结论是：若使用甲厂的焊条，采取工人 B 的操作方法较好；如使用乙厂的焊条，则采用操作工 A 的焊接方法较好。这样针对不同情况，采用不同的情况采用不同的对策，可以提高钢筋的焊接质量。

表 5-8　综合分层分析焊接质量

操作者	点数	甲厂焊条	乙厂焊条	合计
A	不合格	6	0	6
	合格	2	11	13
B	不合格	0	3	3
	合格	5	4	9
C	不合格	3	7	10
	合格	7	2	9
合计	不合格	9	10	19
	合格	14	17	31

三、直方图

1. 直方图的定义及作用

直方图是一种条形图，用来显示过程结果在一个连续值域的分布情况。直方图是一个坐标图，横坐标表示质量特性（如尺寸、强度），纵坐标表示频数或频率，还有若干直方块组成的图形，每个直方块底边长度即产品质量特性的取值范围，直方块的高度即落在这个质量特性值范围内的产品有多少。

直方图的主要作用是：整理杂乱无章的数据，以显示质量特性数据分布状态；观察数据的分布、过程的中心、散布和形状；估计过程的能力以满足用户的规格需求，估算生产过程不合格率；验证产品质量的稳定性。

2. 绘制直方图的步骤

下面以某种零件尺寸实测值为例，介绍直方图的画图步骤。

【例5-4】　测量得到50个蛋糕的重量（单位：g），数据如表5-9所示。

表5-9　蛋糕的重量统计表

1	308	317	306	314	308
2	315	306	302	311	307
3	305	310	309	305	304
4	310	316	307	303	318
5	309	312	307	305	317
6	312	315	305	316	309
7	313	307	317	315	320
8	311	308	310	311	314
9	304	311	309	309	310
10	309	312	316	312	318
行最大	315	317	319	314	320
行最小	304	306	302	303	304

（1）找出数据中的最大值（$L=320$）与最小值（$S=302$）。

（2）计算极值：$R=L-S=320-302=18$。

（3）确定组数与组距：

组数：$K=7$

组距：$h=R/K=18\div7=2.57$，取 $h=3$

（4）确定分组界限：

第一组下界 $=S-（S$ 个位数 $\times0.5）=302-1=301$

第一组上界 $=301+h=304$

第二组依此类推。

（5）整理数据，得到表5-10。

表5-10　整理后的数据表

组	组　　界	中　心　值	频　　数
1	301～304	302.5	4
2	304～307	305.5	10
3	307～310	308.5	13
4	310～313	311.5	9
5	313～316	314.5	8
6	316～319	317.5	5
7	319～322	320.5	1

（6）画直方图，如图5-15所示。

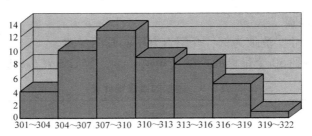

图5-15　直方图

3. 直方图的表现形式

图5-16所描述的直方图中央高、左右低，是呈山形的正态分布，被称为直方图的标准型，直方图还有多种表现形式，如图5-16所示。

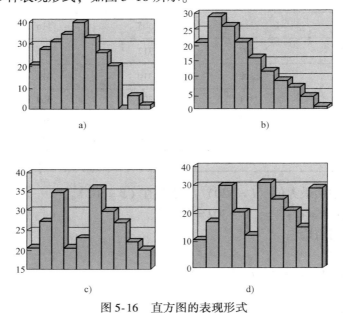

图5-16　直方图的表现形式

（1）孤岛型，如图5-16a所示。这是由于生产出现异常，不合格的产品混入，形成跳动。使用这种直方图时，用跳动分离的数据调查它们形成原因，给出相应的处理措施。

（2）陡壁形，如图5-16b所示。造成这种图形的原因是在整个检查过程中将不符合规定的数据混入符合规定的数据中。

（3）双峰型，如图5-16c所示。双峰型是由2组不同数据分别平均而形成的，每组数据分别作图，每组数据有相互混淆现象。

（4）锯齿形，如图5-16d所示。整个图形为凹凸状，形成原因为每个分布的宽没有取整数倍数，或测量的刻度读取时有偏差。

4. 直方图与标准规格比较

在直方图中标出标准值（$T_L - T_U$），可以分析过程能力与标准规格要求之间的关系（见图5-17）。

（1）正常型（见图5-17a）。分布范围比标准界限宽度窄，分布中心在中间，工序处于正常管理状态。

（2）双侧压线型（见图5-17b）。分布范围与标准界限完全一致，没有余量，一旦出现微小变化，就可能出现超差、出现废品。

（3）能力富余型（见图5-17c）。分布范围满足标准要求，但余量过大，属控制过严，不经济。

（4）能力不足型（见图5-17d）。分布范围太大，上下限均已超过标准，已产生不合格品，应分析原因，采取措施加以改进。

（5）单侧压线型（见图5-17e）。分布范围虽在标准界限内，但一侧完全没有余量，稍有变化，就会出现不合格品。

（6）单侧过线型（见图5-17f）。分布中心偏离标准中心，有些部分超过了上限标准，出现不合格品。

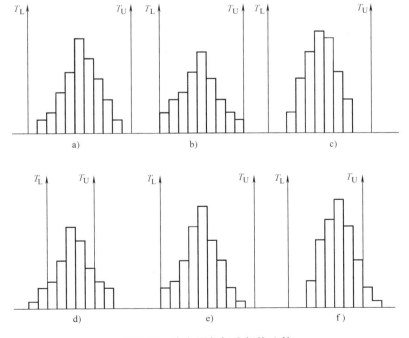

图5-17　直方图与标准规格比较

四、排列图

排列图法又称帕累托分析法，它是一种寻找影响质量主次因素的方法。该方法认为80%的质量问题源于20%的起因，20%的质量问题源于80%的起因，即所谓的80/20法则。因此我们要确定并解决那些导致大多数质量问题的关键少数起因，而不是致力于解决那些导致少数问题的大多数起因（不重要的多数）。当已经解决了那些关键的少数起因，就可以把注意力集中放到解决剩余部分中的最重要的起因，不过它们的影响会是逐减的。

影响质量的主要因素通常分为以下三类：

A类为累计百分数在70%~80%范围内的因素，它们是主要的影响因素。

B类是除A类之外的累计百分数在80%~90%范围内的因素，是次要因素。

C类为除A、B两类外百分比在90%~100%范围的因素，是一般因素。

因此排列图法又叫ABC分析图法。

缺点、制品不良也可以换算成金额来表示，以金额大小按顺序排列，对占总金额80%以上的因素加以处理。

如图5-16所示，排列图中左侧纵坐标表示频数，也就是各种影响质量因素发生或出现的次数；右侧的纵坐标表示累积频率；横坐标表示影响质量的各种因素，按其影响程度的大小从左向右依次排列，每个影响因素都用一个矩形表示，矩形高度表示影响质量因素的大小。除此以外，排列图上还有一条曲线，即帕累托曲线，它表示影响质量因素的累计百分数。

【例5-5】 某建筑物地坪起砂原因调查表如表5-11所示，画出排列图，并找到影响地坪起砂的主要原因、次要原因和一般原因。

解：首先填写排列表，如表5-12所示，然后画出排列图如图5-18所示。

表5-11　某建筑物地坪起砂原因调查表

地坪起砂原因	出现房间数	地坪起砂原因	出现房间数
砂粒径过细	45	水泥标号太低	3
砂含泥量过大	16	砂浆终凝前压光不足	2
砂浆配合比不当	7	其他	2
后期养护不良	5		

表5-12　排列表

编号	地坪起砂原因	频数	累计频数	累计频率
A	砂粒径过细	45	45	56.2%
B	砂含泥量过大	16	61	76.2%
C	砂浆配合比不当	7	68	85%
D	后期养护不良	5	73	91.3%
E	水泥标号太低	3	76	95.1%
F	砂浆终凝前压光不足	2	78	97.5%
G	其他	2	80	100%

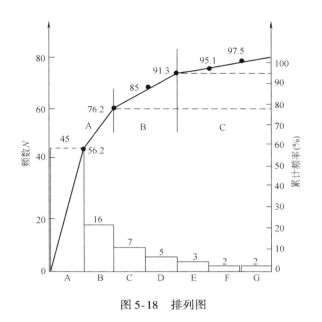

图 5-18　排列图

从排列图可见，A 和 B 为主要原因，C 和 D 为次要原因，E、F 和 G 为一般原因。

五、因果图

因果图也称为鱼刺图或石川图，是一种逐步深入研究和讨论质量问题的图示方法，由日本质量管理学者石川馨于1943年提出的。因果图致力于通过征兆和结果而找到问题的根源，它是通过人们不断地问"为什么"和"有哪些原因"这两个问题形成的。当某一个问题被发现，我们会问"为什么会发生这种情况"或"这是什么原因造成的"。一旦找到了问题的主要起因，我们会重复这些问题去找那些潜在的、次要的原因，直至找到所发现的问题的根源。显然，当把它和排列图法一起使用时，可以确定那些导致大多数问题的关键少数原因。

【例 5-6】　某打字复印社得到顾客的反映："复印不清楚，复印质量不如别的地方好。"为找出问题发生的原因，可按以下步骤进行：

第1步，把复印不清楚作为最终结果，在它的左侧画一个自左向右的粗箭头，如图5-19所示。

第2步，把复印不清楚的原因分成人员、机器、原辅材料、方法和环境五类，即4M1E，框以方框，并用线段与第1步画出的箭线连接起来，如图5-19所示。

第3步，对每一类原因做进一步深入细致的调查分析，每一类原因由若干个因素造成，而某一因素可能又受到更细微因素的影响，逐层细分，直至能采取具体可行的措施为止，如图 5-19 所示。

第4步，必要时，应用帕累托图找出主要原因，以重点解决。

六、散点图

散点图又称散布图、相关图，是分析、判断、研究两个相对应的变量之间，是否存在相关关系并明确相关程度的方法。产品质量与影响质量的因素之间，常有一定的依存关系，但

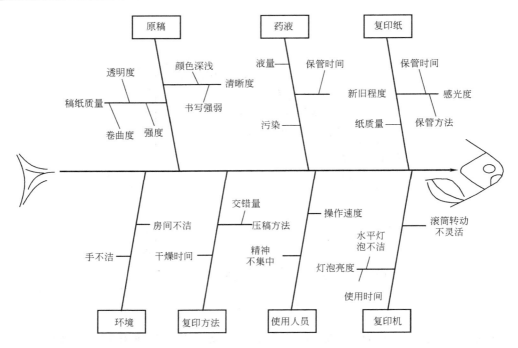

图 5-19　复印不清楚的因果分析图

它们之间一般不是函数关系，即不能由一个变量的数值精确地求出另一个变量的值，这种依存关系成为相关关系。图 5-20 所示是一个散点图的例子。该散点图表明空气湿度和每小时所出现的差错之间存在着正的关系，湿度大与差错多相对应；反之亦然。相反，负的关系则意味着当一种变量减小时，另一种变量增大；反之亦然。

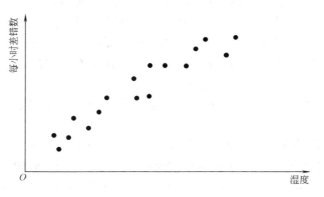

图 5-20　散点图

两种变量间的相互关联性越高（正的或负的），图中的点越趋于集中在一条直线附近。相反，如果两种变量间很少或没有相关性，那么点将完全散布开来。在图 5-20 所示的例子中，湿度和每小时差错数之间的关联性很强，因为点分布在一条直线附近。

七、趋势图

趋势图是用来跟踪一段时间内变量变化的质量管理工具。趋势图可用于确认可能发生的趋势或分布。图 5-21 给出了趋势图的一个例子。从图中可以看出，随着时间的推移，事故发生率呈下降趋势。趋势图的主要优点是便于绘制，直观，易于理解。

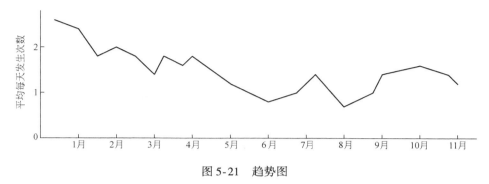

图 5-21　趋势图

案例：持续改进罚球技术

1924 年，休哈特发明了一种解决质量问题的方法。这种方法通过减少差异（理想结果和实际情况之间的差距）来持续改进质量。为帮助指导改进工作，戴明概括了质量改进过程，提出了计划——实施——检查——处理（PDCA）循环。正是利用了 PDCA 循环方法以及那些传统的决策理论和解决问题的方法，才使得我儿子的罚球水平不断得到提高。

一、认识问题的严重性

正视现实。在从 1991 ~ 1993 三个赛季的篮球比赛中，我注意到我儿子 Andrew 的平均罚球命中率在 45% ~ 55% 之间。

明确和确定罚球动作。Andrew 的罚球的动作很简单：走到罚球线，拍球四次，瞄准、投篮。

预期的结果是命中率要高。最理想的结果是 100% 命中率，且均为空心球，着地点每次都相同，着地后直接返回到投球手所处的位置。

描点。为验证我对当前 Andrew 罚球情况的观察结果，我们去到 YWCA。在那里，Andrew 投罚球 5 组，每组 10 次投篮，共 50 次投篮。他的平均命中率是 42%，投篮结果被记录在一张趋势图上，如图 5-22 所示。根据这一信息和以前的观察结果，我估计 Andrew 的罚球水平稳定在 45% 左右。

二、采取行动

明确原因。通过把影响过程的因素分成人员、设备、材料、方法、环境和测量几大类可确认在每一过程中产生差异的原因。使用因果分析图可从图形上说明结果（罚球命中率低）和主要原因之间的关系，如图 5-23 所示。

在分析我儿子的投球动作时，我注意到他不是每次都站在罚球线的同一位置。我相信投球位置的不一致影响了投球方向。如果球偏左或偏右，仍有可能会幸运地弹一下，然后入篮。我还注意到，他的瞄准点也不固定。

分析设计并选择投篮方法。Andrew 是一个右手投篮的队员。可让他把右脚紧贴在罚球线的中间位置，瞄准篮圈前面部分的中间位置，在球出手的瞬间想象是一空心球。改变后的投球动作是：

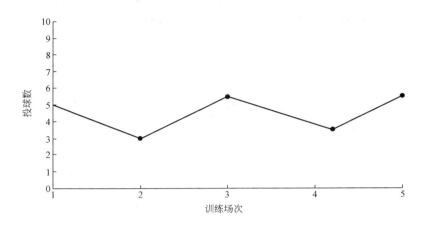

图 5-22 投篮结果趋势图

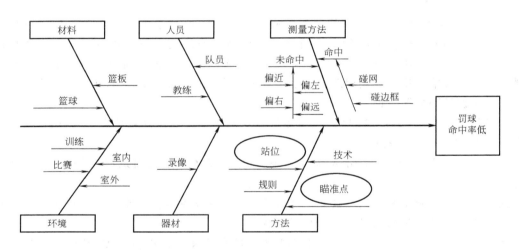

图 5-23 投篮因果分析图

（1）站在罚球线的中心位置。

（2）拍球四次。

（3）瞄准篮圈前面部分的中间位置，并想象会是一个空心球。

（4）投篮。

制定行动计划。至此，要做的是让 Andrew 采用新的投球动作，再来五组罚球，每组 10 次投篮，以此来检验改变投篮动作的效果。

三、解决问题

采用新的投篮方法，并比较实际和预期结果。采用新的投篮方法，使 Andrew 练习时的平均罚球命中率提高了 15%。实际命中率达到 57%，如图 5-24 所示。新的投篮方法首次应用于正式比赛是在 1994 赛季快要结束之时。在最后三次比赛中 Andrew 有 13 次罚球机会，命中了 9 次，平均命中率为 69%。

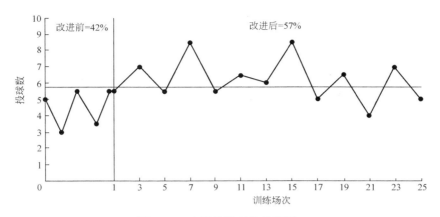

图5-24　改进前后对比分析图

在1995赛季期间，Andrew有52次罚球机会，命中37次，平均命中率为71%，有一次比赛双方比分极其接近。对方被迫采取犯规动作以便努力夺回控球权。结果自然是罚球。Andrew 7罚7中，帮助自己的球队赢得了比赛。在球队平时训练时教练让队员进行轮流两次罚球训练。整个1995赛季，Andrew在训练中共罚球169次，其中命中101次，平均命中率为60%。

我们检查了Andrew自1991年3月17日到1996年元月18日近两年间的罚球情况。在休哈特计数特性值控制图中，我们描出训练中每50次罚球的命中次数，如图5-25所示。该控制图是一个带上控制界限和下控制界限的趋势图。罚球中出现偏差是由于正常的或共同的原因而引起的。从图中我们可得出结论：罚球的命中率是稳定的或不可预测的。换句话说，如果平时怎么做你就怎么做，那么一般说来，平时你能得到的，你将总能得到。

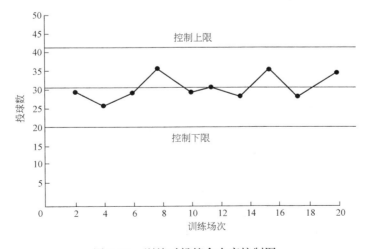

图5-25　训练时投篮命中率控制图

如果有观测点落到控制界限以外，就表明差异是由于特殊的、不稳定或不可预测的原因造成的。特殊原因可能是那些暂时的或转瞬即逝的原因。对这种原因不需要过多地关注，甚至没必要去克服它们。要纠正由于共同的原因而引起的差异就要求持续不断地改进操作过程中的动作。在操作过程稳定的情况下，很容易确认努力进行改进所取得的成效。

在 1995 年春季晚些时候，Andrew 回到球队。在那里，有人建议他改变投球动作。这一投球动作上的变化导致 Andrew 在 1996 赛季的投篮命中率降到了 50%。这导致他对自己的投球能力丧失信心，结果命中率更低。然后我们让他重新利用原来的方法投篮，结果他的命中率回升到了以前的水平。在一系列的 50 次罚球训练中，他命中 35 次，平均命中率为 70%。在另一组训练中，50 次罚球命中 32 次，平均命中率为 64%。在其他时候进行的球队训练中，罚球 20 次，有 14 次命中，平均命中率为 70%。在最后的三次比赛期间，Andrew 执行罚球 3 次，2 次入篮，平均命中率为 67%。在 1996 和 1997 赛季，Andrew 充当后卫，负责控制球和传球。由于充当这个角色，他很少有执行罚球的机会，所以在 1997 赛季，他只执行了 12 次罚球，命中了 9 次，平均命中率高达 75%。

总的收获。除了看得见的收获，例如，提高了罚球水平，间接的收获也很大。Andrew 的自信心提高了，并且，他掌握了改变投篮动作的时机。在戴明看来，这种理性上的认知才是深远的。

四、持续不断地改进

根据结果分析，采取适当行动。在准备 1998 赛季的比赛时，Andrew 要做的主要是继续体会自己的罚球情况，确保罚球稳定并提高 2 分球和 3 分球的命中率。

扩大知识面，并了解差异的原因，将彻底改变你的世界观，并能使质量达到空前水平。

问题：

1. 从 Andrew 前后投球命中率戏剧性的变化中你受到了什么启发？
2. 你认为 Andrew 实现罚球技术改进的关键是什么？

思 考 题

1. 简述项目质量控制的基本原理和主要内容。
2. 项目质量控制的输入和输出是什么？
3. 列举一些你日常生活中观察到的变异实例。试考虑你如何能够消除或减少这些变异？
4. 简述排列图法、因果分析图法各自的作用。
5. 什么是直方图？其作用如何？怎样观察和使用直方图？
6. 分层法主要解决什么问题？如何应用？
7. 什么是过程能力、过程能力指数？影响过程能力指数的主要因素有哪些？
8. 为什么要对过程能力进行分析？通过哪些途径可以改善过程能力？
9. 为什么说控制图是一种研究数据随时间变化的统计规律的动态方法？
10. 用帕累托图分析从一个印制电路板生产线收集到的数据，如表 5-13 所示。
(1) 画出帕累托图。
(2) 你能从中得出什么结论？

表 5-13 数据检查表

缺　陷	缺陷发生数	缺　陷	缺陷发生数
部件有问题	217	线路板尺寸不当	143
部件未插牢	146	标错固定孔	14
粘结剂过量	64	最后测试中电路问题	92
装错半导体	600		

11. 某航空公司对上海到北京的航班要求在 11：00 到达首都国际机场，并认为在 10：40 ~ 11：20 到达都是可接受的。对过去 3 个月 90 个航班的统计表明，抵达首都国际机场的平均到港时间为 11：10，标准差为 7 分钟。求该航班的 Z 值及不合格率。

12. 某工序加工一产品，其计量数据如表 5-14 所示。试作 $\bar{x}$ 控制图，并判断该工序是否处于稳定状态？

表 5-14 $\bar{x}$ 控制图数据表

样本序号	x_1	x_2	x_3	x_4	样本序号	x_1	x_2	x_3	x_4
1	6	9	10	15	16	15	10	11	14
2	10	4	6	11	17	9	8	12	10
3	7	8	10	5	18	15	7	10	11
4	8	9	7	13	19	8	6	9	12
5	9	10	6	14	20	14	15	12	16
6	12	11	10	10	21	9	8	13	12
7	16	10	8	9	22	5	7	10	14
8	7	5	9	4	23	6	10	15	11
9	9	7	10	2	24	8	12	11	10
10	15	16	8	13	25	10	13	9	7
11	8	12	14	16	26	7	14	10	8
12	6	13	9	11	27	5	13	9	12
13	7	13	10	12	28	12	11	10	9
14	7	13	10	12	29	7	13	8	6
15	11	7	10	16	30	4	10	13	9

13. 已知标准要求为 180 ~ 260mm，表 5-15 是某种零件尺寸实测值。

表 5-15 某种零件尺寸实测值　　　　　　　　　　　（单位：mm）

顺序	数　据					最 大 值	最 小 值
1	215	217	195	200	214	217	195
2	203	209	236	210	204	236	203
3	214	211	231	204	221	231	204
4	216	196	227	197	229	229	196
5	241	205	226	210	227	241	205
6	219	183	201	229	240	240	183[①]
7	250	214	217	251	241	251[②]	214

①为最大值，②为最小值。

根据以上资料：

（1）编制频数分布表。

（2）绘制直方图；根据直方图的数据分布状况与产品的尺寸标准进行比较，对该生产过程的产品质量作出分析判断。

14. 某手机生产厂采取一系列措施来提高手机质量。为分析产生手机不合格品的原因，对手机的最终工序进行检查，表5-16是该厂2012年4个季度的不合格品数据（按不合格内容进行统计），而对不合格品的处理是减价销售，各种情况下的减价金额见表中数据，试作排列图分析造成不合格品的主次因素。

表5-16 某手机不合格品数据统计表

不合格内容	不合格品数量				减价金额/
	1/12	2/12	3/12	4/12	（元/台）
高频音质不加	22	23	24	25	120
信号不佳	15	20	18	19	160
外观不佳	13	12	9	14	200
接合动作不佳	10	8	7	6	140
灵敏度不佳	7	5	4	7	180
音质不佳	2	4	5	3	190
其他	4	5	3	6	120

15. 表5-17是某零件重量的数据。

根据以上资料：

（1）试作直方图。

（2）计算均值 $\bar{x}$ 和标准差 s。

（3）若该特性值的下限是60.2g，上限是62.6g，在直方图中加入规格线并进行讨论。

表5-17 某零件重量的数据 （单位：g）

61.1	62.3	60.9	61.0	60.9	60.6	61.0	60.4	61.6	60.4
60.6	62.2	60.5	61.5	61.5	61.0	62.5	60.9	61.2	62.3
61.3	60.1	60.8	61.0	60.6	61.2	60.8	61.2	61.0	60.9
61.2	61.3	61.2	60.4	61.7	60.9	62.0	60.1	60.3	60.7
60.4	60.8	60.9	61.3	61.1	61.7	60.8	61.1	61.0	60.8
61.3	60.6	60.8	59.7	60.3	61.1	60.6	61.5	60.6	61.1
61.0	60.8	61.4	61.2	61.6	60.5	61.7	61.0	61.4	60.6
60.9	60.2	60.9	60.5	61.2	61.0	59.8	60.7	61.0	60.7
61.0	60.8	60.3	61.0	60.8	61.1	60.1	61.1	61.7	60.7
60.3	60.7	61.8	60.6	60.0	60.6	61.6	61.4	60.6	61.1
60.5	61.3	60.6	61.3	61.6	61.9	60.7	62.1	60.2	61.4
61.0	61.4	60.9	60.7	61.1	61.0	61.1	61.1	62.1	60.5

下 篇

建设工程项目质量控制及质量管理的新发展

第六章
建设工程项目前期策划与勘察设计的质量控制

第一节　建设工程项目前期策划的质量控制

一、建设工程项目前期策划的概念

（一）建设工程项目前期策划的定义

建设工程项目前期策划就是在工程项目建设前期，对工程整个生命周期的各个阶段和过程进行策划。工程项目的前期策划对项目质量的影响是全局性的，是决定项目质量的关键阶段，工程项目的前期策划是指在工程建设前期通过周密的调查，明确项目的建设目标，系统地构建项目框架，完成项目建设的战略决策，并为有效实施项目提供指导，为成功运营项目奠定基础。

（二）建设工程项目前期策划的分类

按工程项目建设程序，前期策划包括建设前期阶段的工程项目开发策划、工程项目实施策划以及工程项目运营策划。如图 6-1 所示，工程项目开发策划由项目的构思策划和融资策划组成；工程项目实施策划主要由项目实施阶

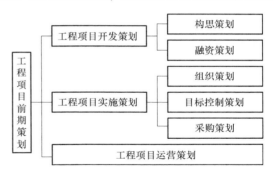

图 6-1　工程项目前期策划的主要内容

段的组织策划、目标控制策划和采购策划组成；工程项目运营策划是指项目建设完成后运营期内项目运营方式、运营管理组织和项目经营机制的策划，通过制定良好的运营管理策划，达到为投资方带来丰厚的回报并使项目的物业获得保值、增值的目标。

二、建设工程项目前期策划的质量控制

（一）前期质量策划的工作要点

建设工程项目开发策划中，项目构思策划过程是从项目最初构思方案产生到形成最终构思方案的过程，即项目构思的产生、确定项目定位、项目目标系统设计、项目定义并提出拟建工程项目建议书的全过程；项目融资策划是指通过有效的项目融资为项目的实施创造良好的条件，并最大限度地降低项目成本，提高项目盈利能力。

建设工程项目实施策划中，项目组织策划包括项目管理机构的组织策划和工程项目实施方式的策划，前者是为了确定项目管理机构的组织形式，后者的目的则是确定工程项目在实

施过程中，参与各方的组织关系。工程项目实施策划中，项目目标控制策划是通过科学的目标控制计划并实施有效的目标控制策略使项目构思阶段形成的项目预定目标得以实现的过程，包括项目投入过程的控制策划、实施结果的测试策划以及偏差分析和纠偏方案的策划等。工程项目实施过程中，需要从系统外部获得货物、土建工程和服务等，而项目采购策划就是根据项目特点，通过详细的调查分析来制定合理的采购策略，最大限度地降低采购成本，提高采购效率，达到最佳采购效果。

根据建设工程项目前期策划的不同种类，其质量工作要点如表6-1所示。

表6-1 建设工程项目建设前期策划的质量工作要点

建设工程项目开发策划	项目构思策划	(1) 明确项目的定位 (2) 细致周密地进行调查工作 (3) 做好项目的目标系统设计 (4) 做好项目的定义
	项目融资策划	(1) 选择合适的融资渠道 (2) 正确分析投融资风险 (3) 选择适用的融资方式 (4) 拟定周密的还款计划
建设工程项目实施策划	项目组织策划	(1) 选择合理的项目管理机构组织形式 (2) 选择合理的项目建设组织管理模式 (3) 制定工作流程组织设计纲要
	项目目标控制策划	(1) 详细分析目标控制的过程和环节 (2) 调查目标控制环境 (3) 确定目标控制原则 (4) 制定总投资规划纲要 (5) 制定总进度规划纲要 (6) 制定质量策划纲要
	项目采购策划	(1) 做好项目采购模式总体策划 (2) 做好项目管理咨询单位的采购策划 (3) 做好项目总承包商的采购策划 (4) 做好项目设计单位的采购策划 (5) 做好项目施工单位的采购策划 (6) 做好项目供应商的采购策划
建设工程项目运营策划		拟定项目运营策划初步方案

（二）建设工程项目前期质量策划的环节

建设工程项目前期质量策划在工程项目建设前期阶段完成，应该包括以下四个关键环节。①明确工程项目的质量目标；②做好工程项目质量管理的全局规划；③建立并完善工程项目质量控制的系统网络；④制定工程项目质量控制的总体措施。

建设工程项目前期质量策划的实例见本章案例。

三、建设工程项目质量目标控制

（一）建设工程项目质量的形成过程及控制过程

建设工程项目质量是伴随着工程建设过程形成的。项目前期策划质量的好坏直接影响到项目在后期实施及运营阶段的工作质量和工程质量。

各阶段对项目质量的影响如下：

（1）工程项目前期策划阶段，需要确定与投资目标相协调的工程项目质量目标。可以说，项目的前期策划直接关系到项目的决策质量和工程项目的质量，并决定了工程项目应达到的质量目标和水平，因此，工程项目前期策划阶段是影响工程项目质量的关键阶段，在此阶段要能充分反映业主对质量的要求和意愿。

（2）工程项目勘察设计阶段，是根据工程项目前期策划阶段确定的工程项目质量目标和水平，通过初步设计使工程项目具体化。然后通过技术设计阶段和施工图设计阶段，确定该项目技术是否可行、工艺是否先进、经济是否合理、设备是否配套、结构是否安全可靠等。

（3）工程项目施工阶段是根据设计和施工图样的要求，通过一道道工序施工形成工程实体。这一阶段将直接影响工程最终质量。

（4）工程竣工验收阶段，是对施工阶段的质量通过试运行、检查、评定、考核，检查质量目标是否达到。这一阶段是工程项目从建设阶段向生产阶段过渡的必要环节，体现了工程质量的最终结果。

由工程项目质量的形成过程可知，要控制工程项目的质量，就应该按照程序依次控制各阶段的工程质量。

在工程项目决策阶段，要认真审核可行性研究，使工程项目的质量标准符合业主的要求，并应与投资目标相协调；使工程项目与所在地的环境相协调，避免产生环境污染，使工程项目的经济效益和社会效益得到充分发挥。在工程项目设计阶段，要通过设计招标，组织设计方案竞赛，从中选择优秀设计方案和优秀设计单位。还要保证各部分的设计符合前期策划阶段确定的质量要求，并保证各部分设计符合国家现行有关规范和技术标准，同时应保证各专业设计部分之间的协调，还要保证设计文件、图样符合施工图样的深度要求。在工程项目施工阶段，要组织工程项目施工招标，依据工程质量保证措施和施工方案以及其他因素，从中选择优秀的承包商。在施工过程中，严格监督按施工图样进行施工。

（二）工程项目质量管理目标控制的重点

（1）设计方案质量管理的重点在于改建设计与扩建设计的和谐、统一以及内在功能的实现，主要通过组织高水平的设计方案论证和专项方案论证等工作来实现。

（2）初步设计方案质量管理的重点在于技术标准、系统配置、规范要求、投资控制指标的协调一致，主要通过初步设计中的专项技术方案论证、专项方案报批和专项方案评审等工作来完成。

（3）施工图设计质量管理的重点在于解决各专业设计之间的"错、漏、碰、缺"，主要通过设计过程中的设计质量检查、施工图会审等工作来实现施工图设计质量的管理。

（4）施工质量管理的重点在于各分部、分项工程施工质量的"高标准、严要求"，应通过以合同管理为核心且综合运用经济、技术、法律手段，确保选择优秀的施工单位和施工管理人员，制定具体、细致的施工方案和现场管理措施，使工程质量成为"精品中的精品"。

（三）工程项目质量管理目标控制的主要工作内容

（1）制定项目质量目标分解任务。

（2）组织各参建单位建立适宜的质量管理体系。

（3）编制质量控制实施计划。

（4）设计方案的质量评审。

（5）施工图设计的质量会审。

（6）审核监理单位的监理大纲、监理规划、监理实施细则。

（7）审核施工单位的施工组织设计、创鲁班奖的实施方案、专项施工方案。

（8）现场施工质量的巡视检查。

（9）重点施工工序、部位的跟踪检查。

（10）对监理、施工单位质量管理体系和工作质量的检查。

（11）参加分部、分项工程的验收。

（12）参加材料、设备进场的验收、检查。

（13）参加设备及系统调试和验收。

（14）参加各专项工程验收和整体工程竣工验收。

（15）组织施工单位申报鲁班奖。

（16）资料的归档、保管与移交。

（四）建立工程项目质量管理目标控制的综合质量管理体系

项目管理公司与各参建单位均应是通过 ISO 9001：2000 标准体系认证的企业，但针对具体的项目，业主、项目管理部与各参建单位应围绕本项目的建设目标组成一个稳定、高效运行的综合质量管理体系，这是确保项目质量目标实现的基础。综合质量管理体系如图 6-2 所示。

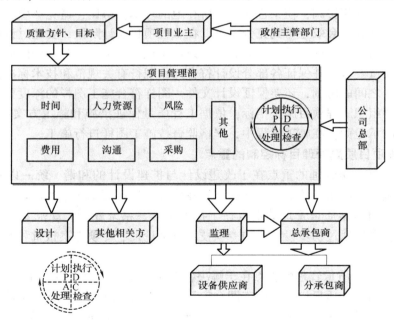

图 6-2　综合质量管理体系

在综合质量管理体系中，依据对质量目标的影响层次，所有参与项目的各方可分为以下三层：

（1）在质量管理体系的上层，是政府主管部门、项目业主和质量方针、目标。其中对质量方针、目标有着直接影响力的是业主，其可以直接通过合同变更进而改变质量目标甚至方针。而由于政府主管部门可以通过对项目的有关意见、要求反馈给业主，从而间接影响到质量目标和方针。

（2）在质量管理体系的中间层，亦是核心层，即项目管理部，以及对其提供监督管理和技术支持的管理公司总部。

中间层是质量目标的实现层，在示意图中，通过项目管理部下的小框，表示出项目管理部实现质量目标的管理方法，主要从时间、费用、人力资源、沟通、风险、采购以及其他方面对质量目标的实现进行全方位、全过程的控制和保证，并通过 PDCA 循环进行质量改进。在项目管理部的右边，是对项目管理部提供支持以及必要管理的公司总部。

（3）在质量管理体系的基层，是设计、监理、总承包商、设备供应商以及其他相关方。他们在项目实施过程中的不同阶段陆续参与进来，并承担经分解后的质量子目标的实现工作。

作为实现质量子目标的执行单位，项目管理部将通过合同要求以及提倡工作检查，实现基层执行单位的 PDCA 循环改进，并将其纳入项目管理部的 PDCA 大循环中，以保证整个质量体系能够得到持续改进，并最终实现质量目标。

建设工程项目质量目标控制的工作流程如图 6-3 所示。

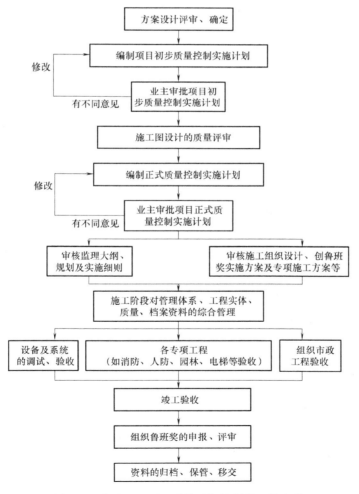

图 6-3　建设工程项目质量目标控制的工作流程

第二节 建设工程勘察、设计的原则与作用

一、建设工程勘察、设计概念

建设工程批准立项后，实施阶段的第一项工作就是进行建设工程勘察设计。勘察设计的优劣，对建设工程项目建设的成败起着至关重要的作用。

工程勘察是指运用多种科学技术方法，为查明工程项目建设地点的地形、地貌、土质、岩性、地质构造、水文地质等自然条件而进行的测量、测试、观察、勘探、试验、鉴定和综合评价等工作，其目的是为设计和施工提供可靠的依据。

工程设计是指根据批准的设计任务书，按照国家的有关政策、法规、技术规范，在规定的场地范围内，对拟建工程进行详细规划、布局，把可行性研究中推荐的最佳方案具体化形成图样与文档，为工程施工提供依据。

工程项目勘察设计管理是指组织协调勘察设计单位之间以及其他单位之间的工作配合，为设计单位创造必要的工作条件，以保证其及时提供设计文件，满足工程需要，使项目建设得以顺利进行。

建设单位勘察设计管理的具体工作包括以下几项：

（1）选定勘察设计单位，招标发包勘察设计任务，签订勘察设计协议或合同，并组织管理合同的实施。

（2）收集、提供勘察设计基础资料及建设协议文件。

（3）组织协调各勘查与设计单位之间以及设计单位与科研、物资供应、设备制造和施工等单位之间的工作配合。

（4）主持研究和确认重大设计方案。

（5）配合设计单位编制设计概、预算的管理工作。

（6）组织上报设计文件，提请国家主管部门批准。

（7）组织设计、施工单位进行设计交底、会审施工图样。

（8）做好勘察、设计文件和图样的验收、分发、使用、保管和归档工作。

（9）为勘察、设计人员现场服务，提供工作和生活条件。

（10）办理勘察、设计等费用的支付和结算。

二、工程设计的原则

工程设计应遵循技术先进、安全可靠、质量第一、经济合理的原则；生活区、民用建筑、公共设施的设计要坚持经济实用、坚固耐用、注重美观的设计原则。具体讲，应始终贯彻下列指导思想：

1. 工程设计中要认真贯彻国家的经济建设方针、政策

工程设计中要认真贯彻国家的经济建设方针、政策，例如，产业政策、技术政策、能源政策、环保政策等。正确处理各产业之间、长期与近期之间、生产与生活之间等方面的关系。

2. 选用的技术要先进适用

在设计中要尽量采用先进的、成熟的、适用的技术，要符合我国国情，同时要积极吸收国外的先进技术和经验，但要符合国内的管理水平和消化水平。采用新技术要经过试验而且要有正式的技术鉴定。必须引进国外新技术及进口国外设备的，要与我国的技术标准、原材料供应、生产协作配套、维修零部件的供给条件相协调。设计人员既要从实际出发，实事求是，又要不断创新。

3. 工程设计一定要坚持安全可靠，质量第一的原则

工程建设投资大，一旦在运作中出现质量事故，造成生产停顿或人身伤亡事故，将损失巨大。安全可靠是指项目建成投产后，要能保证长期安全正常生产。要牢固树立"百年大计，质量第一"的思想。既要坚持坚固耐用，质量第一，同时也要防止追求过高的设计标准。

4. 坚持经济合理的原则

在我国现有资源和财力条件下，使项目建设达到投资的目标（产品方案、生产规模），取得投资省、工期短、技术经济指标最佳的效果。这是衡量设计水平的主要标准，技术方案的取舍最终是由经济效果决定的。设计中还要注意节约土地、节约用水、能源和原材料，特别是稀缺资源。

5. 工程设计应充分考虑资源的充分利用

要根据技术上的可能性和经济上的合理性，对矿藏、能源、水源、农、林、牧、土地等资源进行综合利用。

6. 注意保护生态环境

要严格控制项目建设可能对环境带来的损害，尽可能采取行之有效的措施，防止工业生产对环境的污染。

三、勘察、设计单位的资格审查

国家对从事建设工程勘察、设计活动的单位，实行资质管理，对从事建设工程勘察、设计活动的专业技术人员，实行执业资格注册管理制度，建设工程勘察、设计单位应当在其资质许可范围内承揽业务。

由于勘察、设计企业资质是代表企业进行建设工程勘察、设计能力水平的一个重要标志，为此，勘察、设计单位资格审查是确保工程质量的一项关键措施，也是勘察、设计质量事前控制的重点工作。

凡列入国家计划的建设项目，建设单位在选择勘察、设计单位时，必须采用招标方式发包给有资格的勘察、设计单位。勘察、设计单位应当按照其拥有的注册资本、专业技术人员、技术装备和勘察、设计业绩等条件申请资质，经审查合格，取得建设工程勘察、设计资质证书后，方可在资质等级许可的范围内从事建设工程勘察、设计活动。

第三节　建设工程勘察的质量控制

一、工程勘察的内容

由于建设项目的性质、规模、复杂程度以及建设地点的不同，设计所需的技术条件千差

万别，设计前所需做的勘查项目也就各不相同，归纳起来，可分以下主要内容：

（1）自然条件观测：主要是气候、气象条件的观测，陆上和海洋的水文观测（及与水文有关的观测），特殊地区（如沙漠和冰川）的观测等项目，建设地点如有相应的观测站并已有相当的积累资料，则可直接收集采用。如无观测站或资料不足或从未观测过，则要建站观测。

（2）资源探测：这是一项涉及范围非常广的调查、观测、勘察和钻探任务。资源探测一般由国家指导机构进行，业主只进行一些必要的补充。

（3）地震安全性评价：大型工程和地震地质复杂地区，为了准确处理地震设防，确保工程的地震安全，一般都要在国家地震区划的基础上作建设地点的地震安全性评价，习惯称地震地质勘察。

（4）环境评价和环境基底观测：往往和陆上环境调查、海洋水文观察等同时进行，以减少观测费用。但不少项目需要单独进行观测。环保措施往往还要通过做试验研究才能确定。

（5）岩土工程勘察：亦称为工程地质勘察，常同时作工程水文地质勘察和不作地震安全性评价时中小型工程的地震地质勘测。按工程性质不同，它有建（构）筑物岩土工程勘察、公路工程地质勘察、铁路工程地质勘察、海滨工程地质勘察和核电站工程地质勘察等。

（6）工程水文地质勘察：水文地质勘察是查明建设地区地下水的类型、成分、分布、埋藏量，确定富水地段，评价地下水资源及其开采条件的工作。其目的是解决地下水对工程造成的危害，为合理开发利用地下水资源，解决项目生产和生活水，得出供水设计和施工的水文地质资料。

（7）工程测量：工程测量成果和图件是工程规划、总图布置、路线设计以及施工的基础资料。工程测量工作必须与设计工作密切配合以满足各设计阶段的要求，并兼顾施工的一般需要，尽量做到一图多用。在工程测量工作开始前，应取得当地的高程控制及三角网点资料，便于使工程测量成果与地方的测量成果联系起来。

（8）模型试验和科研项目：许多大中型项目和特殊项目，其建设条件须由模型试验和科学研究方能解决。即仅靠以上各项的观测、勘察仍不足以解释复杂的建设条件，而是将这些实测的自然界的资料作为模型的边界条件，由模型试验和科学研究，研究客观规律，来指导设计、生产。比如水利枢纽设计前要做泥沙模拟试验，港口设计前要做港池和航道的预计研究等。并不是每项工程都要做模型试验和科学研究，但有些特殊工程如果不做模型试验和科学研究，就无法开展设计工作。

二、工程勘察的阶段划分

工程勘察工作一般分三个阶段，即可行性研究勘察、初步勘查、详细勘察。当工程地质条件复杂或有特殊施工要求的重要工程，应进行施工勘察。各勘察阶段的工作要求如下：

（1）可行性研究勘察，又称选址勘察。其目的是要通过收集、分析已有资料，进行现场踏勘。必要时，进行工程地质测绘和少量勘探工作，对拟选厂址的稳定性和适宜性作出岩土工程评价，进行技术经济论证和方案比较，满足确定场地方案的要求。

（2）初步勘察是指在可行性研究勘察的基础上，对场地内建筑地段的稳定性做出岩土工程评价，并为确定建筑总平面布置、主要建筑物地基基础方案，对不良地质现象的防治工作方案进行论证，满足初步设计或扩大初步设计的要求。

（3）详细勘察应对地基基础处理与加固、不良地质现象的防治工程进行岩土工程计算与评价，以满足施工图设计的要求。

三、工程勘察质量控制的工作内容

工程勘察是一项技术性、专业性较强的工作，工程勘察质量控制的基本方法是按照质量控制的基本原理对工程勘察的五大质量影响因素进行检查和过程控制。

1. 广泛收集各种有关文件和资料

编制勘察任务书、竞选文件或招标文件前，要广泛收集各种有关文件和资料。如计划任务书、规划许可证、设计单位的要求、相邻建筑地质资料等。在进行分析整理的基础上提出与工程相适应的技术要求和质量标准。

2. 审核勘察单位的勘察实施方案，重点审核其可行性、精确性

工程勘察的主要任务是按勘察阶段的要求，正确反映工程地质条件，提出岩土工程评价，为设计、施工提供依据。因此，工程勘察单位应结合工程勘察的工作内容和深度要求，遵守工程勘察的规范、规程的规定，结合工程特点编制工程勘察方案。工程勘察方案要体现规划、设计意图，反映工程现场地质概况和地形特点，满足任务书和合同工期的要求。工程勘察方案应突出不同勘察阶段及具体勘查工作的质量控制点。初步勘察阶段应按工程勘察等级确认勘察点、线、网布置的合理性，控制性探测孔的位置、数量、孔深、取样数量等。

3. 在勘察实施过程中，应设置报验点，必要时，应进行旁站监理

为控制勘察质量，在工程勘察现场，要求：作业人员要持证上岗；严格执行"勘察工作方案"及有关"操作规程"；原始记录表格应按要求认真填写，并经有关人员检查签字；勘察仪器、设备、机具应通过检查认证，严格执行管理程序；项目负责人应对作业现场进行指导、监督和检查。

4. 勘察文件资料的审核和评定

勘察文件资料的审核和评定是勘察阶段质量控制的重要工作。对勘察单位提出的勘察成果，包括地形地物测量图、勘察标志、地质勘察报告等勘查文件资料进行核查，重点检查其是否符合委托合同及有关技术规范标准的要求，验证其真实性、准确性。

其质量控制的一般要求是：

（1）工程勘察资料、图表、报告等文件要依据工程类别按有关规定执行各级审核、审批程序，并有负责人签字。

（2）工程勘察成果应齐全、可靠，满足国家有关法规及技术标准和合同规定的要求。

（3）工程勘察成果必须严格按照质量管理有关程序进行检查和验收，质量合格方能提供使用。对工程勘查成果的检查验收和质量评定应当执行国家、行业和地方有关工程勘察成果检查验收评定的规定。

5. 必要时，应组织专家对勘察成果进行评审

对特殊重要的工程、地质特别复杂的工程和大型海洋港湾工程的测量和地质勘察，必要时业主可组织专家进行评审。评审专家，由主管部门和设计单位协商选出。对于科研、试验研究报告，一般要作评审。

第四节　建设工程设计的质量控制

一、设计阶段的划分

在一般情况下，设计工作可按两阶段进行：初步设计和概算；施工图和预算。对一些技术复杂、工艺新颖的重大项目，则应按三阶段进行设计：初步设计和概算；技术设计和修正概算；施工图和预算。对特殊的大型项目，事先还要进行总体设计，但总体设计不作为一个阶段，仅作为初步设计的依据。

初步设计的目的在于：保证正确选择建设场地和主要资源；正确拟定项目的主要技术指标；合理确定总投资和主要技术经济指标。

初步设计的主要内容包括：设计依据；建设规模；产品方案；原料、动力用量和来源；工艺流程；主要设备选址及配置；总图及运输；主要构筑物及建筑物；主要材料用量；新技术采用情况；外部协作条件；占地面积和土地利用情况；公用辅助设施；综合利用及"三废"治理；生活区建设；抗震人防措施；生产组织、劳动定员；技术经济指标；建设顺序和期限；总概算等。对于单个的工业与民用建筑，初步设计的内容则为：建设场地和总平面图；不重复多层平面图；立面图；主要剖面图；标准构件平面图；主要结构、装饰工程、卫生技术工程和其他设备的特点；概算和技术经济指标等。

按两阶段设计时，初步设计批准后，应编制施工图。

按三阶段设计时，初步设计批准后，应编制技术设计。技术设计中包括的内容与初步设计大致相同，但比初步设计更为具体确切。

按三阶段设计时，施工图则以技术设计为编制依据。施工图具有施工总图和施工详图两种形式。在施工总图（平、剖面图）上应标明设备、房屋或构筑物、结构、管道线路各部分的布置，以及它们相互配合、标高和外形尺寸；并应附工厂预制的建筑配件明细表。在施工详图上，应标明房屋或构筑物的一切配件和构件尺寸；以及它们之间的连接，结构构件断面图，材料明细表。在施工图阶段，还需编制预算，作为投资拨款和竣工结算的依据。

二、设计准备阶段的质量控制

设计准备阶段的主要工作内容及其质量控制要求如下：

（一）收集工程项目原始资料

工程项目原始资料包括已批准的"项目建议书""可行性研究报告"、选址报告、城市规划部门的批文、土地使用要求、环境要求；工程地质和水文地质勘察报告、区域图、1/500～1/1000 的地形图；动力、资源、设备、气象、人防、消防、地震烈度、建通运输、生产工艺、基础设施等资料；有关设计规范、标准和技术经济指标等，并分析研究整理出满足设计要求的基本条件。

（二）论证工程项目总目标，初步确定项目的总规模、总投资、总进度、总体质量

在总投资限定下，分析论证项目的规模、设备标准、装饰标准能否达到预期水平，进度目标是否实现；在进度目标限定下，要满足建设单位提出的项目规模、设备标准、装饰标准，估算总投资需多少。论证时应依据历史上类似工程各种指标和条件与本项目进行差异分

析比较，并分析项目建设中可能遇到的风险。以初步确定的总建筑规模和质量要求为基础，将论证后所得总投资和总进度切块分解，确定投资和进度规划。

（三）编制设计大纲（或设计纲要、设计任务书），确定设计质量要求和标准

《设计大纲》主要内容如下：

1. 编制依据

（1）批准的可行性研究报告。

（2）批准的设计任务书。

（3）批准的选址报告。

（4）建筑场地的工程地质勘察报告。

2. 技术经济指标

（1）建筑物的面积指标（总面积及组成部分的面积分配）。

（2）总投资控制及投资分配。

（3）单位面积的造价控制。

3. 城市规划要求

（1）建筑红线范围（四角坐标）及后退红线的要求。

（2）建筑高度、层数及道路中心的仰角要求。

（3）建筑体型、景观及环境的要求。

（4）占地系数、绿化系数、容积率的要求。

（5）防火间距及消防通道。

（6）主要及次要出入口与城市道路的关系。

（7）日照、通风、朝向。

（8）对污染、噪声、粉尘等环境保护的要求。

（9）停车场及车库面积。

（10）对市政、煤气、热力、给排水、电力、电信等管线的布置要求。

4. 建筑的风格及造型

（1）建筑的特色、共性与个性。

（2）建筑群体与个性的体型组合。

（3）建筑的立面构图、比例与尺度。

（4）建筑物视线焦点部位的重点处理要求。

（5）外装饰的材料质感与色彩。

5. 使用空间设计方面的要求

（1）使用空间的平、剖面形状及组成。

（2）使用空间的尺度、空间感。

（3）使用空间序列、导向、功能。

（4）使用空间的合理利用的要求。

6. 平面布局的要求

（1）各组成部分的面积比例及使用功能的要求。

（2）各使用部分的联系与分隔要求。

（3）水平与垂直交通的布置与选型要求。

（4）出入口布置要求。

（5）防火、防烟、安全疏散及消防指导中心。

（6）人防设施。

（7）辅助用房的设置，如煤气、热力、给排水、电力、电信等专业机房及管井的要求。

7. 建筑剖面要求

（1）建筑标准层的高度。

（2）对有特殊使用层要求的高度。

（3）建筑对地上、地下高度满足规划及防火要求。

8. 室内装饰要求

（1）一般用房的装饰要求。

（2）重点公共用房的装饰要求。

（3）对有特殊使用要求的装饰

9. 结构设计要求

（1）主体结构体系的选择

（2）对地基基础的设计要求。

（3）抗震结构的设计要求。

（4）人防和特种结构的设计要求。

（5）结构设计主要参数的确定。

10. 设备设计要求

（1）对煤气设置、调压站及管网的要求。

（2）给水系统（生活、生产、消防用水）管网、水量及设备。

（3）排水系统管网、污水处理及化粪池等。

（4）空调、采暖、通风的要求。

（5）电气系统的电源、负荷、变配电房、高低压设备、防雷等的要求。

（6）电信系统的电话、电传、有线广播、闭路电视、声像系统、对讲系统、自控系统等。

11. 消防设计要求

（1）消防等级。

（2）消防指挥中心。

（3）自动报警系统。

（4）防火及防烟分区。

（5）安全疏散口的数量、位置、距离和疏散时间。

（6）防火材料、设备及器材的要求。

三、工程总体设计的质量控制

（一）工程总体设计的内容

工程总体设计一般包括文档、设计图样和工程投资估算等内容。

1. 总体设计的文字说明内容

（1）设计依据说明，包括写明所依据的批准文号、可行性研究报告、土地使用证、规划设计要点、设计任务书等。

（2）工艺设计说明，包括写明建设规模、产品方案、原料来源、工艺流程概况、主要设备、生产组织概况和劳动定员估计等。

（3）总图设计说明，包括总体布局、功能分区、主要建筑物、构筑物、内外交通组织及运输方式、生活区规划设想、总占地面积、总建筑面积、道路绿化面积等。

（4）建筑设计构思、造型及立面处理，建筑消防安全措施，建筑物技术经济指标及建筑设计特点等说明。

（5）电力、热力、给排水、动力资源需求，"三废"治理和环境保护方案。

（6）结构设计的依据条件、风荷、地震基本烈度、工程地质报告、结构类型及体系的简要说明。

（7）建设总进度及各项工程进度配合要求等。

（8）基地布置和地方材料来源。

2. 总体设计图样包括的内容

（1）总平面图。厂区红线位置、建筑物位置、道路、绿化、厂区出入口、停车场布置、总平面设计技术经济指标。

（2）主要生产用房的建筑平面图、立面图、剖面图，其中标注轴线尺寸、总尺寸、门窗、楼电梯、室内外标高、楼层标高等。

（二）总体设计编制的深度要求

总体设计的深度要求是：满足初步设计的展开，主要大型设备、材料的预安排及土地征用的需要。

（三）总体设计的质量控制要点

总体设计是依据可行性研究报告和审查意见进行的，因此审核应侧重于生产工艺的安排是否先进、合理，生产技术是否先进，能否达到预计的生产规模，"三废"治理和环境保护方案是否满足当地政府的有关要求，各种能源的需求是否合理，工程估算是否在预计投资限额以内，工程建设周期是否满足投资回报要求等，并着重审核其多方案比较，相类似项目比较情况，分析判断其论证是否充分。

四、初步设计质量控制

（一）初步设计的内容

初步设计文件根据设计任务书进行编制，由设计说明书（包括设计总说明和各专业的设计说明说）、设计图样、主要设备及材料表和工程概预算书等四部分组成，其编排顺序为：封面；扉页；初步设计文件目录；设计说明书；图样；主要设备及材料表；工程概算书。

在初步设计阶段，各专业应对本专业内容的设计方案或重大技术问题的解决方案进行综合技术经济分析，论证技术上的适用性、可靠性和经济上的合理性，并将其主要内容写进本专业初步设计说明书中；设计总负责人对工程项目的总体设计总说明中予以论述。

在初步设计阶段，结构、暖通等专业均可以作为设计说明书交付成果。若用概略图表示，则可由建筑师在建筑图中表示。

（二）初步设计的深度要求

初步设计文件的深度应满足审批的要求：

（1）应符合已审定的设计方案。

（2）能据以确定土地征用范围。

（3）能据以准备主要设备及材料。主要设备及材料明细表，要符合订货要求。

（4）应提供工程设计概算，作为审批确定项目投资的依据。

（5）满足施工图设计的准备工作要求，能据以进行施工图设计。

（6）能据以进行施工准备，满足土地征用、投资包干、招标承包、施工准备、开展施工组织设计，以及生产准备等项工作。

（三）初步设计质量控制目标

初步设计质量控制目标是在指定的地点和规定的建设期限内，根据选定的总体设计方案进行更具体、更深入的设计，论证拟建工程项目在技术上的可行性和经济上的合理性，并在此基础上正确拟定项目的设计标准以及基础形式，结构、水、暖、电等各专业的设计方案，并合理的确定总投资和主要技术经济指标。

（四）初步设计质量控制的要点

初步设计阶段设计图样的审核侧重于工程项目所采用的技术方案是否符合总体方案的要求，以及是否达到项目决策阶段确定的质量标准。该阶段的设计图样应满足设计方案的比选和确定、主要设备和材料的订货、土地征用、项目建设总投资的控制，施工准备与生产准备等项要求。初步设计阶段要重视方案选择，初步设计应该是多方案比较选择的结果，其主要审核内容如下：

（1）有关部门的审批意见和设计要求。

（2）工艺流程、设备选型先进性、适用性、经济合理性。

（3）建设法规、技术规范和功能要求的满足程度。

（4）技术参数先进合理性与环境协调程度，对环境保护要求的满足程度。

（5）设计深度是否满足施工设计阶段的要求。

（6）采用的新技术、新工艺、新设备、新材料是否安全可靠、经济合理。

五、技术设计或扩大初步设计质量控制

（一）技术设计或扩初（扩大初步）设计的内容

技术设计或扩初设计是针对技术上复杂或有特殊要求而又缺乏设计经验的建设项目而增设的一个设计阶段，其目的是进一步解决初步设计阶段一时无法解决的一些重大问题，如初步设计中采用的特殊工艺流程须经试验研究、设备经试制后确定，大型建筑物、构筑物的关键部位或特殊结构须经试验研究落实，建设规模及技术经济指标须经进一步论证等。

技术设计或扩初设计应根据批准的初步设计进行，其具体内容视工程项目的具体情况、特点和要求确定，有关部门可自行制定其相应内容要求。

技术设计阶段在初步设计总概算的基础上编制出修正总概算，技术设计文件要报主管部门批准。

城市大型公共建筑的扩大初步设计内容不仅有较详细的设计总说明书、建筑图、主要设备和材料表及相应的工程概算，而且还有基础结构图，主要承重构件的布置、尺寸、标号示意图。住宅小区的扩大初步设计内容不仅有详细规划"六图二书"，包括现状图、规划总平面图、道路规划图、竖向规划图、市政设施管网综合规划图、绿地规划图和规划说明书、环境影响评价报告书，还要有建筑物个体内部使用功能解决方案、外部立面造型及其与周围环境的关系，特别是住宅的单元户型、房间朝向、开间、进深、层高、交通路线等方面的说明或图样。

（二）技术设计或扩初设计的深度要求

技术设计或扩初设计的深度应满足设计方案中重大技术问题和有关试验设备制造等方面的要求，满足编制施工招标文件、主要设备材料订货和指导施工图设计的要求，并且能达到政府有关部门审批要求的深度。

（三）技术设计或扩初设计的质量控制要点

技术设计或扩初设计的质量控制要侧重于技术方案的研究、选择上，因为扩大初步设计是施工图设计的依据，各专业的技术方案一经确定就不易更改。具体的质量控制要点包括以下几个方面：

（1）是否符合设计任务书和批准方案所确定的使用性质、规模、设计原则和审批意见，设计文件的深度是否达到要求。

（2）有无违反人防、消防、节能、抗震及其他有关设计规范和设计标准。

（3）总体设计中所列项目有无漏项，总建筑面积有无超出设计任务书批准的面积，各项技术经济指标是否符合有关规定，总体工程与城市规划红线、坐标、标高、市政管网等是否协调一致。

（4）建筑单体设计中各部分用房分配、平面布置和相互关系、房间的朝向、开间、进深、层高、交通路线等是否合理。通风采光、安全卫生、消防、疏散、装修标准等是否恰当。

（5）审查结构选型、结构布置是否合理，给排水、热力、消防、空调、电力、电信、电视等系统设计标准是否恰当。

（6）审查扩初设计概算，有无超出计划投资，原因何在。

六、施工图设计的质量控制

（一）施工图设计内容

施工图设计是在初步设计、技术设计或方案设计的基础上进行详细、具体的设计，把工程和设备各构成部分尺寸、布置和主要施工做法等，绘制出正确、完整和详细的建筑和安装详图，并配以必要的详细文字说明。其主要内容如下：

1. 全项目性文件

全项目性文件包括：设计总说明，总平面布置及说明，各专业全项目的说明及室外管线图，工程总概算。

2. 各建筑物、构筑物的设计文件

各建筑物、构筑物的设计文件包括：建筑、结构、水暖、电气、卫生、热机等专业图样及说明，以及公用设施、工艺设计和设备安装，非标准设备制造详图、单项工程预算等。

3. 各专业工程计算书、计算机辅助设计软件及资料等

各专业的工程计算书、计算机辅助设计软件及资料等应经校审、签字后，整理归档，一般不向建设单位提供。

（二）施工图设计深度

施工图设计文件的深度应满足下列要求：

（1）能据以编制施工图预算，并作为预算包干、工程结算的依据。

（2）能以安排材料、设备订货、非标准设备和结构件的加工制作。

（3）施工组织设计的编制，应满足设备安装和土木建筑施工的需要。

（4）能据以进行工程验收。

建设部《建筑工程设计文件编制深度的规定》（2009年版）详细规定了建筑工程施工图的深度。例如，针对总平面施工图和结构施工图，其深度要求具体如下：

1. 总平面施工图具体深度要求

（1）图样目录。

（2）一般工程的设计说明可分别写在有关的图样上，如重复利用某项工程的施工图样及其说明时，应详细注明其编制单位、资料名称、设计编号和编制日期。

（3）总平面图。

（4）竖向布置图。

（5）土方图。

（6）管道综合图。具体包括：①绘出总平面图；②场地四界的施工坐标（或标注尺寸）；③各管线的平面布置，注明各管线与建筑物、构筑物的距离和管线间距；④场外管线接入点的位置及坐标；⑤指北针；⑥当管线布置设计范围少于三个设备专业时，可在总平面蓝图上绘制草图，不出正式图纸。如涉及范围在三个或三个以上设备专业时，须正式出图。管线密集的地段宜适当增加断面图，表明管线与建筑物、构筑物、绿化之间及管线之间的距离，并注出各交叉点上下管线的标高；⑦说明栏内应说明尺寸单位、比例、补充图例。

（7）绿化布置图。

（8）详图。

（9）计算书。

设计依据、简图、计算公式、计算过程及成果资料均作为技术文件归档。

2. 结构施工图具体深度要求

（1）结构计算。具体包括：①结构计算式，应绘出平面布置简图和计算简图，结构计算书应完整、清楚、整洁，计算步骤要有条理，引用数据要有依据，采用计算图表及不常用的计算公式应注明其来源或出处，构件编号、计算结构（确定的截面、配筋等）应与图样一致，以便核对。②当采用计算机计算时，应在计算书中注明所采用的计算机软件名称及代号，计算机软件必须经过审定（或鉴定）才能在工程设计中推广应用，电算结构应经分析认可，荷载简图、原始数据和电算结果应整理成册，与其他计算书一并归档。③采用标准图时，应根据图集的说明，进行必要的选用计算，作为结构计算书的内容之一；采用重复利用图时，应进行必要的核算和因地制宜的修改，以切合工程的具体情况。④计算书应经校审，并由设计、校对、审核分别签字，作为技术文件归档（供

内部使用）。

（2）设计图样。主要包括：①图样目录；②首页（设计说明）；③基础平面图；④基础详图；⑤结构平面布置图；⑥钢筋混凝土构件详图；⑦节点构造详图；⑧其他图样，如楼梯应绘出楼梯结构平面布置剖面图，楼梯与梯梁详图，栏杆预埋件或预留孔位置、大小等；特种结构和构筑物（如水池、水箱、烟囱、挡土墙、设备基础、操作平台等）详图宜分别单独绘制，以方便施工；预埋件详图，如大型工程的预埋件详图可集中绘制，应绘出平面、剖面、注明钢材种类、焊缝要求等；钢结构构件详图（指主要承重结构为钢筋混凝土、部分为钢结构的钢屋架、钢支撑等的构件详图）应单独绘制，其深度要求应视工程所在地区金属结构厂或承担制作任务的加工厂的条件而定。

（三）施工图设计质量控制的要点

施工图设计阶段质量控制要点为：

（1）督促并控制设计单位按照委托设计合同约定的日期，保质、保量、准时完成施工图及概（预）算文件。

（2）对设计过程进行跟踪监督，必要时，进行对单位工程施工图的中间检查验收。其主要检查内容为：①设计标准及主要技术参数是否合理；②是否满足使用功能要求；③地基处理与基础形式的选择；④结构选型及抗震设防体系；⑤建筑防火、安全疏散、环境保护及卫生的要求；⑥特殊的要求，如工艺流程、人防、暖通、防腐蚀、防尘、防噪声、防微振、防辐射、恒温、恒湿、防磁、防电波等；⑦其他需要专门审查的内容。

（3）审核设计单位交付的施工图及概（预）算文件，并提出评审验收报告。

（4）根据国家有关法规的规定，将施工图报送当地政府建设行政主管部门指定的审查机构进行审查，并根据审查意见对施工图进行修正。

（5）编写工作总结报告，整理归档。

七、设计交底和图样会审

设计交底和图样会审的目的是：进一步提高质量，使施工单位熟悉图样，了解工程特点、设计意图及关键部位的质量要求，发现图样错误并进行改正。

（一）设计交底的概念

设计交底是指在施工图完成并经审查合格后，设计单位在设计文件交付施工前，按法律规定的义务就施工图设计文件向施工单位和监理单位作出详细的说明。其目的是对施工单位和监理单位正确贯彻设计意图，加深其对设计文件特点、难点、疑点的理解，掌握关键工程部位的质量要求，确保工程质量。

设计交底的主要内容一般包括：施工图设计文件总体介绍，设计的意图说明，特殊的工艺要求，建筑、结构、工艺、设备等各专业在施工中的难点、疑点和容易发生的问题说明，以及施工单位、监理单位、建设单位等对设计图样疑问的解释等。

（二）图样会审的概念

图样会审是指承担施工阶段监理的监理单位组织施工单位以及建设单位、材料和设备供货等相关单位，在收到审查合格的施工图设计文件后，在设计交底前进行的全面细致的熟悉和审查施工图样的活动。

其目的有两个方面，一是使施工单位和各参建单位熟悉设计图样，了解工程特点和设计意图，找出需要解决的技术难题，并制定解决方案；二是为了解决图样中存在的问题，减少图样的差错，将图样中的质量隐患消灭在萌芽之中。

图样会审的内容一般包括：

（1）是否无证设计或越级设计，图样是否经设计单位正式签署。

（2）地质勘探资料是否齐全。

（3）设计图样与说明是否齐全，有无分期供图的时间表。

（4）设计地震烈度是否符合当地要求。

（5）几个设计单位共同设计的图样相互之间有无矛盾；专业图样之间、平立剖面图之间有无矛盾；标注有无遗漏。

（6）总平面与施工图的几何尺寸、平面位置、标高等是否一致。

（7）防火、消防是否满足要求。

（8）建筑结构与各专业图样本身是否有差错及矛盾；结构图与建筑图的平面尺寸及标高是否一致；建筑图与结构图的表示方法是否清楚；是否符合制图标准；预埋件是否表示清楚；有无钢筋明细表；钢筋的构造要求在图中是否表示清楚。

（9）施工图中所列各种标准图册，施工单位是否具备。

（10）材料来源有无保证，能否代换；图中所要求的条件能否满足；新材料、新技术的应用有无问题。

（11）地基处理方法是否合理，建筑与结构构造是否存在不能施工、不便施工的技术问题，或容易导致质量、安全、工程费用增加等方面的问题。

（12）工艺管道、电气路线、设备装置、运输道路与建筑物之间或相互间有无矛盾，布置是否合理。

（13）施工安全、环境卫生有无保证。

（14）图样是否符合监理大纲所提出的要求。

（三）设计交底和图样会审的组织

设计交底由建设单位负责组织，设计单位向施工单位和承担施工阶段监理任务的监理单位等相关参建单位进行交底，介绍工程概况、特点、设计意图、施工要求、技术措施等有关注意事项。图样会审由承担施工阶段监理任务的监理单位负责组织，施工单位、建设单位、设计单位等相关参建单位参加，提出图样中存在的问题和需要解决的技术难题，通过三方协商，拟定解决方案，写出会议纪要。

设计交底与图纸会审通常做法是，设计文件完成后，设计单位将设计图样移交建设单位，报经有关部门批准后建设单位将设计图样发给承担施工监理的监理单位和施工单位。由施工阶段监理单位组织参建各方进行图样会审，并整理成会审问题清单，在设计交底前一周交设计单位。承担设计阶段监理的监理单位组织设计单位作交底准备，并对会审问题清单拟定解答。设计交底一般以会议形式进行，先进行设计交底，后转入图纸会审问题解释，通过设计、监理、施工三方或参建多方研究协商，确定存在的图样和各种技术问题的解决方案。设计交底应在施工开始前完成。

设计交底应由设计单位整理会议纪要，图样会审应由施工单位整理会议纪要，与会各方会签。设计交底与图样会审中涉及设计变更的应按监理程序办理设计变更手续。设计交底会议纪要、图样会审会议纪要一经各方签认，即成为施工和监理的依据。

🌐 案例：浦东国际机场建设项目前期质量策划

下面以浦东国际机场建设项目为例，说明工程项目建设前期阶段进行前期质量策划的关键环节。

1. 明确工程项目质量目标

浦东国际机场建设项目占地面积近40km²，一期工程包括一条4000m长、60m宽的主跑道，两条滑行道，一座年接纳旅客2 000万人次、面积28万m²、年吞吐货物75万t的航站楼以及其他相关设施。浦东国际机场是国家和上海市"九五"期间重要的交通基础设施建设项目，也是我国跨世纪重大交通枢纽工程之一。该机场的建成，对于进一步开发浦东，促进长江三角洲的发展，进而带动长江中下游地区乃至全国的经济具有深远的战略意义。上海市委、市政府领导曾以"一流设计，一流建设，一流管理，一流服务"指出了浦东国际机场的建设方针，同时也明确了浦东国际机场建设项目的质量目标，即工程质量达到优良标准，争创上海市"白玉兰奖"，并争取荣获国家级建设工程最高荣誉——"鲁班奖"。

2. 作好质量管理全局规划

机场项目质量的内涵是广泛的，它不仅指传统意义上的机场项目施工质量，而且体现机场前期策划、勘查与设计、材料设备的采购，以及建成运营等过程的工作质量及相关产品的质量。例如，机场上空的噪声控制、机场内部排水系统功能，以及机场周围生态环境的维护都是机场质量的一部分。机场建设指挥部在充分认识到质量内涵的基础上，根据机场项目质量形成的全过程对工程质量进行总体规划。同时，充分协调工程项目的三大目标：投资、进度、质量，既不能为求质量而投资过大或拖延工程施工进度，也不能为赶工加快进度或降低投资成本而牺牲工程质量。

3. 建立并完善质量控制的系统网络

浦东国际机场项目一期工程，除一条主跑道，两条滑行道，一座颇具规模的航站楼外，还包括宾馆、办公楼、外航大楼、货运大楼、机场油库等相关设施，工作标段多达150余个，来自不同地区、不同行业的参加建设的设计单位、监理单位等企业近百家。在建设单位众多、工程项目庞杂的情况下，要发挥监理单位、施工单位、勘察设计单位的作用，就要建立完善的质量控制系统网络，对机场项目的质量进行多层控制。

浦东国际机场建设项目质量控制系统网络如图6-4所示。为在工期十分紧迫的情况下完成预定的质量目标，经过机场建设指挥部反复研究，决定利用地方政府有关部门和行业管理部门的优势，由机场建设指挥部、建委驻场办以及商检部门组成质量控制决策层。其中，商检部门、建委驻场办负责监督质量法规的贯彻执行，机场建设指挥部则负责确立质量目标，制定质量控制程序和方法，建立质量保证体系，进行质量规划与决策；施工监理是质量控制的辅助层，机场建设指挥部主要通过监理单位来监督和控制施工的质量；参与机场建设的各设计单位、施工单位、勘察单位、材料/设备供货单位组成了质量控制的基础层，他们的工作质量直接影响到工程的建设质量。

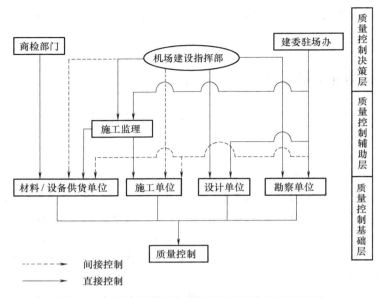

图6-4 浦东国际机场建设项目质量控制系统网络

4. 制定质量控制的总体措施

（1）控制设计质量，抓好决定环节。工程设计的质量控制是工程质量控制的决定性环节。工程设计的质量水平将直接影响到施工的质量与效率。浦东国际机场建设项目的规划设计本着"统一规划、合理布局、因地制宜、综合开发、配套建设"的方针，尽量使设计满足使用、经济、美观、安全及节俭用地的要求，并且与周围环境相协调，走可持续发展的道路。

机场建设指挥部为了贯彻高起点地满足可持续发展的规划设计意图，及时制定了机场规划设计的几大原则，机场中所有项目的设计均以这些原则为指导，使设计的质量得到保障。具体规划设计的质量控制原则如下：

第一，坚持"一次规划、分期执行、滚动发展"的原则。这是上海市政府为浦东国际机场建设项目所制定的最基本的指导思想。根据航空业务量的发展预测，上海民航旅客到2005年将达到3300万人次/年，货运量将达到120万t/年，并且以每年近10%的速率递增，远期将达到9000万～11000万人次/年的客运量和600万～650万t/年的货运量。根据预测的航空需求量，浦东国际机场进行了一次性的总体规划，并分期进行建设与实施。一期工程以2005年为规划目标，占地12km^2，包括一条长4 000m、宽60m的跑道和一座28万 m^2 的航站楼。一期工程建成后将继续建设四条跑道和四座航站楼，达到年旅客吞吐量8 000万人次，年货运吞吐量500万t，年起降32万架次的规模，进而发展成为世界上最为重要的航空枢纽之一。按照既定的指导思想，一期工程的规划设计不仅考虑了满足自身的功能要求，而且还充分考虑远期发展需要。既不能一次投资过大，运营能力过剩，造成经济损失；又不能投资过小，满足不了未来航空客运的要求。

第二，坚持功能分区为主，行政分区为辅的原则。在浦东国际机场建设过程中为了避免各行政单位各自为政，影响工程的顺利进行，机场建设用地规划以模块的功能为依据，对机场项目进行了功能分区，具体划分出飞行区、工作区、仓储区、生活区、航空公司基地和开发用地等分区。各功能分区根据自身特点进行相应的设计。这不仅为各功能区市政配套设施的建设提供了依据，而且随着航空运输量的增长，当某一功能分区的设计容量不能满足需要时，可以在该功能分区中独立地进行扩建而不会给其他分区带来影响。这与机场"一次规划、分期执行、滚动发展"的指导思想是一致的。

第三，坚持采用分散式发展模式的原则。航站楼代表了浦东国际机场的形象。因此，航站楼的设计是规划设计中最重要的环节之一。通过国际方案征集，共得到了六个航站区的规划设计方案。机场指挥部将这些方案分成两类：一类为集中式方案，一类为分散式方案。经过广泛调查分析及多次组织专家论证，结合机场自身建设的特点，最终选择了法国巴黎机场公司的分散式方案。分散式方案可以降低设备及设施的运行风险，增强机场对突发事件的应变能力，同时有利于缩短建设工期，并且一期工程投资规模小，投入产出比高，符合机场滚动发展的需要。

第四，保证空间使用灵活性的原则。现代航站楼的设计应该具有空间开放、功能多样、使用灵活的特点。随着全球经济的飞速发展及人们消费需求的变化，对机场服务功能必将提出更多新的要求。因此，机场的规划设计充分考虑未来可能发生的变化，将机场设计更具灵活性，使机场建设的远期目标更易实现。

第五，坚持采用成熟技术、保守设计的原则。浦东国际机场是上海市最重要的交通基础设施项目之一，绝对不能作为任何新兴技术的试验品。机场建设中所运用的技术基本都为成熟的技术，同时设计过程中采用保守设计的原则。使机场出现质量问题的风险降到最低程度。

第六，坚持与周围环境相协调，满足可持续发展需要的原则。高起点的规划设计，不仅体现在传统的满足自身需要的安全、适用、美观、经济上，更重要的是应与周围的生态环境相协调，走可持续发展的道路。从最初机场的选址，到可行性研究，以及重要规划设计方案的筛选，机场建设指挥部进行了大量的调研和论证工作。并成立了专门的课题组，对机场的环境评价与对策研究、鸟类生态环境调查和种青引鸟工程、围海造地工程、供冷供热工程、污水及污物处理工程、一级与二级排水系统工程、环境绿化美化工程等都进行了广泛而深入细致的研究，用于指导机场的规划设计。使机场的规划设计既能满足需要，又能节约投资、提高效率；既能减轻污染、保护环境，又能变废为宝；既能绿化环境、美化自然，又能平衡生态。

第七，坚持内外有别、标准与功能相适应的原则。根据机场不同部位的功能要求，浦东国际机场设计采用了不同的设施布置与装饰标准。旅客购物、候机的部位进行一流的装饰设计并采用先进的服务设施；旅客不允许进入的部位，则采用相对较低的设施服务和装饰标准。这样不仅可以降低机场建设的投资，而且会减少不必要的设备维修工作。

第八，坚持多种经营、综合开发的原则。现代社会对机场的质量要求，不仅要具备一个交通设施的所有功能，同时还应成为一个集旅游、商业、文化教育为一体的综合性的服务设施。机场建设指挥部分别对机场基础设施、机场交流功能设施、机场商务功能设施、机场信息功能设施、机场物流功能设施、机场学术研究功能设施、机场文化艺术功能设施、机场产业技术功能设施等进行了功能分析，并用于指导规划设计。使浦东国际机场不仅具备多种服务功能，而且可以通过多种经营，为后期的建设筹集资金。

（2）优选参建单位，保证技术能力。为了按照预定的质量目标完成浦东国际机场的建设任务，参加建设的各勘察、设计、施工、监理以及材料/设备供应单位的技术能力必须有充分的保障。浦东国际机场一期工程参建单位众多，任何一家单位出现技术问题，不仅会影响其本身负责的项目，而且会给整个项目的总体质量带来影响。浦东国际机场制定了一整套措施，用以防止工作效率低、技术素质差的单位参加机场建设。

浦东国际机场的各个项目不论大小，均遵循公开、公平、公正的原则通过公开招标决定参建队伍。无论是设计招标，还是施工招标或者监理招标，对投标单位的预审都规定了硬性指标。例如，规定参加投标的施工单位必须是国营大中型施工企业，具有甲级资质，并有类似的工程项目的建设经验；参加监理投标的监理单位必须具有国家统一颁发的甲级监理资质，并有相关工程的施工监理经验等。浦东国际机场建设指挥部同时规定中标后的单位不允许将工程转包给其他单位。这样，保证参加投标的各单位均为技术能力比较好的企业。

另外，采用了无底标的招标方式，为了防止某些企业投标时期望中标而大幅度压低报价，在中标后为降低成本而影响工程质量，浦东国际机场建设指挥部规定当投标单位报价中最低标与次低标价格相差超过15%时，最低标即为废标。从而有效防止报价不合理的投标单位中标。

(3) 独立平行检验，提高监理水平。为了提高监理单位的监理工作水平，浦东国际机场建设指挥部在监理合同中明确规定："监理单位必须独立平行对原材料、半成品及施工质量进行测试工作，不得借用施工单位的测试设备和测试数据。"目前，我国大部分工程在实行施工监理时，监理单位都未进行独立的试验，而是局限在检查施工单位的试验数据上。试验与测试是检验工程质量最关键的步骤，也是最有效的手段。监理单位在施工期间进行独立平行的试验，可以得到工程中最真实的一手资料，有利于及时发现施工过程中潜在的质量隐患，尽快地解决施工过程中的质量问题。独立平行的检测监理是浦东国际机场根据自身工程的特点对于先行建设监理制度的一种创新。

独立平行检测使机场建设指挥部获得两套工程检测数据，通过对比可以及时发现施工中的问题并予以处理。不仅有利于保证工程质量，而且赢得了时间。

独立平行检测可以使两套数据互相检查，有利于发现监测工作存在的问题。在检测过程中，由于检测仪器、检测方法、检测人员的技术素质以及检测环境等原因，都会给检测结果带来影响，错误的检测数据将会掩盖质量隐患，对工程质量造成的危害是难以估计的。独立平行检测相当于为工程上了"双保险"。监理和施工单位任何一方的检测结果有问题，都会被发现并及时得到更正。

(4) 依靠建委职能，加强质量监督。建委为建设项目设立专门的驻场办公室，在上海市工程建设史上还是第一次。上海市建设委员会驻浦东国际机场办公室（简称建委驻场办）的成立，充分显示了市委、市政府对浦东国际机场建设项目的重视程度，也表明了上海市建设一流机场的决心。建委驻场办是代表市建委在浦东国际机场行使管理职能的办事机构。其主要职责之一即抓好工程的质量。驻场办主要通过两种方式对机场的工程质量进行控制：一是对施工队伍的施工质量严格控制；二是对建筑材料及设备的质量严格把关。对于施工队伍施工质量的控制，首先是检查施工队伍的资质等级，非甲级资质等级，有过不良业绩的施工企业会被坚决剔除出施工现场。其次，对工程项目层层转包的现象严加防范，发现后严肃处理。另外，由于驻工地现场后，常规质量检查的"三部到位"变成了"随时到位"。只要工程需要，驻场办可以随时对工程质量进行抽查，并且检查项目齐全、检查频率高，发现问题可以得到及时处理。在对原材料的质量控制中，主要做好材料的试验工作。无论对试件的抽样方法还是试验方式都作出了详细的规定。举例而言，在混凝土原材料的试验中，除严格控制不同骨料的试验方法外，对骨料的试验要求也作了明确的规定，例如，相同骨料来自不同矿点要分别进行试验。如果供货单位提供了质量不合格的建筑材料，则会被逐出施工现场。这样就保证了只有高质量原材料才能进入机场施工现场。

1. 简述工程项目前期策划的种类、实施内容及质量工作要点。
2. 什么是工程项目质量策划？
3. 简述工程项目前期策划的关键环节。
4. 什么是勘察设计质量？
5. 论述勘察现场的质量控制要点。
6. 简述工程项目总体设计的质量控制要点。
7. 简述初步设计的深度。
8. 施工图设计的质量控制要点是什么？
9. 什么是设计交底和图样会审？

相 关 网 站

1. http：//www.zgkcsj.org/
中国工程勘察设计咨询协会：此网站包含与勘察设计有关的最新政策法规，以及勘察设计行业最新资讯。

2. http：//www.chinaeda.org/
中国勘察设计协会：其中包含勘察设计工程相关的国际国内最新动态。

第七章

建设工程项目施工的质量控制

第一节　施工质量控制的基本内容和方法

一、施工质量控制的基本环节

施工质量控制应贯彻全面质量管理的思想，运用动态控制原理，进行事前质量控制、事中质量控制和事后质量控制。

（一）事前质量控制

事前质量控制即正式施工前进行质量控制，控制重点是做好准备工作。要求在切实可行并有效实现预期质量目标的基础上，预先编制周密的施工质量计划、施工组织设计或施工项目管理实施规划，对影响质量的各因素和有关方面进行预控。

事前控制要求加强施工项目的技术质量管理系统控制，加强企业整体技术和管理经验对施工质量计划的指导和支撑作用。其内涵包括两层意思，一是强调质量目标的计划预控，二是按质量计划进行质量活动前的准备工作状态控制。

（二）事中质量控制

事中质量控制是指在施工过程中进行质量控制。首先是对质量活动的行为约束，即对质量产生过程各项技术作业活动操作者在相关制度管理下的自我行为约束的同时，充分发挥其技术能力，完成预定质量目标的作业任务；其次是对质量活动的过程和结果，来自外部的监督控制。

事中控制的策略为全面控制施工过程及其有关方面的质量。

事中控制的重点为控制工序质量、工作包质量和关键质量控制点。

事中控制的要点为工序交接有检查，质量预控有对策，施工项目有方案，技术措施有交底，图纸会审有记录，配置材料有试验，隐蔽工程有验收，计量器具有复核，设计变更有手续，质量处理有复查，成品保护有措施，行使质控有否决，质量文件有档案。

（三）事后质量控制

事后质量控制是指对所完成的具有独立功能和使用价值的最终单位工程或整个工程项目及其有关方面的质量进行控制，包括对质量活动结果的评价和认定以及对质量偏差的纠正。

以上三个环节，不是孤立和截然分开的，它们之间构成有机的系统过程，实质上也就是 PDCA 循环的具体化，并在每一次滚动循环中不断提高，达到质量管理的持续改进。

二、施工质量控制的依据

（一）共同性依据

共同性依据是指适用于施工阶段且与质量管理有关的通用的、具有普遍指导意义和必须遵守的基本条件。主要包括：国家和政府有关部门颁布的与质量管理有关的法律和法规性文件，如《招标投标法》《质量管理条例》等；工程建设合同；设计文件、设计交底及图纸会审记录、设计修改和技术变更规定等。

（二）专门技术法规性依据

专门技术法规性依据是指针对不同的行业、不同质量控制对象指定的专门技术法规文件。主要包括规范、规程、标准、规定等，例如，有关建筑材料、半成品和构配件的质量方面的专门技术法规性文件；有关材料验收、包装和标志等方面的技术标准和规定；有关新工艺、新技术、新材料和新设备的质量规定和鉴定意见等。

三、施工质量的影响因素

通过对影响施工质量的五大因素（人、机、料、法、环）进行控制，可有效地控制施工质量。

（一）人的因素

影响施工质量的人员包括：直接参与工程施工的组织者、指挥者和操作者。人作为控制的对象，应避免产生失误；作为控制动力，应充分调动人的积极性，发挥人的主导作用。

提高管理者和操作者的质量管理水平，必须从政治素质、业务素质、心理素质和身体素质等方面进行综合培养和考核。坚持持证上岗制度，推行各类专业人员的执业资格制度，全面提高工程施工参与者的技术和管理素质。

在工程施工质量控制中，应考虑以下人的因素：

1. 人的技术水平

人的技术水平直接影响工程质量的水平，尤其是对技术复杂、难度大、精度高的工序或操作，例如，高压容器罐的焊接、钢屋架的放样、特种结构的模板、高级装饰与饰面、重型构件的吊装、油漆粉刷的配料调色等，都应由技术熟练、经验丰富的工人来完成。必要时，还应对他们的技术水平予以考核。

2. 人的生理缺陷

根据工程施工的特点和环境，应严格控制人的生理缺陷，如有高血压、心脏病的人，不能从事高空作业和水下作业；反应迟钝、应变能力差的人，不能操作快速运行、动作复杂的机械设备；视力、听力差的人，不宜参与校正、测量或用信号、旗语指挥的作业等。否则，将影响工程质量，引发安全事故，产生质量事故。

3. 人的心理行为

人由于要受社会、经济、环境条件和人际关系的影响，要受组织纪律和管理制度的制约，因此，人的劳动态度、注意力、情绪、责任心等在不同地点、不同时期也会有所变化。所以，对某些需确保质量，万无一失的关键工序和操作，一定要控制人的心理活动，稳定人的情绪。

4. 人的错误行为

人的错误行为是指人在工作场地或者工作中吸烟、打赌、错视错听、误判断、误动作等，都会影响质量或造成质量事故。所以，对具有危险源的现场作业，应严禁吸烟、嬉戏；当进入强光或者昏暗环境对工程质量进行检验测试时，应经过一定时间，使视力逐渐适应光照度的改变，然后才能正常工作，以免发生错视；在不同的作业环境，应采用不同的色彩、标志，以免产生误判断或误动作；对指挥信号，应有统一明确的规定，并保证畅通，避免噪声的干扰。这些措施，均有利于预防质量和安全事故。

（二）材料、构配件的因素

材料包括原材料、元器件、半成品、成品、构配件等，它们是工程项目的物质基础，也是工程项目实体的组成部分。

1. 材料控制的重点

（1）收集和掌握材料供应商的信息，通过分析论证优选供货厂家，以保证选择优质、廉价、能如期供货的供应商。

（2）合理组织材料的供应，确保工程的正常施工。施工单位应合理地组织材料的采购订货、加工生产、运输、保管和调度，既能保证施工的需要，又不造成材料的积压。

（3）严格按规范和标准对材料进行检查验收，确保材料的质量。材料的取样、试验操作均应符合规范要求。

（4）使用环节要严防材料的错用和误用。

2. 材料质量控制的内容

（1）材料的质量标准。材料质量标准是用以衡量材料质量的尺度。不同材料有不同的质量标准。例如，水泥的质量标准有细度、标准稠度用水量、凝结时间、体积安定性、强度、标号等。

（2）材料质量的检验。材料质量检验的目的，是通过一系列的检测手段，将所取得的材料质量数据与材料的质量标准相对照，判断材料是否合格，并掌握材料的质量信息。

材料质量检验方法包括：书面检验、外观检验、理化检验、无损检验等。

根据对材料质量信息和保证资料的具体情况，材料质量检验程度可分为免检、抽检和全部检查三种。

（3）材料的选用。材料的选择和使用不当，均会严重影响工程质量或造成质量事故。为此，必须针对工程特点，根据材料的性能、质量标准、适用范围和对施工要求等方面进行综合考虑，慎重地选择和使用材料。例如，储存期超过三个月的过期水泥或受潮、结块的水泥，需重新鉴定其标号，并且不允许用于重要工程中；不同品种、标号的水泥不能混合使用；硅酸盐水泥、普通水泥因水化热大，适宜用于冬期施工，而不适宜用于大体积混凝土工程。

（三）机械的因素

机械设备的控制一般包括施工机械、工程设备和各类施工工器件。

1. 施工机械的控制

施工机械是建设工程项目的物质基础。施工机械设备的选择是否适用、先进和合理，将直接影响工程项目的施工质量和进度。所以应结合工程项目的布置、结构形式、施工现场条件、施工程序、施工方法和施工工艺等，控制施工机械形式和主要性能参数的选择，以及施工机械的使用操作，制定相应的使用操作制度，并严格执行。

2. 工程设备的控制

对工程机械设备的控制，主要是控制设备的检查验收、设备的安装质量和设备的试车运转。要求按设计选型购置设备；设备进场要按设备的名称、型号、规格、数量的清单逐一检查验收；设备安装要符合有关设备的技术要求和质量标准；试车运转正常，才能配套投产。

工程设备的检验要求如下：

（1）对整机装运的新购机械设备，应进行运输质量及供货情况的检查。对有包装的设备，应检查包装是否受损；对无包装的设备，则可直接进行外观检查及附件、备品的清点；对进口设备，则要进行开箱全面检查，若发现设备有较大损伤，应作好详细记录或照相，并尽快与运输部门或供货厂家交涉处理。

（2）对解体装运的自组装设备，在对总成、部件及随机附件、备品进行外观检查后，应尽快组织工地组装并进行必要的检验试验。

（3）工地交货的机械设备，一般都由制造厂在工地进行组装、调试和生产性试验，自检合格后才提请订货单位复验，复验合格后，才能签署验收。

（4）调拨的旧设备的测试验收，应基本达到"完好机械"的标准。全部验收工作，应在调出单位所在地进行，若测试不合格就不装车发运。

（5）对于永久性或长期性的设备改造项目，应按原批准方案的性能要求，经一定的生产实践考验并经鉴定合格后才予以验收。

（6）对于自制设备，在经过生产考验后，按试验大纲的性能指标测试验收，决不允许擅自降低标准。

机械设备的检验是一项专业性、技术性较强的工作，须要求有关技术、生产部门参加。重要的关键性大型设备，应组织专业鉴定小组进行检验。一切随机的原始资料、自制设备的设计计算资料、图纸、测试记录、验收鉴定结论等应全部清点，整理归档。

（四）方法的因素

施工方法是指工程项目的施工组织设计、施工方案、施工技术措施、施工工艺、检测方法或措施等。

施工方法直接影响到工程项目的质量形成，特别是施工方案是否合理和正确，不仅影响到施工质量，还对施工的进度和费用产生重要影响。因此要结合工程项目的实际情况，从技术、组织、管理、经济等方面进行全面分析和论证，确保施工方案在技术上可行、经济上合理、方法先进、操作简单，既能保证工程项目质量，又能加快施工进度，降低成本。

（五）环境的因素

影响工程项目的环境因素很多，归纳起来有三个方面：①工程技术环境，主要包括工程地质、地形地貌、水文地质、工程水文和气象等因素。②工程管理环境，主要包括质量管理体系、质量管理制度、工作制度和质量保证活动等。③劳动环境，主要包括劳动组合、劳动工具和施工工作面等。

在工程项目施工中，环境因素是在不断变化的，如施工过程中气温、湿度、降水和风力等。前一道工序为后一道工序提供了施工环境。施工现场的环境也是变化的，不断变化的环境对工程项目的质量就会产生不同程度的影响。

对环境因素的控制，涉及范围较广，与施工方案和技术措施密切相关，必须全面分析，才能达到有效控制的目的。

四、施工质量控制的基本内容和方法

（一）质量文件审核

审核有关技术文件、报告或报表，是项目经理对工程质量进行全面管理的重要手段。这些文件包括：

- 施工单位的技术资质证明文件和质量保证体系文件；
- 施工组织设计和施工方案及技术措施；
- 反映工序质量动态的统计资料或控制图表；
- 设计变更和图纸修改文件；
- 有关材料和半成品及构配件的质量检验报告；
- 有关应用新技术、新工艺、新材料的现场试验报告和鉴定报告；
- 相关方面在现场签署的有关技术文件；
- 有关工程质量事故的处理方案。

（二）现场质量检查

1. 现场质量检查的内容

现场质量检查的内容包括：

- 开工前检查，主要检查是否具备开工条件，开工后是否能够保持连续正常施工，能否保证工程质量。
- 交接检查，对于重要的工序或对工程质量有重大影响的工序，应严格执行"三检"制度，即自检、互检、专检。
- 隐蔽工程的检查，施工中凡是隐蔽工程必须检查认证后方可进行隐蔽掩盖。
- 停工后复工的检查，因客观因素停工或处理质量事故等停工后，经检查认可后方能复工。
- 分项、分部工程完工后的检查，应经检验认可，并签署验收记录后，才能进行下一工程项目的施工。
- 成品保护的检查，检查成品有无保护措施以及保护措施是否有效可靠。

2. 现场质量检查的方法

现场质量检查的方法主要有目测法、实测法和试验法等。

（1）目测法即凭借感官进行检查，也称观感质量检验。其手段可概括为"看、摸、敲、照"四个字。

看，就是根据质量标准进行外观目测，如墙面粉刷质量是否表面无压痕、空鼓，地面是否平整，施工顺序是否合理，工人操作是否正确等，均是通过目测、评价。

摸，就是手感检查，主要用于装饰工程的某些检查项目，如水刷石、干粘石黏结牢固程度，地面有无起砂等，均通过摸加以鉴别。

敲，是应用工具进行音感检查，通过声音的虚实确定有无空鼓，根据声音的清脆和沉闷，判断属于面层空鼓或底层空鼓。

照，对于难以看到或光线较暗的部位，则可采用镜子反射或灯光照射的方法进行检查。如门框顶和底面的油漆质量等，均可用照来评估。

（2）实测法就是通过实测数据与施工规范、质量标准的要求及允许偏差值进行对照，以此判断质量是否符合要求。其手段可概括为"靠、量、吊、套"四个字。

靠，就是用直尺、塞尺检查墙面、地面、屋面的平整度。

量，就是用测量工具和计量仪表等检查断面尺寸、轴线、标高、湿度、温度等的偏差。

吊，就是利用托线板以及线锤吊线检查垂直度。例如，砌体垂直度检查、门窗的安装等。

套，就是用方尺套方，辅以塞尺检查。例如，对阴阳角的方正、踢角线的垂直度、预制构件的方正等项目的检查，对门窗口及构配件的对角线（宙角）检查，也是套方的特殊手段。

（3）试验法是指通过必要的试验手段对质量进行判断的检查方法。主要包括理化试验法和无损检测法。

理化试验法是指通过进行现场试验或试验室试验等理化试验手段，取得数据，分析判断质量情况。工程中常用的理化试验包括各种物理力学性能方面的检验和化学成分及含量的测定等两个方面。

无损检测法是指借助专门的仪器设备在不损伤被检测物的情况下，探测结构内部的组织特征或直接测定其表面参数来推定结构的损伤状态。

第二节 施工准备的质量控制

一、工程项目的划分和技术准备

（一）工程项目的划分和划分要求

1. 工程项目的划分

一个建设工程从施工准备开始到竣工交付使用，要经过若干工序、工种的配合施工。施工质量的优劣，取决于各个施工工序、工种的管理水平和操作质量。因此，为了便于控制、检查、评定和监督每个工序和工种的工作质量，基本建设工程一般可划分为建设项目、单项工程、单位工程、分部工程、分项工程等五个等级和检验批，并分级进行编号，据此来进行质量控制和检查验收，这是进行施工质量控制的一项重要基础工作。

（1）建设项目（一级）。建设项目又称基本建设项目，建设项目是以实物形态表示的具体项目，它以形成固定资产为目的。

建设项目一般指在一个总体设计或初步设计范围内，由一个或几个单位工程组成，在经济上进行统一核算，行政上有独立组织形式，实行统一管理的建设单位。凡属于一个总体设计范围内分期分批进行建设的主体工程和附属配套工程、供水供电工程等，均应作为一个工程建设项目，不能将其按地区或施工承包单位划分为若干个工程建设项目。

对每个建设项目，都编有计划任务书和独立的总体设计。例如，一个学校、一个房地产开发小区。

（2）单项工程（二级）。单项工程又称工程项目，是建设项目的组成部分。一个建设项目可以是一个单项工程，也可能包括几个单项工程。单项工程是具有独立的设计文件，建成后可以独立发挥生产能力或效益的一组配套齐全的工程项目。例如，一所学校的教学楼、宿舍等。

（3）单位工程（三级）。单位工程是单项工程的组成部分，单位工程是指具有独立的设计文件，可以独立组织施工和单项核算，但不能独立发挥其生产能力和使用效益的工程项目。单位工程不具有独立存在的意义，它是单项工程的组成部分。例如，车间的厂房建筑是一个单位工程，车间的设备安装又是一个单位工程，此外还有电器照明工程、工业管道工程等。

单位工程，既是设计单体，又是建设和施工管理的单体。例如，民用建筑的土建、给排水、供暖、通风、照明各为一个单位工程。

（4）分部工程（四级）。分部工程是单位工程的组成部分，是指按工程的部位、结构形式的不同划分的工程项目。例如，房屋建筑单位工程可划分为基础工程、墙体工程、屋面工程等分部工程；也可以按工种工程划分为土、石方工程，钢筋混凝土工程，装饰工程等分部工程。

（5）分项工程（五级）。分项工程是分部工程的组成部分，是指根据工种、构件类别、使用材料不同划分的工程项目。一个分部工程由多个分项工程构成。分项工程是工程项目划分的基本单位。例如，混凝土及钢筋混凝土分部工程中的带形基础、独立基础、满堂基础、设备基础、矩形柱、有梁板、阳台、楼梯、雨篷、挑檐等均属分项工程。

2. 工程项目划分要求

从建筑工程施工质量验收的角度来说，项目划分的要求如下：

（1）工程项目应逐级划分为单位（子单位）工程、分部（子分部）工程、分项工程和检验批。

（2）单位工程的划分原则。主要包括两个方面：一是具备独立施工条件并能形成独立使用功能的建筑物或构筑物为一个单位工程；二是建筑规模较大的单位工程，可将其能形成独立使用功能的部分划为若干个子单位工程。

（3）分部工程的划分原则。分部工程的划分应按专业性质、建筑部位确定；当分部工程较大或较复杂时，可按材料种类、施工特点、施工程序、专业系统及类别等划分为若干子分部工程。

（4）分项工程应按主要工种、材料、施工工艺、设备类别等进行划分。

（5）分项工程可由一个或若干个检验批组成，检验批可根据施工及质量控制和专业验收需要按楼层、施工段、变形缝等进行划分。

（6）室外工程可根据专业类别和工程规模划分单位（子单位）工程。一般室外单位工程可划分为室外建筑环境工程和室外安装工程。

（二）技术准备的质量控制

技术准备是指在正式开展施工作业活动前进行的技术准备工作。这类工作内容繁多，主要在室内进行，例如，进行工程项目划分和编号；熟悉施工图纸，进行详细的设计交底和图样审查；细化施工技术方案和施工人员、机具的配置方案；编制施工作业技术指导书；绘制各种施工详图（如测量放线图、大样图及配筋、配板、配线图表等）；进行必要的技术交底和技术培训。

技术准备的质量控制包括：制定施工质量控制计划，设置质量控制点，明确关键部位的质量管理点；对上述技术准备工作成果的复核审查，检查这些成果是否符合相关技术规范、规程的要求和对施工质量的保证程度等。

二、现场施工准备的质量控制

（一）工程定位和标高基准的质量控制

在工程总平面图上，各种建筑物或构筑物的平面位置是用施工坐标系统的坐标来表示的。施工测量控制网的初始坐标和方向，一般是根据测量控制点测定的，测定好建筑物的长向主轴线即可作为施工平面控制网的初始方向，以后在控制网加密或建筑物定位时，即不再用控制点定向，以免使建筑物发生不同的位移及偏转。所以施工承包单位应对建设单位（或其委托的单位）给定的原始基准点、基准线和标高等测量控制点进行复核，并将复测结果报监理工程师审核，经批准后施工承包单位才能据此进行准确的测量放线，建立施工测量控制网，并应对其正确性负责，同时做好基桩的保护。

（二）施工平面布置的质量控制

施工平面布置应严格控制在建筑红线之内。平面布置要紧凑合理。尽量减少施工用地；尽量利用原有建筑物或构筑物；合理组织运输，保证现场运输道路畅通，尽量减少二次搬运。各项施工设施布置都要满足方便施工、安全防火、环境保护和劳动保护的要求。

在平面交通上，要尽量避免土建、安装以及其他各专业施工相互干扰。符合施工现场卫生及安全技术要求和防火规范。现场布置有利于各子项目施工作业。考虑施工场地状况及场地主要出入口交通状况。结合拟采用的施工方案及施工顺序。满足半成品、原材料、周转材料堆放及钢筋加工需要。满足不同阶段、各种专业作业队伍对宿舍、办公场所及材料储存、加工场地的需要。各种施工机械既要满足各工作面作业需要，又要便于安装、拆卸。实施严格的安全及施工标准。

三、原材料的质量控制

建筑工程采用的主要材料、半成品、成品、建筑构配件等统称为"原材料"，均应进行现场验收。凡涉及工程安全及使用功能的有关材料，应按各专业工程质量验收规范规定进行复验，并应经监理工程师（建设单位技术负责人）检查认可。

掌握好供货厂家材料质量、价格、供货能力的信息，选择好供货厂家。根据工程进度，采购相关的辅材和设备，为了保证工程质量，对材料的采购，在贯彻甲方要求的同时，应根据 ISO 9001 质量体系及国标要求，逐一对每一种工程材料供货厂家的材料质量、信誉、供货能力进行评估，以确保采购材料的质量。

施工单位应从以下四个方面把好原材料的质量控制关：

（一）全程检测关

凡用于项目的所有原材料不论在采购、运输、存储、加工、使用过程中有多少管理环节，施工单位都必须严格按规范及监理工程师所要求的频率和方法进行检测，按施工监理程序逐级报验，承包人最终对原材料负全部质量责任。

（二）采购订货关

为了保证工程质量，必须严格执行如下采购工作程序：

（1）承包人首先进行市场调查，择优选用社会信誉好、质量稳定的生产厂家。对生产厂家主要调查企业的性质、经营状况、生产工艺、生产规模、产品质量保证体系、企业诚信度等。经过调查、比选，初步确定厂家范围。

（2）承包人对初步确定厂家的产品取样试验，进行比选。

（3）承包人将每种产品确定，供货厂家的有关资料，书面向总监办申报。有关资料包括：生产厂家名称、企业的性质、经营状况、生产工艺、生产规模、产品质量保证体系、质量等级、企业诚信度、产品品牌、取样试验结果等。

（4）总监办根据承包人提供的供货厂家范围，由总监办与监管处进行联合考察，抽样试验，进行比选，总监办将比选结果及许可意见通知承包人。

（5）承包人根据总监办的比选结果及许可意见签订采购合同。

（6）采购合同签订后经驻地办审核向总监办申报，总监办许可后备案，报业主工程科备查。

具体采购工作的流程，如图7-1所示。

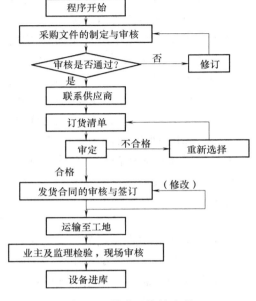

图7-1　采购工作的流程

（三）进场检验关

进场原材料必须符合规范及合同文件的要求，凡规范及合同文件未涉及而项目需要使用的原材料，应符合有关行业标准的规定。同时施工单位必须对原材料进行抽样检验或试验，合格后才能使用。

（四）储存和使用关

施工单位必须加强原材料进场后的存储和使用管理。合理地组织材料使用，减少材料的损失；正确按定额计量使用材料，加强运输、仓库、保管工作，加强材料限额管理和发放工作；健全现场材料管理制度，避免材料损失、变质（如水泥的受潮结块、钢筋的锈蚀等）和使用规格、性能不符合要求的材料造成工程质量事故。例如，混凝土工程中使用的水泥，因保管不妥，放置时间过久，受潮结块就会失效。使用不合格或者失效的劣质水泥，就会对工程质量造成危害。

四、施工机械设备的质量控制

施工机械设备是实现施工机械化的重要物质基础，是现代化施工中必不可少的设备，对施工项目的进度、质量均有直接影响。为此，施工机械设备的选用，必须综合考虑施工现场的条件、建筑结构形式、机械设备性能、施工工艺和方法、施工组织与管理、建筑技术经济等各种因素，进行多方案比较，使之合理装备、配套使用、有机联系，以充分发挥机械设备的效能，力求获得较好的综合经济效益。

施工机械设备的质量控制，就是要使施工机械设备的类型、性能、参数等与施工现场的实际条件、施工工艺、技术要求等因素相匹配，符合施工生产的实际要求。施工机械设备质量控制主要从机械设备的选型、主要性能参数指标的确定和使用操作要求等方面进行。

（一）机械设备的选型

机械设备的选择，应本着因地制宜、因工程制宜，按照技术上先进、经济上合理、生产上适用、性能上可靠、使用上安全、操作方便和维修方便的原则，贯彻执行机械化、半机械化与改良工具相结合的方针，突出施工与机械相结合的特色，使其具有工程的适用性，具有保证工程质量的可靠性，具有使用操作的方便性和安全性。

例如，从适用性出发，正铲挖土机只适用于挖掘停机面以上的土壤；反铲挖土机则可适用于挖掘停机面以下的土壤；而抓铲挖土机最适宜于水中挖土；推土机由于工作效率高，具有操纵灵活，运转方便的特点，所以用途较广，但其推运距离宜在100m以内；铲运机能独立完成铲土、运土、卸土、填筑、压实等工作，适用于大面积场地平整、开挖大型基坑、沟槽，以及填筑路基、堤坝等工程，但不适于在砾石层和冻土地带以及沼泽区工作。

（二）主要性能参数指标的确定

主要性能参数是选择机械设备的依据，其参数指标的确定必须满足施工的需要和保证质量的要求。只有正确地确定主要的性能参数，才能保证正常的施工，不致引起安全质量事故。

例如，打桩机械设备的选择，实质上就是对桩锤的选择，首先要根据工程特点（土质、桩的种类、施工条件等）确定锤的类型，然后再定锤的重量。而锤的重量必须具有一定的冲击能，应使锤的重量大于桩的重量。这是因为，锤重则落矩小，"重锤低击"锤不产生回跃，不至于损坏桩头，桩入土快，能保证打桩质量；反之，"轻锤高击"锤易回跃，易打坏桩头，桩难以打入土中，不能保证打桩质量。

（三）使用操作要求

合理使用机械设备，正确地进行操作，是保证项目施工质量的重要环节。应贯彻"人机固定"原则，实行定机、定人、定岗位责任的"三定"制度。操作人员必须认真执行各项规章制度，严格遵守操作规程，防止出现安全质量事故。

例如，起重机械应保证安全装置（行程、高度、变幅、超负荷限位器、其他保险装置等）齐全可靠；并要经常检查、保养、维修，使之运转灵活；操作时，不准机械带"病"工作，不准超载运行，不准负荷行驶；不准猛旋转、开快车，不准斜牵重物。

机械设备在使用中，要尽量避免发生故障，尤其是预防事故损坏（非正常损坏），即指人为的损坏。造成事故损坏的主要原因有：操作人员违反安全技术操作规程和保养规程；操作人员技术不熟练或麻痹大意；机械设备保养、维修不良；机械设备运输和保管不当；施工使用方法不合理和指挥错误，气候和作业条件的影响等。这些都必须采取措施，严加防范，随时予以检查控制。

第三节　施工过程的质量控制

根据《中华人民共和国建筑法》（简称《建筑法》）及相关法律、法规的规定，在工程施工阶段，监理工程师对工程施工质量进行全过程和全方位的监督、检查与控制。工程施工质量控制的工作程序如图7-2所示。只有上一道工序确认为质量合格后，方能准许下一道工序开始施工。当一个检验批、分项工程、分部工程完成后，承包单位首先需要自检并填写相应的质量验收记录表。待确认质量符合要求后，再向项目监理机构提交报验申请表及自检相关资料。经项目监理机构现场检查及对相关资料审核后，符合要求时予以签认验收。否则，指令施工承包单位进行整改或返工处理。

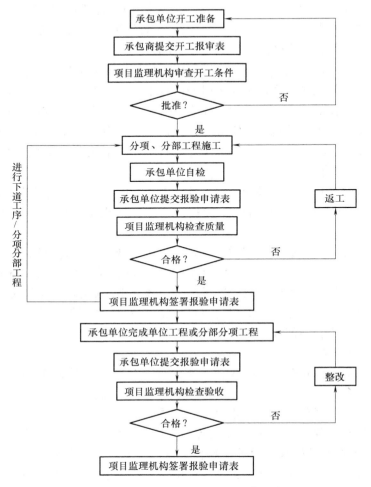

图 7-2　工程施工质量控制的工作程序

一、技术交底

做好技术交底是保证施工质量的重要措施之一。项目开工前应由项目技术负责人向承担施工的负责人或分包人进行书面技术交底，技术交底资料应办理签字手续并归档保存。每一分部工程开工前均应进行作业技术交底。技术交底书应由施工项目技术人员编制，并经项目技术负责人批准实施。技术交底的内容主要包括：

　　■ 工地（队）交底中有关内容。例如，是否具备施工条件、与其他工种之间的配合与矛盾等，向甲方提出要求，让其出面协调等；

　　■ 施工范围、工程量、工作量和施工进度要求。主要根据自己的实际情况，实事求是的向甲方说明即可；

　　■ 施工图纸的解说。例如，设计者的大体思路，以及自己以后在施工中存在的问题等；

- 施工方案措施。例如，根据工程的实况，编制出合理、有效的施工组织设计，以及安全文明施工方案等；
- 操作工艺和保证质量安全的措施。例如，先进的机械设备和高素质的工人等；
- 工艺质量标准和评定办法。参照现行的行业标准以及相应的设计、验收规范；
- 技术检验和检查验收要求。包括自检以及监理抽检的标准；
- 增产节约指标和措施；
- 技术记录内容和要求；
- 其他施工注意事项，等等。

二、测量控制

项目开工前应编制测量控制方案，经项目技术负责人批准后实施。对相关部门提供的测量控制点应做好复核工作，经审批后进行施工测量放线，并保存测量记录。在施工过程中应对设置的测量控制点线妥善保护，不准擅自移动。同时在施工过程中必须认真进行施工测量复核工作，这是施工单位应履行的技术工作职责，其复核结果应报送监理工程师复验确认后，方能进行后续相关工序的施工。常见的施工测量复核有：

- 工业建筑测量复核，包括厂房控制网测量、桩基施工测量、柱模轴线与高程检测、厂房结构安装定位检测、设备基础与预埋螺栓定位检测等；
- 民用建筑的测量复核，包括建筑物定位测量、基础施工测量、墙体皮数杆检测、楼层轴线检测、楼层间高程传递检测等；
- 高层建筑测量复核，包括建筑场地控制测量、基础以上的平面与高程控制检测、建筑物中垂准检测、建筑物施工过程中沉降变形观测等；
- 管线工程测量复核，包括管网或输配电线路定位测量、地下管线施工检测、架空管线施工检测、多管线交扩点高程检测等。

三、计量控制

计量控制是保证工程项目质量的重要手段和方法，是施工项目开展质量管理的一项重要基础工作。施工过程中的计量工作，包括施工生产中的投料计量、施工测量、检测计量，以及对项目、产品或过程的测试、检验、分析计量等。其主要任务是统一计量单位制度，组织量值传递，保证量值统一。

计量控制的工作重点是：建立计量管理部门和配置计量人员；建立健全和完善计量管理的规章制度；严格按规定有效控制计量器具的使用、保管、维修和检验；监督计量过程的实施，保证计量的准确。

四、工序质量控制

（一）工序质量控制的概念和内容

工序质量是指施工中人、材料、机械设备、工艺方法和环境等对产品综合起作用的过程的质量，又称过程质量，它体现为产品质量。好的产品或工程质量是通过一道一道工序逐渐形成的，要确保工程项目施工质量，就必须对每道工序的质量进行控制，这是施工过程中质量控制的重点。工序质量控制就是对工序活动条件（即工序活动投入的质量）和工序活动效果的质量（即分项工程质量）的控制。在进行工序质量控制时要着重于以下几个方面的工作：

1. 确定工序质量控制工作计划

确定工序质量控制工作计划时，一方面要求对不同的工序活动制定专门的保证质量的技术措施，作出物料投入及活动顺序的专门规定；另一方面需规定质量控制工作流程、质量检验制度等。

2. 主动控制工序活动条件的质量

工序活动条件主要是指影响质量的五大因素，即人、材料、机械设备、工艺方法和环境等。

3. 及时检验工序活动效果的质量

工序活动效果的质量检验主要是指实行班组自检、互检、上下道工序交接检，特别是对隐蔽工程和分项（部）工程的质量检验。

4. 设置工序质量控制点（工序管理点），实行重点控制

工序质量控制点是指针对影响质量的关键部位或薄弱环节而确定的重点控制对象。正确设置控制点并严格实施是进行工序质量控制的重点。

（二）工序质量控制点的设置和管理

1. 工序质量控制点的设置原则

工序质量控制点的设置原则主要包括：

■ 施工过程中的关键工序或环节以及隐蔽工程，例如，预应力结构的张拉工序、钢筋混凝土结构中的钢筋架立等；

■ 施工中的薄弱环节或质量不稳定的工序、部位或对象，如地下防水层施工；

■ 对后续工程施工或后续工序质量或安全有重大影响的工序，例如，预应力结构中的预应力钢筋质量（如硫、磷含量）、模板的支撑与固定等；

■ 采用新技术、新工艺、新材料的部位或环节；

■ 施工上无足够把握的、施工条件困难的或技术难度大的工序或环节，例如，复杂曲线模板的放样等。

2. 工序质量控制点的管理

（1）质量控制措施的设计。选择了控制点，就要针对每个控制点进行控制措施设计。

质量控制措施设计的主要步骤和内容包括：列出质量控制点明细表；设计控制点施工流程图；进行工序分析，找出主导因素；制定工序质量控制表，对各影响质量特性的主导因素规定出明确的控制范围和控制要求；编制保证质量的作业指导书；编制计量网络图，明确标出各控制因素采用什么计量仪器、编号、精度等，以便进行精确计量；质量控制点审核，可由设计者的上一级领导进行审核。

（2）质量控制点的实施。质量控制点的实施包括：将控制点的"控制措施设计"向操作班组进行认真交底，必须使工人真正了解操作要点。质量控制人员在现场进行重点指导、检查、验收。工人按作业指导书认真进行操作，保证每个环节的操作质量。按规定作好检查并认真作好记录，取得第一手数据，运用数据统计方法，不断进行分析与改进，直至质量控制点验收合格。质量控制点实施中应明确工人、质量控制人员的职责。

五、特殊过程的质量控制

特殊过程是指该施工过程或工序的施工质量不易或不能通过其后的检验和试验而得到充分的验证，或者万一发生质量事故则难以挽救的施工过程。特殊过程的质量控制是施工阶段质量控制的重点。对在项目质量计划中界定的特殊过程，应设置工序质量控制点，抓住影响工序施工质量的主要因素进行强化控制。

（一）特殊过程质量控制点选择原则

可作为特殊过程质量控制点的对象涉及面广，它可能是技术要求高、施工难度大的结构部位，也可能是影响质量的关键工序、操作或某一环节。概括来讲，应当选择那些保证质量难度大、对质量影响大的或是发生质量问题时危害大的过程作为质量控制点。就建筑工程而言其质量控制点的位置一般可参考表 7-1 设置。

表 7-1　质量控制点的设置位置（一般情况）

分项工程	质量控制点
工程测量定位	标准轴线桩、水平桩、龙门板、定位轴线、标高
地基、基础	基坑（槽）尺寸、标高、土质、地耐力，基础垫层标高，基础位置、尺寸、标高，预留洞孔、预埋件的位置、规格、数量，基础墙皮数杆及标高、杯底弹线
砌体	砌体轴线，皮数杆，砂浆配合比，预埋件位置、数量
模板	位置、尺寸、标高，预埋件位置，预留洞口尺寸、位置，模板强度及稳定性，模板内部清理及润湿情况
钢筋混凝土	水泥品种、标号，砂石质量，混凝土配合比，外加剂比例，混凝土振捣，钢筋品种、规格、尺寸、搭接长度、钢筋焊接、预留洞、孔及预埋件规格、数量、尺寸、位置，预制构件吊装或出场（脱模）强度，吊装位置、标高、支承长度、焊缝长度
吊装	吊装设备超重能力、吊具、索具、地锚
钢结构	翻样图、放大样
焊接	焊接条件、焊接工艺
装修	视具体情况而定

（二）特殊过程质量控制点重点控制的对象

特殊过程质量控制点的选择要准确、有效，要根据对重要质量特性进行重点控制的要求，选择质量控制的重点部位、重点工序和重点质量因素作为质量控制的对象，进行重点预控和控制，从而有效地控制和保证施工质量。可作为质量控制点中重点控制的对象主要包括以下几个方面：

（1）人的行为。对某些工序或操作，应以人为重点进行控制，例如，高空、高温、水下、危险作业等，对人的身体素质或心理素质应有相应的要求；技术难度大或精度要求高的作业，例如，复杂模板放样、精密、复杂的设备安装，以及重型构件吊装等对人的技术水平均有相应的较高要求。

（2）物的状态。对于某些工序或操作，应以物为监控重点。例如，精密机加工使用的机械；精密配料中所需的计量仪器与装备；多工种立体交叉作业的空间与场地条件等。

（3）材料的质量与性能。材料的质量与性能常是直接影响工程质量和安全的主要因素，对某些工程尤为重要，常作为控制的重点。例如，在预应力钢筋混凝土构件施工中使用的预应力钢筋性能与质量，要求质地均匀、硫磷含量低，以免发生冷脆或热脆；岩石基础的防渗灌浆，灌浆材料细度及可灌性等都是直接影响灌浆质量和效果的主要因素。

（4）关键的操作。例如，预应力钢筋的张拉工艺操作过程及张拉力的控制，是可靠地建立预应力值和保证预应力构件质量的关键环节。

（5）施工技术参数。例如，对优质填方进行压实时，对填土含水量等参数的控制是保证填方质量的关键；对于岩基水泥灌浆，灌浆压力和吃浆率、冬季混凝土施工应控制混凝土受冻临界强度等技术参数是质量控制的重要指标。

（6）施工顺序。对于某些工作必须严格工序或操作之间的顺序，例如，对于冷拉钢筋应当先对焊、后冷拉，否则会失去冷强；对于屋架固定一般应采取对角同时施焊，以免焊接应力使已校正的屋架发生变位等。

（7）技术间歇。有些工序之间需要有必要的技术间歇时间，例如，砖墙砌筑后与抹灰工序之间，以及抹灰与粉刷或喷涂之间，均应保证有足够的间歇时间；混凝土浇筑后至拆模之间也应保持一定的间歇时间；混凝土大坝坝体分块浇筑时，相邻浇筑块之间也必须保持足够的间歇时间等。

（8）易发生或常见的施工质量通病。例如，屋面防水层的铺设、供水管道接头的渗漏、砌砖砂浆不饱满等。

（9）新工艺、新技术、新材料的应用。由于缺乏经验，新工艺、新技术、新材料施工时可作为重点进行严格控制。

（10）产品质量不稳定、不合格率较高的工序。这类工序应列为重点，掌握数据、仔细分析、查明原因，严格控制。

（11）易对工程质量产生重大影响的施工方法。例如，液压滑模施工中的支承杆失稳问题、升板法施工中提升差的控制等，都是一旦施工不当或控制不严，即可能引起重大质量事故的问题，也应作为质量控制的重点。

（12）特殊地基或特种结构。例如，大孔性湿陷性黄土、膨胀土等特殊土地地基的处理，大跨度和超高结构等难度大的施工环节和重要部位等都应予特别重视。

六、成品保护的控制

成品保护的控制主要包括以下五个方面：

1. 人员的保护意识

应加强施工人员的成品保护意识，合理安排施工顺序，按正确的流程组织施工。

2. 成品的保护措施

成品保护措施主要是指对已完成的部位采取护、包、盖、封等措施。

护是指提前保护，以防止成品发生损伤和污染。

包包括铝合金门窗采用塑料布包扎，电气开关插座、灯具等包裹，以防止刷浆时污染。

盖包括大理石楼梯应用木板覆盖；大理石地面采用毡布覆盖；落水口、排水管安好后要加覆盖，以防堵塞；散水交活后，可覆盖一层砂子。

封是指部分分项完成后，及时封闭现场。

3. 分部分项单位工程的保护措施

对于分部分项单位工程（门窗工程、室面板砖工程、油漆涂料工程）需要具体的成品保护措施来进行保护，具体措施如表7-2所示。

表7-2　工程成品保护计划表

分部分项单位工程内容	保护方法	负责保护单位
门窗	包裹	门窗施工班组
内外墙面砖	专人看管	面砖施工班组
地砖地面	锯末保护	地砖施工班组
油漆涂料	专人看管	涂料施工班组

4. 工程收尾阶段的保护措施

在工程收尾阶段应设警护人员分层分段分房间看护，施工人员凭出入证进入施工区域，对关键部位组织监护施工。

5. 建立责任制和赔偿制

应建立成品保护责任制和损坏丢失赔偿制度，用经济杠杆维护成品保持应有的状态和质量水平。

第四节　工程施工质量验收

工程施工质量验收是施工质量控制的重要环节，也是保证工程施工质量的重要手段，它包括施工过程的工程质量验收和施工项目竣工质量验收两个方面。通过对工程建设中间产出品和最终产品的质量验收，从过程控制和终端两个方面把关进行工程项目的质量控制，以确保达到业主所要求的功能和使用价值，实现建设投资的经济效益和社会效益。

一、工程验收概述

（一）工程质量验收统一标准

从2002年1月1日起开始实施《建筑工程施工质量验收统一标准》（GB 50300—2001），以下按新标准给予说明（以下涉及GB 50300—2001标准的均简称新标准）。

新标准3.03条规定，建筑工程施工质量应按下列要求进行验收：

- 建筑工程施工质量应符合本标准和相关专业验收规范的规定；
- 建筑工程施工应符合工程勘察、设计文件的要求；
- 参加工程施工质量验收的各方人员应具备规定的资格；
- 工程质量的验收均应在施工单位自行检查评定的基础上进行；
- 隐蔽工程在隐蔽前应由施工单位通知有关单位进行验收，并应形成验收文件；
- 涉及结构安全的试块、试件以及有关材料，应按规定进行见证取样检测；
- 检验批的质量应按主控项目和一般项目验收；
- 对涉及结构安全和使用功能的重要分部工程应进行抽样检测；
- 承担见证取样检测及有关结构安全检测的单位应具有相应资质；
- 工程的观感质量应由验收人员通过现场检查，并应共同确认。

新标准对建筑工程质量验收的划分增加了检验批、子分部和子单位。检验批可根据施工及质量控制和专业验收需要按楼层、施工段、变形缝等进行划分；当分部工程较大或较复杂时，可按材料种类、施工特点、施工程序、专业系统及类别等划分为若干子分部工程；建筑规模较大的单位工程，可将其能形成独立使用功能的部分作为一个子单位工程。

（二）最终质量检验和试验

单位工程质量验收也称质量竣工验收，是建筑工程投入使用前的最后一次验收，也是最重要的一次验收。验收合格的条件有五个，除构成单位工程的各分部工程应该合格，并且有关的资料文件应完整以外，还必须进行以下三方面的检查：

涉及安全和使用功能的分部工程应进行检验资料的复查。不仅要全面检查其完整性（不得有漏检缺项），而且对分部工程验收时补充进行的见证抽样检验报告也要复核。这种强化验收的手段体现了对安全和主要使用功能的重视。

此外，对主要使用功能还须进行抽查。使用功能的检查是对建筑工程和设备安装工程最终质量的综合检验，也是用户最关心的内容。因此，在分项、分部工程验收合格的基础上，竣工验收时再作全面检查。抽查项目是在检查资料文件的基础上由参加验收的各方人员商定，并用计量、计数的抽样方法确定检查部位。检查要求按有关专业工程施工质量验收标准的要求进行。

最后，还须由参加验收的各方人员共同进行观感质量检查。观感质量验收，往往难以定量，只能以观察、触摸或简单量测的方式进行，并由个人的主观印象判断，检查结果并不给出"合格"或"不合格"的结论，而是综合给出质量评价，最终确定是否通过验收。

（三）技术资料的整理

技术资料，特别是永久性技术资料，是施工项目进行竣工验收的主要依据，也是项目施工情况的重要记录。因此，技术资料的整理要符合有关规定及规范的要求，必须做到准确、齐全，能够满足建设工程进行维修、改造、扩建时的需要，其主要内容有：

- 工程项目开工报告；
- 工程项目竣工报告；
- 图样会审和设计交底记录；
- 设计变更通知单；
- 技术变更核定单；
- 工程质量事故发生后调查和处理资料；
- 水准点位置、定位测量记录、沉降及位移观测记录；
- 材料、设备、构件的质量合格证明资料；
- 试验、检验报告；
- 隐蔽工程验收记录及施工日志；
- 竣工图；
- 质量验收评定资料；
- 工程竣工验收资料。

监理工程师应对上述技术资料进行审查，并请建设单位及有关人员，对技术资料进行检查验证。

（四）施工质量缺陷的处理

我国国家标准 GB/T 19000 中"缺陷"的含义是："未满足与预期或规定用途有关的要

求"。要注意区别"缺陷"和"不合格"两个术语的含义。不合格是指未满足要求，该"要求"是指"明示的、习惯上隐含的或必须履行的需求或期望"，是一个包含多方面内容的"要求"，当然，也应包括"与期望或规定的用途有关的要求"。而"缺陷"是指未满足其中特定的（与预期或规定用途有关的）要求，例如，安全卫生有关的要求，它是一种特定范围内的"不合格"，因涉及产品责任称之为"缺陷"。

对于工程质量缺陷可采用的处理方案主要包括以下五种：

1. 修补处理

当工程的某些部分的质量虽未达到规定的规范、标准或设计要求，存在一定的缺陷，但经过修补后还可达到要求的标准，又不影响使用功能或外观要求的，可以作出进行修补处理的决定。例如，某些混凝土结构表面出现蜂窝麻面，经调查、分析，该部位经修补处理后，不影响其使用及外观要求。

2. 返工处理

当工程质量未达到规定的标准或要求，有明显的严重质量问题，对结构的使用和安全有重大影响，而又无法通过修补办法给予纠正时，可以作出返工处理的决定。例如，某工程预应力按混凝土规定张力系数为1.3，但实际仅为0.9，属于严重的质量缺陷，也无法修补，只能作出返工处理的决定。

3. 加固处理

加固处理主要是针对危及承载力的质量缺陷的处理。通过对缺陷的加固处理，使建筑结构恢复或提高承载力，重新满足结构安全性与可靠性的要求，使结构能继续使用或改作其他用途。

4. 限制使用

当工程质量缺陷按修补方式处理无法保证达到规定的使用要求和安全，而又无法返工处理的情况下，不得已时可以作出结构卸荷、减荷以及限制使用的决定。

5. 不做处理

某些工程质量缺陷虽不符合规定的要求或标准，但其情况不严重，经过分析、论证和慎重考虑后，可以作出不做处理的决定。可以不做处理的情况有：不影响结构安全和使用要求；经过后续工序可以弥补的不严重的质量缺陷；经复核验算，仍能满足设计要求的质量缺陷。

（五）工程竣工文件的编制和移交准备

工程竣工文件的编制包括：需要绘制竣工图；编制竣工决算；编制竣工验收报告；编制建设项目总说明，包括技术档案建立情况，建设情况，效益情况，存在和遗留问题等；竣工资料整理。

工程项目交接是指在工程质量验收之后，由承包单位向业主移交项目所有权的过程。工程项目移交前，施工单位要编制竣工结算书，还应将成套工程技术资料进行分类整理，编目建档。

（六）产品防护

竣工验收期要定人定岗，采取有效防护措施，保护已完工程，发生丢失、损坏时应及时补救。设备、设施未经允许不得擅自启用，防止设备失灵或设施不符合使用要求。

（七）撤场计划

工程交工后，项目经理部编制的撤场计划的内容应包括：施工机具、暂设工程、建筑残土、剩余构件在规定时间内全部拆除运走，达到场清地平；有绿化要求的，达到树活草青。

二、施工过程的工程质量验收

施工过程的工程质量验收是在施工过程中，在施工单位自行质量检查评定的基础上，参与建设活动的有关单位共同对检验批、分项、分部、单位工程的质量进行抽样复验，根据相关标准以书面形式对工程质量达到合格与否作出确认。

（一）检验批质量验收规定

1. 主控项目和一般项目的质量经抽样检验合格

（1）主控项目和一般项目的检验。检验批是工程验收的最小单位，是分项工程乃至整个建筑工程质量验收的基础。检验批是施工过程中条件相同并有一定数量的材料、构配件或安装项目，由于其质量基本均匀一致，因此可以作为检验的基础单位，并按批验收。

为确保检验批的质量符合安全和使用功能的基本要求，各专业质量验收规范对各检验批的主控项目和一般项目的子项合格质量都给予明确规定。例如，砖砌体工程检验批质量验收时主控项目包括砖强度等级、砂浆强度等级、斜槎留置、直槎拉结钢筋及接槎处理、砂浆饱满度、轴线位移、每层垂直度等内容；而一般项目则包括组砌方式、水平灰缝厚度、顶（楼）面标高、表面平整度、门窗洞口高宽、窗口偏移、水平灰缝的平直度以及清水墙游丁走缝等内容。

主控项目是指建筑工程中对安全、卫生、环境保护和公众利益起决定性作用的检验项目。因此，主控项目的验收必须从严要求，不允许有不符合要求的检验结果，主控项目的检查具有否决权。

一般项目则可按专业规范的要求处理。

（2）检验批的抽样。合理的抽样方案地制定对检验批的质量验收有十分重要的影响。在制定检验批的抽样方案时，应考虑合理分配生产方风险（或错判概率 α）和使用方风险（或漏判概率 β）。

2. 具有完整的施工操作依据、质量检查记录

质量控制资料反映了检验批从原材料到最终验收的各施工工序的操作依据、检查情况记录以及保证质量所必需的管理制度等。对其完整性的检查，实际是对过程控制的确认，这是检验批合格的前提。

（二）分项工程质量验收规定

分项工程质量验收具体规定如下：

- 分项工程所含的检验批均应符合合格质量的规定；
- 分项工程所含的检验批的质量验收记录应完整。

分项工程的验收在检验批的基础上进行。一般情况下，两者具有相同或相近的性质，只是批量的大小不同而已。因此，将有关的检验批汇集构成分项工程进行检验。分项工程合格质量的条件比较简单，只要构成分项工程的各检验批的验收资料文件完整，并且均已验收合格，则分项工程验收合格。

（三）分部（子分部）工程质量验收规定

分部（子分部）工程质量验收具体规定如下：

- 分部（子分部）工程所含分项工程的质量均应验收合格；
- 质量控制资料应完整；
- 地基与基础、主体结构和设备安装等分部工程有关安全及功能的检验和抽样检测结果应符合有关规定；
- 观感质量验收应符合要求。

（四）单位（子单位）工程质量验收规定

单位（子单位）工程质量验收具体规定如下：

- 单位（子单位）工程所含分部（子分部）工程的质量均应验收合格；
- 质量控制资料应完整；
- 单位（子单位）工程所含分部工程有关安全和功能的检测资料应完整；
- 主要功能项目的抽查结果应符合相关专业质量验收规范的规定；
- 观感质量验收应符合要求。

单位工程质量验收也称质量竣工验收。

（五）当建筑工程质量不符合要求时的规定

当建筑工程质量不符合要求时，应按下列规定进行处理：

- 经返工重做或更换器具、设备的检验批，应重新进行验收；
- 经有资质的检测单位检测鉴定能够达到设计要求的检验批，应予以验收；
- 经有资质的检测单位检测鉴定达不到设计要求、但经原设计单位核算认可能够满足结构安全和使用功能的检验批，可予以验收；
- 经返修或加固处理的分项、分部工程，虽然改变外形尺寸但仍能满足安全使用要求，可按技术处理方案和协商文件进行验收。

当质量不符合要求时的处理办法主要分为一般情况下的处理和非正常情况下的处理两种。

一般情况下，不合格现象在最基层的验收单位——检验批验收时就应发现并及时处理，否则将影响后续批和相关的分项工程、分部工程的验收。因此，所有质量隐患必须尽快消灭在萌芽状态，这是以强化验收促进过程控制原则的体现。

非正常情况的处理分以下四种情况：

第一种情况是指在检验批验收时，其主控项目不能满足验收规范或一般项目超过偏差限值的子项不符合检验规定的要求时，应及时进行处理的检验批。其中，严重的缺陷应推倒重来；一般的缺陷通过翻修或更换器具、设备予以解决，应允许施工单位在采取相应的措施后重新验收。如果能够符合相应的专业工程质量验收规范，则应认为该检验批合格。

第二种情况是指个别检验批发现试块强度等不满足要求等问题，难以确定是否验收时，应请具有资质的法定检测单位检测鉴定。当鉴定结果能够达到设计要求时，该检验批仍应认为通过验收。

第三种情况是指如果经检测鉴定达不到设计要求，但经原设计单位核算，仍能满足结构安全和使用功能的情况，该检验批可以予以验收。一般情况下，规范标准给出了满足安全和功能的最低限度要求，而设计往往在此基础上留有一些余量。不满足设计要求和符合相应规范标准的要求，两者并不矛盾。

第四种情况是指更为严重的缺陷或者超过检验批的更大范围内的缺陷，可能影响结构的安全性和使用功能。若经法定检测单位检测鉴定以后认为达不到规范标准的相应要求，即不能满足最低限度的完全储备和使用功能，则必须按一定的技术方案进行加固处理，使之能保证其满足安全使用的基本要求。这样会造成一些永久性的缺陷，如改变结构外形尺寸，影响一些次要的使用功能等。为了避免社会财富更大的损失，在不影响安全和主要使用功能条件下可按处理技术方案和协商文件进行验收，责任方应承担经济责任，但不能作为轻视质量而回避责任的一种出路，这是应该特别注意的。

（六）返修或加固处理后仍不符合要求的规定

通过返修或加固处理仍不能满足安全使用要求的分部工程、单位（子单位）工程，严禁验收。

三、施工项目竣工质量验收

施工项目竣工质量验收是施工质量控制的最后一个环节，是对施工过程质量控制成果的全面检验，是从终端把关方面进行质量控制。未经验收或验收不合格的工程，不得交付使用。

（一）施工项目竣工质量验收的依据

施工项目竣工质量验收的依据主要包括：上级主管部门的有关工程竣工验收的文件和规定；国家和有关部门颁发的施工规范、质量标准、验收规范；批准的设计文件、施工图样及说明书；双方签订的施工合同；设备技术说明书；设计变更通知书；有关的协作配合协议书，等等。

（二）施工项目竣工质量验收的要求

建筑工程施工质量应符合《建筑工程施工质量验收统一标准》GB/50300—2001 和相关专业验收规范的规定。

（三）施工项目竣工质量验收程序

工程项目竣工验收工作，通常可分为三个阶段，即竣工验收的准备、初步验收（预验收）和正式验收。

1. 竣工验收的准备

参与工程建设的各方均应做好竣工验收的准备工作。其中建设单位应完成组织竣工验收班子，审查竣工验收条件，准备验收资料，做好建立建设项目档案、清理工程款项、办理工程结算手续等方面的准备工作；监理单位应协助建设单位做好竣工验收的准备工作，督促施工单位做好竣工验收的准备；施工单位应及时完成工程收尾，做好竣工验收资料的准备（包括整理各项交工文件、技术资料并提出交工报告），组织准备工程预验收；设计单位应做好资料整理和工程项目清理等工作。

2. 初步验收（预验收）

当工程项目达到竣工验收条件后，施工单位在自检合格的基础上，填写工程竣工报验单，并将全部资料报送监理单位，申请竣工验收。监理单位根据施工单位报送的工程竣工报验申请，由总监理工程师组织专业监理工程师，对竣工资料进行审查，并对工程质量进行全面检查，对检查中发现的问题督促施工单位及时整改。经监理单位检验验收合格后，由总监理工程师签署工程竣工报验单，并向建设单位提出质量评估报告。

3．正式验收

项目主管部门或建设单位在接到监理单位的质量评估和竣工报验单后，经审查，确认符合竣工验收条件和标准，即可组织正式验收。

竣工验收由建设单位组织，验收组由建设、勘察、设计、施工、监理和其他有关方面的专家组成，验收组可下设若干个专业组。建设单位应当在工程竣工验收7个工作日前将验收的时间、地点以及验收组名单书面通知当地工程质检监督站。

召开的竣工验收会议对工程勘察、设计、施工、设备安装质量和各管理环节等方面作出全面评价，形成经验收组人员签署的工程竣工验收意见。参与工程竣工验收的建设、勘察、设计、施工、监理等各方不能形成一致意见时，应当协商提出解决方法，待意见一致后，重新组织工程竣工验收，必要时可提请建设行政主管部门或质量监督站调解。正式验收完成后，验收委员会应形成《竣工验收鉴定证书》，对验收作出结论，并确定交工日期及办理承发包双方工程价款的结算手续等。

（四）《竣工验收鉴定证书》的内容

《竣工验收鉴定证书》的内容主要包括：验收的时间、验收工作概况、工程概况、项目建设情况、生产工艺及水平和生产设备试生产情况、竣工决算情况、工程质量的总体评价、经济效果评价、遗留问题及处理意见、验收委员会对项目（工程）验收结论。

第五节　工程施工质量事故处理

一、工程质量事故分类

（一）工程质量事故概念

1．质量不合格

根据我国GB/T 19000—2000质量管理体系标准的规定，凡工程产品没有满足某个规定的要求，就称之为质量不合格；而没有满足某个预期使用要求或合理的期望（包括安全性方面）要求，称为质量缺陷。

2．质量问题

凡工程质量不合格，必须进行返修、加固或报废处理，由此造成直接经济损失低于5000元的称为质量问题。

3．质量事故

凡工程质量不合格，必须进行返修、加固或报废处理，由此造成的直接经济损失在5000元以上（含5000元）的称为质量事故。

（二）工程质量事故的分类

1．按事故造成损失的严重程度划分

（1）一般质量事故。一般质量事故是指经济损失在5000元（含5000元）以上，不满5万元的；或影响使用功能或工程结构安全，造成永久质量缺陷的。

（2）严重质量事故。严重质量事故是指直接经济损失在5万元（含5万元）以上，不满10万元的；或严重影响使用功能或工程结构安全，存在重大质量隐患的；或事故性质恶

劣或造成 2 人以下重伤的。

（3）重大质量事故。重大质量事故是指工程倒塌或报废；或由于质量事故造成人员死亡或重伤 3 人以上；或直接经济损失 10 万元以上的。

（4）特别重大事故。凡具备国务院发布的《特别重大事故调查程序暂行规定》所列发生一次死亡 30 人及以上，或直接经济损失达 500 万元及以上，或其他性质特别严重的情况之一均属特别重大事故。

注意：该等级划分所称的"以上"包括本数，"以下"不包括本数。

2. 按事故责任分类

（1）指导责任事故。指导责任事故是指由于工程实施指导或领导失误而造成的质量事故。例如，由于工程负责人片面追求施工进度，放松或不按质量标准进行控制和检验，降低施工质量标准等。

（2）操作责任事故。操作责任事故是指在施工过程中，由于实施操作者不按规程和标准实施操作，而造成的质量事故。例如，浇筑混凝土时随意加水，或振捣疏漏造成混凝土质量事故等。

3. 按质量事故产生的原因分类

（1）技术原因引发的质量事故。技术原因引发的质量事故是指在工程项目实施中由于设计、施工在技术上的失误而造成的质量事故。

（2）管理原因引发的质量事故。管理原因引发的质量事故是指管理上的不完善或失误引发的质量事故。

（3）社会、经济原因引发的质量事故。社会、经济原因引发的质量事故是指由于经济因素及社会上存在的弊端和不正之风引起建设中的错误行为，而导致出现质量事故。

二、施工质量事故处理

（一）施工质量事故处理的依据

1. 质量事故的实况资料

要搞清质量事故的原因和确定处理对策，首要的是要掌握质量事故的实际情况。有关质量事故实况的资料主要可来自以下几个方面：

（1）施工单位的质量事故调查报告。质量事故发生后，施工单位有责任就所发生的质量事故进行周密的调查、研究掌握情况，并在此基础上写出调查报告，提交监理工程师和业主。在调查报告中首先就与质量事故有关的实际情况作详尽的说明，其内容应包括：

- 质量事故发生的时间、地点；
- 质量事故状况的描述；
- 质量事故发展变化的情况；
- 有关质量事故的观测记录、事故现场状态的照片或录像。

（2）监理单位调查研究所获得的第一手资料。监理单位调查研究所获得的第一手资料其内容大致与施工单位调查报告中有关内容相似，可用来与施工单位所提供的情况对照、核实。

2. 有关合同及合同文件

（1）所涉及的合同文件可以是：工程承包合同；设计委托合同；设备与器材购销合同；

监理合同等。

（2）有关合同和合同文件在处理质量事故中的作用是：确定在施工过程中有关各方是否按照合同有关条款实施其活动，借以探寻产生事故的可能原因。

3. 有关的技术文件和档案

（1）有关的设计文件。有关的设计文件如施工图纸和技术说明等。它是施工的重要依据。在处理质量事故中，其作用一方面是可以对照设计文件，核查施工质量是否完全符合设计的规定和要求；另一方面是可以根据所发生的质量事故情况，核查设计中是否存在问题或缺陷，成为导致质量事故的一方面原因。

（2）与施工有关的技术文件、档案和资料。属于这类文件、档案的有：

- 施工组织设计或施工方案、施工计划；
- 施工记录、施工日志等；
- 有关建筑材料的质量证明资料；
- 现场制备材料的质量证明资料；
- 质量事故发生后，对事故状况的观测记录、试验记录或试验报告等；
- 其他有关资料。

上述各类技术资料对于分析质量事故原因，判断其发展变化趋势，推断事故影响及严重程度，考虑处理措施等都是不可缺少的，起着重要的作用。

4. 相关的建设法规

《中华人民共和国建筑法》的颁布实施，对加强建筑活动的监督管理，维护市场秩序，保证建设工程质量提供了法律保障。与工程质量及质量事故处理有关的法规有以下五类：

（1）勘察、设计、施工、监理等单位资质管理方面的法规。《建筑法》明确规定"国家对从事建筑活动的单位实行资质审查制度"。《建设工程勘察设计企业资质管理规定》《建筑业企业资质管理规定》和《工程监理企业资质管理规定》等。这类法规主要内容涉及：勘察、设计、施工和监理等单位的等级划分；明确各级企业应具备的条件；确定各级企业所能承担的任务范围；以及其等级评定的申请、审查、批准、升降管理等方面。

（2）从业者资格管理方面的法规。《建筑法》规定对注册建筑师、注册结构工程师和注册监理工程师等有关人员实行资格认证制度。例如，《中华人民共和国注册建筑师条例》《注册结构工程师执业资格制度暂行规定》和《监理工程师资格考试和注册试行办法》等。这类法规主要涉及建筑活动的从业者应具有相应的执业资格；注册等级划分；考试和注册办法；执业范围；权利、义务及管理等。

（3）建筑市场方面的法规。这类法律、法规主要涉及工程发包、承包活动，以及国家对建筑市场的管理活动。例如，《中华人民共和国合同法》（简称《合同法》）和《中华人民共和国招标投标法》（简称《招标投标法》）是国家对建筑市场管理的两个基本法律。

这类法律、法规、文件主要是为了维护建筑市场的正常秩序和良好环境，充分发挥竞争机制，保证工程项目质量，提高建设水平。例如，《招标投标法》明确规定"投标人不得以低于成本的报价竞标"，就是防止恶性杀价竞争，导致偷工减料引起工程质量事故。《合同法》明文规定"禁止承包人将工程分包给不具备相应资质条件的单位，禁止分包单位将其承包的工程再分包。建设工程主体结构的施工必须由承包人自行完成"。对违反者处以罚款，没收非法所得直至吊销资质证书，这均是为了保证工程施工的质量，防止因操作人员素质低造成质量事故。

(4) 建筑施工方面的法规。以《建筑法》为基础,国务院于2000年颁布了《建筑工程勘察设计管理条例》和《建设工程质量管理条例》。建设部于1989年发布《工程建设重大事故报告和调查程序的规定》,于1991年发布《建筑安全生产监督管理规定》和《建设工程施工现场管理规定》,于1995年发布《建筑装饰装修管理规定》,于2000年发布《房屋建筑工程质量保修办法》以及《关于建设工程质量监督机构深化改革的指导意见》《建设工程质量监督机构监督工作指南》和《建设工程监理规范》等法规和文件。主要涉及施工技术管理、建设工程监理、建筑安全生产管理、施工机械设备管理和建设工程质量监督管理。它们与现场施工密切相关,因而与工程施工质量有密切关系或直接关系。

这类法律、法规文件涉及的内容十分广泛,其特点是大多与现场施工有直接关系。特别是国务院颁布的《建设工程质量管理条例》,它以《建筑法》为基础,全面系统地对与建设工程有关的质量责任和管理问题,作了明确的规定,可操作性强。它不但对建设工程的质量管理具有指导作用,而且是全面保证工程质量和处理工程质量事故的重要依据。

(5) 关于标准化管理方面的法规。这类法规主要涉及技术标准(勘察、设计、施工、安装、验收等)、经济标准和管理标准(如建设程序、设计文件深度、企业生产组织和生产能力标准、质量管理与质量保证标准等)。

2000年建设部发布《工程建设标准强制性条文》和《实施工程建设强制性标准监督规定》是典型的标准化管理类法规,它的实施为《建设工程质量管理条例》提供了技术法规支持,是参与建设活动各方执行工程建设强制性标准和政府实施监督的依据,同时也是保证建设工程质量的必要条件,是分析处理工程质量事故,判定责任方的重要依据。

(二) 施工质量事故的处理程序

施工质量事故处理的一般程序如图7-3所示。

1. 事故报告

工程质量事故发生后,总监理工程师应签发《工程暂停令》,并要求停止进行质量缺陷部位和与其有关联部位及下道工序施工,应要求施工单位采取必要的措施,防止事故扩大并保护好现场。同时,要求质量事故发生单位迅速按类别和等级向相应的主管部门上报,并于24h内写出书面报告。

质量事故报告应包括:

■ 事故发生的工程名称、部位、时间、地点;

■ 事故经过及主要状况和后果;

■ 事故原因的初步分析判断;

■ 现场已采取的控制事态的措施;

■ 对企业紧急请求的有关事项等。

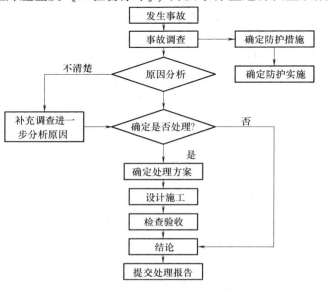

图 7-3 施工质量事故处理的一般程序

2. 现场保护

当施工过程发生质量事故，尤其是导致土方、结构、施工模板、平台坍塌等安全事故造成人员伤亡时，施工负责人应视事故的具体状况，组织在场人员果断采取应急措施保护现场，救护人员，防止事故扩大。同时做好现场记录、标志、拍照等，为后续的事故调查保留客观真实场景。

3. 事故调查

事故调查是搞清质量事故原因，有效进行技术处理，分清质量事故责任的重要手段。事故调查包括现场施工管理组织的自查和来自企业的技术、质量管理部门的调查；此外根据事故的性质，需要接受政府建设行政主管部门、工程质量监督部门以及检察、劳动部门等的调查，现场施工管理组织应积极配合，如实提供情况和资料。

工程质量事故调查组完成事故调查报告，调查报告的主要内容为：

- 查明事故发生的原因、过程、事故的严重程度和经济损失情况；
- 查明事故的性质、责任单位和主要责任人；
- 组织技术鉴定；
- 明确事故主要责任单位和次要责任单位，承担经济损失的划分；
- 提出技术处理意见及防止类似事故再发生应采取的措施；
- 提出对事故责任单位和责任人的处理建议。

4. 事故的原因分析

要建立在事故情况调查的基础上，避免情况不明就主观推断事故的原因。特别是对涉及勘察、设计、施工、材料和管理等方面的质量事故，往往事故的原因错综复杂，因此，必须对调查所得到的数据、资料进行仔细的分析，去伪存真，找出造成事故的主要原因。

5. 制定事故处理的方案

事故的处理要建立在原因分析的基础上，并广泛地听取专家及有关方面的意见，经科学论证，决定事故是否进行处理和怎样处理。在制定事故处理方案时，应做到安全可靠，技术可行，不留隐患，经济合理，具有可操作性，满足建筑功能和使用要求。

6. 事故处理

根据制定的质量事故处理的方案，对质量事故进行认真的处理。处理的内容主要包括：事故的技术处理，以解决施工质量不合格和缺陷问题；事故的责任处罚，根据事故的性质、损失大小、情节轻重对事故的责任单位和责任人做出相应的行政处分直至追究刑事责任。

7. 事故处理的鉴定验收

质量事故的处理是否达到预期的目的，是否依然存在隐患，应当通过检查鉴定和验收作出确认。事故处理的质量检查鉴定，应严格按施工验收规范和相关的质量标准的规定进行，必要时还应通过实际测量、试验和仪器检测等方法获取必要的数据，以便准确地对事故处理的结果作出鉴定。

事故处理后，必须尽快提交完整的事故处理报告，其内容包括：事故调查的原始资料、测试的数据；事故原因分析、论证；事故处理的依据；事故处理的方案及技术措施；实施质量处理中有关的数据、记录、资料；检查验收记录；事故处理的结论等。

（三）施工质量事故处理的基本要求

施工质量事故处理的基本要求包括以下方面：

- 质量事故的处理应达到安全可靠、不留隐患、满足生产和使用要求、施工方便、经济合理的目的；
  - 重视消除造成事故的原因，注意综合治理；
  - 正确确定处理的范围和正确选择处理的时间和方法；
  - 加强事故处理的检查验收工作，认真复查事故处理的实际情况；
  - 确保事故处理期间的安全。

（四）施工质量事故处理的基本方法

施工质量事故处理的基本方法包括：

- 修补处理法；
- 返工处理法；
- 加固处理法；
- 限制使用法；
- 不作处理法。

（五）质量事故处理的鉴定验收

质量事故的技术处理是否达到了预期目的，消除了工程质量不合格和工程质量问题，是否仍留有隐患。监理工程师应通过组织检查和必要的鉴定，进行验收并予以最终确认。

1. 检查验收

工程质量事故处理完成后，监理工程师在施工单位自检合格报验的基础上，应严格按施工验收标准及有关规范的规定进行，结合监理人员的旁站、巡视和平行检验结果，依据质量事故技术处理方案设计要求，通过实际量测，检查各种资料数据进行验收，并应办理交工验收文件，组织各有关单位会签。

2. 必要的鉴定

为确保工程质量事故的处理效果，凡涉及结构承载力等使用安全和其他重要性能的处理工作，常需做必要的试验和检验鉴定工作。质量事故处理施工过程中建筑材料及构配件保证资料严重缺乏，或对检查验收结果各参与单位有争议时，常见的检验工作有：混凝土钻芯取样，用于检查密实性和裂缝修补效果，或检测实际强度；结构荷载试验，确定其实际承载力；超声波检测焊接或结构内部质量；池、罐、箱柜工程的渗漏检验等。检测鉴定必须委托政府批准的有资质的法定检测单位进行。

第六节 施工质量的政府监督

一、施工质量政府监督制度

（一）监督管理部门职责的划分

国务院建设行政主管部门对全国的建设工程质量实施统一监督管理。国家铁路交通、水利等有关部门按照国务院规定的职责分工，负责对全国有关专业建设工程质量的监督管理。

县级以上地方人民政府建设行政主管部门对本行政区域内的建设工程质量实施监督管理。县级以上地方人民政府交通、水利等有关部门在各自的职责范围内，负责对本行政区域内的专业建设工程质量进行监督管理。

（二）监督管理的基本原则

- 监督的主要目的是保证建设工程使用安全和环境质量；
- 监督的基本依据是法律、法规和工程建设强制性标准；
- 监督的主要方式是政府认可的第三方即质量监督机构的强制监督；
- 监督的主要内容是地基基础、主体结构、环境质量和与此相关的工程建设各方主体的质量行为；
- 监督的主要手段是施工许可制度和竣工验收备案制度。

（三）施工工程质量政府监督制度

我国实行建设工程质量监督管理制度。工程质量监督管理的主体是各级政府建设行政主管部门和其他有关部门。工程质量监督管理由建设行政主管部门或其他有关部门委托的工程质量监督机构具体实施。工程质量监督机构是经省级以上建设行政主管部门或有关专业部门考核认定，具有独立法人资格的单位。它受县级以上地方人民政府建设行政主管部门或有关专业部门的委托，依法对工程质量进行强制性监督，并对委托部门负责。

工程质量监督机构的主要任务为：

- 根据政府主管部门的委托，受理建设工程项目的质量监督；
- 制定质量监督工作方案；
- 检查施工现场工程建设各方主体的质量行为；
- 检查建设工程实体质量；
- 监督工程质量验收；
- 向委托部门报送工程质量监督报告；
- 对预制建筑构件和商品混凝土的质量进行监督；
- 受委托部门委托按规定收取工程质量监督费；
- 政府主管部门委托的工程质量监督管理的其他工作。

（四）工程质量检测制度

工程质量检测制度是指工程质量监督机构在建设行政主管部门领导和标准化管理部门指导下开展检测工作，其出具的检测报告具有法定效力。法定的国家级检测机构出具的检测报告，在国内为最终裁定，在国外具有代表国家的性质。

（五）工程质量保修制度

工程质量保修制度是指建设工程承包单位在向建设单位提交工程竣工验收报告时，应向建设单位出具工程质量保修书，质量保修书中应明确建设工程保修范围、保修期限和保修责任等。

二、施工质量政府监督的实施

（一）受理建设单位对工程质量监督的申报

在工程项目开工前，监督机构接受建设单位有关建设工程质量监督的申报手续，并对建设单位提供的有关文件进行审查，审查合格签发有关质量监督文件。建设单位凭工程质量监督文件，向建设行政主管部门申领施工许可证。

（二）开工前的质量监督

在工程项目开工前，监督机构首先在施工现场召开由参与工程建设各方代表参加的监督会议，公布监督方案，提出监督要求，并进行第一次的监督检查工作。检查的重点是参与工程建设各方主体的质量行为。检查的主要内容有：

- 检查参与工程项目建设各方的质量保证体系建立情况，包括组织机构、质量控制方案、措施及质量责任制等制度；
- 审查参与建设各方的工程经营资质证书和相关人员的资格证书；
- 审查建设程序规定的开工前必须办理的各项建设行政手续是否齐全完备；
- 审查施工组织设计、监理规划等文件以及审批手续；
- 检查的结果记录保存。

（三）施工过程的质量监督

在施工过程中应当建立质量管理体系，建立质量管理制度，建立质量管理责任到人。作为甲方管理者，要通过管理程序，管理制度去约束施工单位，让其按质量要求施工。按照合同中的质量要求建立质量奖罚制度，定期对施工现场进行质量大检查。定期召见施工单位的项目经理和分包单位的项目经理、监理部门开会，加强质量意识。

（四）竣工阶段的质量监督

竣工阶段的质量监督主要是按规定对工程竣工验收备案工作进行监督。

竣工验收前，应对在质量监督检查中提出的质量问题的整改情况进行复查，了解其整改的情况。

竣工验收时，参加竣工验收的会议，对验收的程序及验收的过程进行监督。

编制单位工程质量监督报告，在竣工验收之日起五天内提交到竣工验收备案部门。对不符合验收要求的责令改正。对存在的问题进行处理，并向备案部门提出书面报告。

（五）建立工程质量监督档案

建设工程质量监督档案应按单位工程建立。要求归档及时，资料记录等各类文件齐全，经监督机构负责人签字后归档，按规定年限保存。

三、工程质量监督申报的程序

业主在办理施工许可证之前应当到规定的工程质量监督机构办理工程质量监督注册手续。办理质量监督注册手续时需提供下列资料：

- 施工图设计文件审查报告和批准书；
- 中标通知书和施工、监理合同；
- 建设单位、施工单位和监理单位工程项目的负责人和机构组成；
- 施工组织设计和监理规划（监理实施细则）；
- 其他需要的文件资料。

业主在办理工程质量监督注册时，需要填写工程质量监督注册登记表、建筑工程安全质量监督申报表（正表）和建筑工程安全质量监督申报表（副表）。

工程质量监督机构在规定的工作日内，在工程质量监督注册登记表中加盖公章，并交付业主。进行工程质量注册后，工程质量监督机构确定监督工作负责人，发给业主工程质量监督通知书，并制定工程质量监督计划。

案例：某高架桥工程的钻孔灌注桩施工质量控制

随着交通基础设施建设的快速发展，钻孔灌注桩广泛应用于公路桥梁和城市道路立交桥基础施工，但钻孔灌注桩（尤其是深桩）施工质量控制环节较多，若不抓住重点有效控制施工质量，往往造成断桩、缩径等质量事故，严重影响工期，而且给施工单位带来较大经济损失。本文以高架桥桩基施工质量控制为案例，分析了施工中遇到的质量问题及质量控制措施。

1. 乐清湾高架桥的建设规模和工程地质情况

乐清湾高架桥位于乐清市天成乡境内，全长 8777m，基础设计为深钻孔灌注混凝土摩擦桩，下部构造设计为双柱式墩台，上部设计为 20m 预制混凝土组合箱型梁。基础共有 1754 根桩。工程所在位置为温州海域乐清湾，勘探资料描述的海滨地质情况为：地面浅层为近期海潮冲积淤泥，地面以下：5～20m 位置为沉积淤泥，20～40m 位置为亚粘土，40～60m 位置为粘土，60m 以下位置为卵石层。鉴于上述地质情况，设计单位根据大桥设计荷载标准，设计单桩承载力为 800t，桩径 1500mm，桩长为 62～70m 之间，平均长 66m。

2. 施工最初阶段的质量控制情况

根据常规的开工程序，施工单位编报分项开工报告，监理工程师检查、核实施工准备工作情况，认可后批准同意开工。大桥 12 墩 3 号桩作为第一根桩开始施工。12-3 号桩桩长 68m，刚开始钻进时非常顺利，以 3m/h 的速度匀速钻进，但当钻机钻进至标高 −60.136m 时，钻进速度迅速降低，在钻头最大加压的情况下，钻杆依然下不去并且开始摇晃，按地质资料说明，钻机的钻头位置还没有钻到卵石层，在场的有经验监理工程师分析为遇到较大的漂石，需采用冲抓钻将漂石抓上来。此外，与 12-3 号桩同一批施工的 7 根桩在钻孔、下钢筋笼和灌注混凝土过程中均遇到阻碍施工进展的各类问题。其中，第一批 7 根桩的小应变检测结果如下：Ⅰ类桩数量 3，Ⅱ类桩数量 2，Ⅲ类桩数量 2。

根据招标文件规定，Ⅰ类桩明确可以投入使用；Ⅱ类桩如果是在桩长的上部 20m 内出现问题，必须加以处理，达到Ⅰ类桩的小应变检测波速，可以投入使用，如果是在桩长 20m 以下部位出现问题，无须处理即可投入使用；Ⅲ类桩按报废处理。施工伊始，出现这种严重的质量事故，施工单位、监理与业主都感觉到大桥桩基施工质量控制不容忽视，立即召集勘察、设计、施工单位及监理人员分析钻孔、灌注等施工记录，寻找引发质量事故的内在原因。

3. 钻孔灌注桩施工质量事故原因分析与改进措施

在多角度分析了问题桩的施工记录后，各方人员认为引发质量问题的主要原因为：①勘察单位对大桥所在位置的地质钻探频率不够，勘探取点不合理，提交的勘探资料与实际地质情况不符合，造成对实际地质情况了解不够；②施工单位的现场准备工作不充分，没有作好质量预控措施；③监理人员对开工审批程序执行不严格，对施工单位现场情况不了解。

分析找出原因后，提出四点改进措施：

（1）勘察单位补加地质钻探，对特殊地段增加钻探频率，弥补地质情况的真实性。

（2）设计单位根据新的地质勘探资料重新设计桩底标高，对桩底标高抬高 3m 以上的地段，补加桩底后压浆设计。

（3）施工单位重新编报钻孔灌注桩质量目标组织设计和质量预控措施，务必增加投入质量预控硬件设备。

（4）监理人员编报钻孔灌注桩重点分项工程监理计划，增加现场旁站人员，全过程动态监理施工。

4. 质量控制技术措施的改进和取得的效果

（1）完善施工工艺流程。主流程线不变，仍是：钻机就位→开钻→钻进→检孔→清孔→安装钢筋笼→安装导管→灌注混凝土→钻机移位→小应变检测→转入下道流程。完善工作着重于：①检查钢护筒埋设深度、栓桩点位是否正确，钻机平台是否搭设牢固，是否根据地质情况建立质量预控措施和硬件设施；②下达开钻令前检查钻机垂直度和转盘中心点位；③能否保证钢筋笼的安全运输，确保笼到现场不变形；④检查导管的密封性、管底高度，斗的容量和阻水胆囊；⑤检查施工配合比，坍落度和混凝土搅拌时间；⑥填写水下混凝土灌注记录，控制灌注速度，防止钢筋笼上浮和埋管太深。

（2）建立质量预控对策，如表7-3所示。

表7-3　钻孔灌注桩质量预控对策表

序号	可能发生的施工问题	质量控制对策
1	地质情况与设计不符	立即联系设计代表，申请设计变更
2	遇到漂石或孤石	用冲抓钻冲抓
3	钻头脱落，钻杆扭断	加强钻机检修工作，准备打捞绳具
4	孔斜	开钻前检查并整平钻机
5	混凝土搅拌机失常	加强检修并准备足够量的混凝土供应机构
6	混凝土强度不够	随时抽查原料质量、检查施工配合比，搅拌机构的自动计量系统
7	停电等	加强施工的现场管理

（3）履行工序检验即时签字手续，加强工作人员的质量责任意识，落实质量责任制。质量控制技术措施的落实，最终要靠技术人员、施工操作者的责任心。履行工序检验即时签字手续，直接提高了工作人员的责任心，有力地推动了质量责任制的落实。

（4）通过对引发施工质量事故的原因分析和各单位相应提出的技术改进措施，施工质量明显上升，6~8月份桩基础的质量统计为：Ⅰ类桩数量224，Ⅱ类桩数量37，Ⅲ类桩数量0。其中有1根Ⅱ类桩（103-1）在桩长的上部14.820m处检测为缩径。处理方法为：利用千斤顶将预制好的混凝土护筒套着桩体加压沉入，将桩长15m以上部分的混凝土凿除，重新浇筑混凝土。经小应变检测，处理后达到Ⅰ类桩标准。所有Ⅱ类桩均在20m以下出现问题，无须处理。

5. 对前阶段施工中出现问题作统计分析

得出孔灌注桩施工的质量控制重点，并提出相应的预控措施和实施方法。

乐清湾高架桥5~8月份桩基施工中出现的诸多问题。分析表明，灌注混凝土与安装钢筋笼施工中出现问题概率较大。在这两者中，孔斜造成钢筋笼安装不了以及搅拌站故障停转导致灌注待料占的概率较大，故可以认为质量控制的重点在于：①钻孔的垂直度；②搅拌设备的良好运转；③对地质情况的准确判断。据此，修正质量预控对策表，突出重点预控措施。

通过突出质量预控重点，重新进行技术交底，在后阶段中，钻孔灌注桩施工质量大大提高，达到全线第一的水平。按照上述桩基础施工质量预控措施，在武宁至吉安高速公路 A6 合同路段施工中，取得 104 根钻孔灌注桩 100% Ⅰ 类桩的优良成绩。

思考题

1. 影响施工质量的因素有哪些？
2. 施工准备的质量控制包括哪些主要内容？
3. 施工过程的质量控制包括哪些主要内容？
4. 施工项目竣工质量验收的重点是什么？
5. 常用的现场质量检查方法都有哪些？
6. 怎样进行材料质量的控制？
7. 施工机械设备的选型要考虑哪些因素？
8. 现场质量检查的内容有哪些？
9. 对工程所需的原材料、半成品、构配件的采购订货质量控制主要从哪些方面进行？
10. 怎样选择质量控制点？质量控制点重点控制的对象有哪些？
11. 施工项目竣工质量验收的依据是什么？
12. 工程质量事故分为哪几类？
13. 简述施工质量事故处理的基本方法。
14. 施工质量政府监督的依据与程序是什么？

1. http：//www.shigongla.com/

中国建筑施工网：提供建筑施工行业资讯、建筑产品的采购、销售及产品价格信息发布、工程招标、中标公告、施工技术等内容。

2. http：//www.zgjsjl.org.cn/

工程监理与咨询服务网：此网站包括监理单位、业务系统、地方监理、相关论坛等。

3. http：//www.thea.cn/

教育联展网，提供网络课程、考试题库、相关咨询等内容。

第八章

六西格玛管理

第一节 概　　述

　　企业运营千头万绪，管理与质量是永远不变的至理。在全球化经济背景下，一项全新的管理模式在美国摩托罗拉和通用电气两大巨头中试行并取得立竿见影的效果后，逐渐引起了欧美各国企业的高度关注，这项管理便是六西格玛管理模式。

　　六西格玛管理是一种能够严格、集中和高效地改善企业流程管理质量的实施原则和技术。它包含了众多管理前沿的先锋成果，以"零缺陷"的完美商业追求，带动质量成本的大幅度降低，最终实现财务成效的显著提升与企业竞争力的重大突破。

一、六西格玛管理的起源

（一）六西格玛管理在摩托罗拉公司的产生

　　20世纪80年代，摩托罗拉是众多市场不断被日本竞争对手吞噬的西方公司之一。当一家日本公司从摩托罗拉手中买走其在美国的一家电视机制造厂后，这家电视机厂在日本人手里就像变魔术一样，在很短时间内生产的电视机的缺陷率只是原来由摩托罗拉管理时的1/20。在这一时期，世界上最早生产电视机的厂家摩托罗拉于1974年正式告别了电视机生产。从20世纪70年代到80年代，摩托罗拉在同日本企业的竞争中失掉了收音机和电视机的市场，后来又失掉了BP机和半导体的市场。1985年，公司面临倒闭的危险。

　　当面临市场的不断被吞噬与业务危机时，摩托罗拉的领导人承认其产品质量低劣。1981年，摩托罗拉公司决定导入六西格玛管理模式。1998年，摩托罗拉公司获得了美国鲍德里奇国家质量管理奖。它们成功的秘密就是导入六西格玛质量模式，是六西格玛管理使摩托罗拉从濒于倒闭发展到世界知名的质量与利润领先公司。

（二）六西格玛管理在 GE 创造辉煌

　　另一个对六西格玛管理法的推广和发展有重要贡献的公司是通用电气公司（GE）。GE多年以来就是被世人所关注的焦点，一直被誉为全美乃至世界最受推崇、最受尊敬的公司。GE取得如此骄人的业绩绝非一日之功，其成功的关键就是不断地进行改革：从重组、精简机构到"群策群力"运动，再从"无边界行为"到"六西格玛管理"，GE一路领先，不断创造辉煌业绩。

　　GE的前任CEO杰克·韦尔奇（Jack Welch）将六西格玛管理这一高度有效的质量管理战略变成管理哲学和实践，从而形成一种企业文化。摩托罗拉将这一理论用于生产制造过程的质量管理，但GE则把它应用于公司所经营的一切，如金融、信用卡处理系统、卫星租赁、法律合同设计等。该公司1996年初把六西格玛管理作为一种管理战略列在其三大公司战略举措之首（另外两个是全球化和服务业），在公司全面推行六西格玛管理的流程变革方法。

GE藉此运动基本消灭了公司每天在全球从事生产的每一个产品、每一道工序和每一笔交易的缺陷和不足。GE的六西格玛项目的工作包括五项基本活动：确定、估量、分析、改进及最终控制生产或服务的工序。这些项目通常都把重点放在提高顾客的生产率和减少他们的资本支出上，这同时也就提高了GE自己的业务质量、速度和效率。

采用六西格玛管理就如同重新训练公司员工。它要求所有人员，包括市场营销人员和勤杂工都采用像工程师那样的思维和行为方式。所有的工序，包括电话应答或装配飞机，按照"六西格玛"要求，出现误差的可能性都要缩小到百万分之三点四以下，达到99.9997%的精确度。质量管理不再是那种目标不清，只是笼统地说质量有所改善的实践，而是根据顾客的要求来确定的管理活动。对顾客特别有帮助的项目就会受到高度重视。

应用六西格玛管理于服务领域的例子是GE金融服务集团。GE金融服务的顾客告诉公司，他们常遇到的一个棘手的质量问题是，销售人员如何不必去做大量的查询工作就能直截了当地回答顾客的问题。根据"六西格玛"的数据采集规则，每位销售员每周要有一本详细的记录，当顾客提问后，销售人员要立刻把问题记下来，然后记下是否立刻回答了这些问题。结论是只有50%的问题可以立刻回答。对此数据作进一步分析，还发现什么样的问题销售人员没有准备，无法回答，因而确定需要接受什么样的培训。此外，还可确定什么样的人适合这项工作。同样，GE金融服务抵押贷款公司实行了六西格玛管理，在处理顾客的电话询问方面收到了明显的效果，于是他们就把这一模式移用于其他部门。韦尔奇说，过去顾客有24%的机会接触不到我们（抵押贷款公司），而现在第一次打电话就有99%的机会与一位GE的销售人员说话；由于这种电话有40%会达成生意，由此而带来的收益可达上百万美元。

通过推行六西格玛管理方法，GE产品的不良品率由千分之三降到接近百万分之三点四（3.4ppm）、销售额的15%~20%变成了增收的利润率，这就是这些年来GE发大财的真谛。六西格玛管理已从一种质量管理方法成为了世界上追求管理卓越性的企业最为重要的战略举措，并在其他行业，如金融业、运输、房地产等行业得到了广泛的应用，这些公司迅速将六西格玛管理思想运用于企业管理的各个方面，为组织在全球化、信息化的竞争环境中处于不败之地建立了坚实的管理和领导基础。

二、六西格玛管理的作用及特点

六西格玛管理是一项以顾客为中心，以数据为基础，以追求几乎完美无瑕为目标的质量管理方法。其核心是通过一套以统计学为依据的数据分析、测量问题、分析原因、改进优化和控制效果，使企业在运作能力方面达到最佳境界。

（一）六西格玛管理的作用

六西格玛管理的作用是通过提供满足顾客要求的（正确的特性）、无缺陷的产品或服务，来达到提高顾客满意度并降低资源成本的目标，如图8-1所示。

什么是缺陷？缺陷是否具有轻微和严重程度之分？对此人们有着不同的认识和看法。摩托罗拉和GE认为：凡是导致顾客不满意的东西就是缺陷。

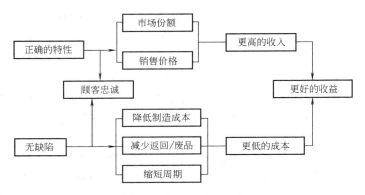

图 8-1　六西格玛管理的作用

这一关于缺陷的定义使其不仅适用于有形产品，而且适用于服务类无形产品。例如，在服务业中，热线电话铃响了多声仍没人应答是缺陷；银行存款的手续办理太慢是缺陷；酒店的服务员没有向顾客主动打招呼也是缺陷。缺陷没有大小和轻重之分，在今天激烈竞争的市场环境中，无论是手机的表面有一道划痕，还是天线出了问题，最终都会导致这部手机无人购买。

六西格玛管理通过减少过程的缺陷，来达到提高顾客满意度和降低资源成本的目标。六西格玛管理的主要作用如下：

1. 关注过程（特别是企业为市场和顾客提供价值的"核心"过程）

■ 任何过程都存在波动，包括生产过程、服务过程、商务过程等。而波动是影响顾客满意，即质量、成本、周期的"敌人"；

■ 提高质量同时降低成本并缩短周期，取决于过程特别是核心业务过程的能力。这个能力可以表述为过程输出波动的大小；

■ 过程能力用"西格玛"来度量，西格玛越大，过程的波动越小，过程以最低的成本损失、最短的时间周期、满足顾客要求的能力越强。

2. 大幅度提高业绩

如果一个三西格玛企业每年提高一个西格玛水平，可获得的收益通常为：

■ 利润率增长 20%；

■ 产出能力提高 12%～18%；

■ 减少雇员 12%；

■ 资本投入减少 10%～30%。

根据对国外成功经验的统计显示：如果企业全力实施六西格玛革新，每年可提高一个西格玛水平，直到达到 4.7 西格玛，无须大的资本投入。这期间，利润率的提高十分显著。而当达到 4.8 西格玛时，再要提高西格玛水平就需要对过程重新设计（六西格玛设计），资本投入增加，但此时产品/服务的竞争力和市场占有率会明显提高。

（二）六西格玛管理的主要特点

六西格玛管理的主要特点包括：

（1）真正地关注顾客，一切以顾客满意和为顾客创造价值为中心。

（2）以数据和事实为管理依据，一切建立在数据和事实基础上。六西格玛管理从识别组织关键经营业绩指标开始，然后收集数据并分析关键变量，在此基础上更加有效地发现、分析和解决问题。

（3）针对流程的分析、管理和改进。无论把重点放在产品和服务的过程改进上，还是关注重新设计产品和服务过程，六西格玛管理都把过程视为成功的关键载体，因而重视对过程的分析和控制。

（4）预防性的管理，集中在预防问题而不是"救火"。与传统的质量改进方法相比较，六西格玛管理综合利用工具和方法，以动态的、积极的、预防性的管理思想取代被动的管理习惯；将重点放在如何避免质量问题的方法上。

（5）"无边界"合作打破了官僚制，密切了团队之间的关系，加速了业务的发展。六西格玛管理的推行加强了自上而下、自下而上和跨部门的团队工作，改进公司内部的协作以及与供方和顾客的合作，这种合作收益是多方面和显著的。

（6）追求完美，但容忍失误。任何一次的产品失效或服务差错都有可能降低顾客的满意程度，因而造成顾客的流失。这也是企业为什么将满足顾客需求、实现顾客完全满意作为经营最终目标的原因。

六西格玛管理与传统质量管理的差异如表8-1所示。六西格玛管理有别于其他诸如全面质量管理（TQM）、最佳实践法和日本式的质量控制手段。采用六西格玛管理使质量管理项目不再是那种目标不清，只是笼统地说质量有所改善的实践，而是根据顾客的要求来确定的管理活动。

表8-1　六西格玛管理与传统质量管理的差异

传统质量管理	六西格玛管理
改进由内部驱动	真正关注顾客,改进由顾客驱动
目标不清晰,实施存在模糊性	设立一个明确的西格玛水平目标
关注生产现场的输出(结果)	关注所有的过程
着重建立体系化的文件	着重于建立在数据基础上的分析和突破改善
专心于产品	专心于关键质量指标
纠正缺陷	防止缺陷
向后看	向前看
不能消除公司内部各部门之间的隔阂	强调无界限合作,优先考虑跨部门跨流程管理
只注重和传授具体的工具,没有结合员工具体的责任应用工具	提高员工的解决问题能力,而且结合员工自己的课题进行培训

第二节　六西格玛的统计意义

一、西格玛的含义

西格玛是一个希腊字母 σ 的中文译音，统计学用来表示标准偏差，它是一个过程变异或"散布"的测度。对连续可计量的质量特性：用"σ"度量质量特性总体上对目标值的偏离程度。如图8-2所示，对于一个正态分布，1σ 是指从数据的平均值到包含34%数据之间的距离。

对于每一个产品或过程，都有相应规格界限的要求，它实际上体现的是顾客的需求情况，反映了顾客对产品或过程的规格、性能所能容忍的波动范围。

【例8-1】 快餐公司为顾客提供送餐服务，顾客希望在中午12：00送到，但是顾客也会考虑到实际情况总会造成时间上出现一些误差，因此双方协商达成了一

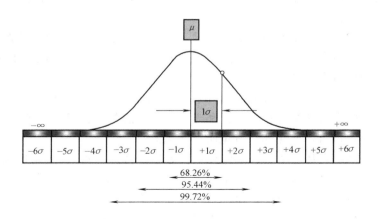

图8-2 标准正态分布

个可接受的时间区间为12：15—11：45之间送到即可。试分析该送餐服务过程能力与规格限之间的关系。

在这项服务中，12：00是顾客期望的规格目标值，11：45和12：15分别称为规格下限 LSL 和规格上限 USL。送餐公司要采取相应的措施尽量保证可以准时将食物送到顾客手中，因为这样顾客感觉最为满意；然而在规格下限与上限的时间段内送到，顾客也能接受；但是如果送达时间落到了这个区间之外，可以说送餐公司产生了一次服务失误。

对顾客多次送餐的送达时间在统计图上呈现正态分布，如图8-3所示。图中正态分布曲线的形状取决于该送餐公司的烹饪能力、设备、送餐人员能力等状况，反映的是送餐公司服务的整体水平。

过程能力正态分布含两个特征参数 μ 和 σ，其中 μ 为正态分布的均值，是正态曲线的中心，通常认为它最好能与规格的目标值重合，所度量的质量特性值在 μ 附近取值的机会最大。σ 表示过程变异在统计上的度量，描述的是数据的分散程度。而产品的规范限 LSL 和 USL 是人为制定的参数，它们通常是以文件的形式对产品和过程的特性所作的规定，这些规定可能是顾客要求、行业公认的标准，或是企业下达的任务书。无论哪

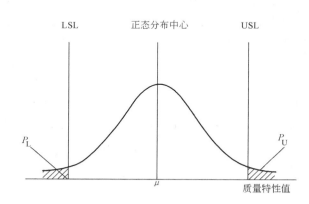

图8-3 过程能力与规格限之间的关系

种情况下，所测量的质量特性超出规范限以外的都成为不合格。

根据统计学知识，产品质量特性的不合格率为：

$$P = P_L + P_U$$

式中 P_L——质量特性值 X 低于下规范限的概率；

P_U——质量特性值 X 高于上规范限的概率。

二、过程的"西格玛水平"

通常情况下，过程的中心值与目标值是不重合的。如图 8-4 所示，一个过程的"西格玛水平"是指过程的中心与最近的规格限之间距离所含的标准差的数目。

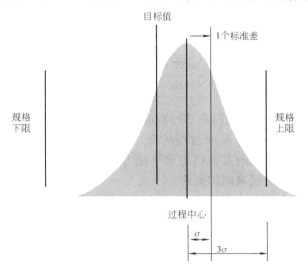

图 8-4 一个过程的"西格玛水平"描述

【例 8-2】 某医院手术的合格率经统计已经达到三西格玛质量水平，这意味着所有手术的统计数据分布中心加减三个西格玛后仍在医疗效果容差范围内。在正态分布中心与规格中心（$M = (LSL + USL)/2$）重合时，$\pm 3\sigma$ 范围是手术效果的规范限度时有：

$$P_L = P(X < \mu - 3\sigma) = \Phi(-3) = 1 - \Phi(3) = 1 - 0.99865 = 0.00135$$

$$P_U = P(X < \mu + 3\sigma) = 1 - \Phi(3) = 0.00135$$

所以，该医院的手术合格率为：

$$P_{合格} = 1 - P = P_L + P_U = 1 - (0.00135 + 0.00135) = 0.9973$$

不合格品率通常用百分比和千分比来表示。由这个结果来看，三西格玛质量的合格率便达到 99.73% 的水平，只有 0.27% 为不合格率，又或者解释为每一千件产品只有 2.7 件为次品，很多人可能会认为产品或服务质量水平达到这样的水平已经非常理想。但是对于每年要生产数以千万件产品，或提供上百万次服务的大企业来说，这样的合格率也不会让顾客和公司满意。对于高质量的产品生产和过程来说，用百分点这样表示的合格率还嫌单位过大，因此开始使用百万分点（10^{-6}）来表示每一百万个产品中的不合格品数量，记为 ppm。例如，三西格玛质量过程的不合格品率可以表示为：

$$P = P_L + P_U = 0.0027 = 2700 \text{ppm}$$

三、"六西格玛水平"下的缺陷率和质量成本

由图 8-4 可见，提高过程的"西格玛水平"的主要途径是：减低过程的变异，使 σ 减小；或者放宽规格限。过程的西格玛水平描述了产品或服务满足规格程度的质量水平。如表 8-2 所示，"西格玛水平"越高，则合格率越高，缺陷率越低。

表 8-2 西格玛水平与缺陷和质量成本之间的对应关系（中心漂移 ±1.5σ）

西格玛水平	合格率	百万机会缺陷数（ppm）	质量成本占销售额的比例
6	99.9997%	3.4	<10%
5	99.976%	233	10%～15%
4	99.4%	6210	15%～20%
3	93%	66807	20%～30%
2	69%	308537	30%～40%
1.5	50%	500000	>40%

"六西格玛水平"指的是一个过程在其过程的中心与最近的规格限之间包含了 6 个标准差的距离。在六西格玛水平下，产品或过程的合格率为 99.99966%，即每一百万个机会中有 3.4 个出错的机会。通常所说的六西格玛水平是考虑分布中心相对规格偏移 ±1.5σ 后的情况，是过程在长期运行中出现缺陷的概论。

由此可以看出，随着人们对产品质量要求的不断提高和现代生产管理流程的日益复杂化，企业越来越需要像六西格玛这样的高端流程质量管理标准，以保持在激烈的市场竞争中的优势地位。

根据专家研究结果证明，如果产品达到 3σ 水平的话，如表 8-3 所示的事件便会在现实中发生。而 6σ 质量水准是一个近乎完美的质量水准，如果企业的流程已经达到 6σ 水准，它意味着在一百万个机会里，会出现 3.4 个缺陷。6σ 比 3σ 质量水准苛刻了近 2 万倍。

表 8-3 3σ 与 6σ 质量水准的比较

发生事件	3σ 的质量水准	6σ 的质量水准
银行的电子结算进行 100 万次	就会有 66807 次错误交易	只会有 3.4 次错误交易产生
出版一部 30 万字的书	就会有 2 万多差错出现	只会有一个差错出现
外科医生们做 30 万个手术	就会有 2 万多手术做错	只会有一个手术做错
移动通话 30 万次	就会有 2 万多次在通话过程中产生故障	只会产生一次通话故障

对计量值质量特性来说，可以用日本著名质量管理专家田口先生提出的质量损失函数度量其对顾客的影响。田口先生指出，质量特性一旦偏离目标值就会对顾客造成损失；质量特性越远离目标值，对顾客造成的损失就越大，因此，如表 8-2 所示，"西格玛水平"越高，则相应的质量成本也越低。

六西格玛是一种回报丰厚的投资。一个 3σ 质量水准的企业如果依照六西格玛的管理理念配置资源，企业将获得如下成就：质量水准每提高 1σ，产量提高 12%～18%、资产增加 10%～36%、利润提高 20% 左右。公司开展六西格玛管理策略的目的就是提高盈利水平，并获得质量和效率及顾客满意度的提高。当公司从 3σ 水准提高到 4σ，再到 5σ 左右乃至达到 6σ 的水准时，公司利润通常是指数状增长。5σ 水准左右的企业与 3σ 水准的企业之间的利润有一个吃惊的鸿沟。企业需要注意的是在接近 6σ 水准时，企业会出现类似长跑运动员的"极限"。越到这时会越难，企业通常只有对流程有创新，才能突破这一"极限"。

第三节　六西格玛项目管理模式

一、过程方法

六西格玛管理法重点是将所有的工作作为一种流程（过程），采用量化的方法分析过程中影响质量的因素，找出最关键的因素加以改进从而达到更高的顾客满意度，减少或消除过程变异。

ISO 9000 质量管理体系标准指出：过程是一组将输入转化为输出的相互关联或相互作用的活动。

通过对过程的分析，可以确定过程能力和过程的关键输入变量或输出变量。

个人和组织所消费的每一种产品，不管是物品还是服务，都是一个供应链的结果。这个供应链可能包括多个组织，而且是一系列有内在联系的过程。

过程的基本含义是：把输入转化为输出的一个或一系列活动，如图 8-5 所示。对于一个企业来说，输出可以是产品或服务，而输入可以是人力、材料和机器。输入既可以是可控的，也可以是包括噪声因素，即不可控、不期望控制或控制费用昂贵的因素。这些过程应是增值的过程。过程的模型可用 "Y 是 X 的函数" 表示为：

$$Y = F(X_1, X_2, \cdots, X_n)$$

式中，Y 为结果变量，是因变量、非独立因素；而 X 为一个或多个输入变量，是自变量、独立因素。

图 8-5　六西格玛管理的过程方法

六西格玛管理将过程看做是联系输入与输出的一个纽带，一个桥梁。输出 Y 与输入 X 通过 "过程" 形成函数关系。众多的输入因素（变量）通过过程来影响输出 Y。通过这一模式即 $Y = F(X)$ 模式，将顾客要求与过程输入间的关系提升到量化的高度，即通过确定关键的顾客要求，测量目前过程输出与顾客要求间的差距（用西格玛值来表示），对差距原因进行分析，找出对输出 Y 影响最大的关键 $X's$，再对其进行优化，最终得出 $Y = F(X)$ 最优解，再通过过程控制方法将这种成果固定下来。这就是六西格玛管理的过程方法。

二、六西格玛改进项目的 DMAIC 模式

由上述过程的方法，六西格玛管理采用了 DMAIC 突破解决模式，它是六西格玛管理的基础。它是一种基于数据的质量方法，用于改进现有产品或过程，是实现六西格玛目标的关键，通过 DMAIC 模式可以实现持续的过程改善。六西格玛管理的 DMAIC 模式各阶段的基本

要求，如表8-4所示。

表8-4 六西格玛管理的DMAIC模式各阶段的基本要求

阶 段	阶 段 要 求	活 动 要 点
定义（Define）	确定影响用户满意度的关键质量特性（CTQ）	项目启动 寻找 $Y = F(X)$
测量（Measure）	测量目前产品或服务满足 CTQ 的实际值，以及所有可能的影响因素 $X's$	确定基准 测量 $Y, X's$
分析（Analysis）	分析影响 CTQ'S 水平的原因，确定"关键的少数"$X's$	确定要因 确定 $Y = F(X)$
改进（Improve）	运用各种方法确定"关键的少数"因素的对应水平	优化要因 优化 $Y = F(X)$
控制（Control）	将改善结果标准化并用控制工具进行监测	维持成果 更新 $Y = F(X)$

（1）定义阶段——确定改进活动的对象和目标，明确影响用户满意度的关键质量特性（CTQ）。它可以是高层次的目标，如提高的投资回报率或市场份额等组织战略目标；也可以是作业层的目标，如降低缺陷率和增加产出。可应用项目管理工具来对其进行管理。

（2）测量阶段——测量目前阶段产品或服务满足 CTQ 的实际值，确定目前的水准线，以及所有可能的影响因素 $X's$。

（3）分析阶段——分析影响 CTQ 水平的原因，确定"关键的少数"原因。

（4）改进阶段——运用各种方法确定"关键的少数"因素的对应水平。寻找新方法要具有创造性，以把事情做得更好、更快、更节约成本。应用统计方法来确认这些改进。

（5）控制阶段——控制新体系，将改善结果标准化并用控制工具进行监测。通过修订激励机制、方针、目标等使改进后的体系制度化，可以应用 ISO 9000 之类的体系来保证文件化体系的正确性。

由于六西格玛管理是通过一套以统计科学为依据的数据分析、测量问题、分析问题、改进优化和控制效果的方法，因此六西格玛管理非常重视每个阶段工具的准确选择和正确使用，表8-5列出了六西格玛管理各阶段可采用的主要工具。

此外，六西格玛管理的软技术包括：领导力 、提高团队工作效率、员工能力与授权、沟通与反馈等。

表8-5 六西格玛管理各阶段可采用的主要工具

阶段 可采用的工具	D	M	A	I	C
SIPOC 图	√	√			
质量成本分析	√	√	√		
排列图（Pareto 图）	√	√	√		
头脑风暴法	√		√	√	
质量功能展开法（QFD）	√			√	

（续）

可采用的工具 ＼ 阶段	D	M	A	I	C
流通合格率	√				
四方图	√				
水平对比法		√	√		
测量系统分析		√			
过程失效模式与影响分析（FMEA）			√		
过程能力指数分析	√	√	√		√
顾客满意指数	√	√			
过程流程图	√				
因果图	√	√	√		
控制图		√	√		√
散布图		√	√		√
多变量图			√		
确定关键质量的置信区间			√		
假设检验			√		
箱线图			√		
直方图		√	√		√
回归分析			√	√	
方差分析（ANOVA）			√	√	
实验设计（DOE）				√	
正交试验				√	
响应曲面方法（RSM）				√	
调优运算（EVOP）				√	
统计过程控制（SPC）	√	√	√	√	√
防故障程序					√
标准操作程序（SOPS）					√
过程文件（程序）控制					√
防错法					√
目视管理					√

三、六西格玛改进项目的组织

（一）团队
六西格玛管理的团队是由倡导者、黑带大师、黑带和绿带构成。

187

1. 倡导者

倡导者发起和支持黑带项目，他是六西格玛管理的关键角色。倡导者通常是企业推行六西格玛项目领导小组的一员，或者是中层以上的管理人员，其工作通常是部署实施战略、确定目标、分配资源及监控过程。

2. 黑带大师

黑带大师的职责在不同的企业有不同的规定。在 GE，更多的是强调其管理和监督作用。他们是六西格玛专家，通常具有工科或理科背景，或者具有管理方面的较高学位，是运用六西格玛管理工具的高手。

3. 黑带

黑带专职从事六西格玛项目，他们是成功完成六西格玛项目的技术骨干和核心力量，他们的努力程度决定着六西格玛管理的成败。

4. 绿带

绿带是非全职参加六西格玛管理的基层管理者或员工，他们接受六西格玛技术培训的项目与黑带类似，但内容所达层次较低。一些实施六西格玛的企业，很大比例的员工都接受过绿带培训，他们的作用是把六西格玛的新概念和工具带到企业的日常活动中去。

（二）组织体系

六西格玛管理的组织体系如图 8-6 所示。

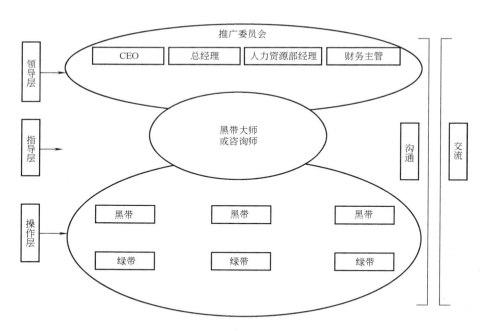

图 8-6　六西格玛管理的组织体系

（1）推广委员会主要由高层领导（CEO）、总经理、财务主管、人力资源部经理组成。它的主要职责是部署六西格玛实施战略、确定目标、分配资源和监控六西格玛实施过程，确保六西格玛项目按时、按质完成既定目标，它的主要作用是在全公司推行六西格玛管理理念，提供六西格玛项目的领导支持，也是激励公司成功改进六西格玛的重要驱动因素。

（2）执行办公室主要由黑带大师、黑带和外部咨询师组成，它的主要职责是支持推广委员会的工作（包括沟通、方案选择、项目监督）；准备和执行培训计划（包括课程选择、安排及后勤工作）、指导、跟踪和监督六西格玛项目的执行，研究与六西格玛管理相关的课题。

第四节 定 义 阶 段

一、定义阶段的目标

定义阶段的目标是确定需要改进的产品或过程，并决定项目需要何种资源。

六西格玛管理法是先通过听取顾客的心声而得到关键质量CTQ，再通过实施多个六西格玛改善项目以DMAIC模式来达到突破性改善的目标。项目选择的基本着眼点为：①对顾客满意度产生影响；②与组织发展战略相符；③项目财务收益大；④成功机会高；⑤项目范围大小适当；⑥项目需要得到高层的批准。

二、定义阶段的主要内容

定义（Define）即通过识别顾客的心声，评估和选择正确的项目，它是六西格玛管理方法取得成功的先决条件。

1. 识别顾客的心声（VOC）

顾客的心声（Voice of Customer，VOC）又叫顾客提示，是顾客在求购产品或服务决策时对功能、性能、外观、操作等方面的要求或潜在的要求。

六西格玛管理是一种以顾客要求为驱动的决策方法，只有顾客才能决定组织的生存和发展。六西格玛管理强调倾听顾客的心声，是基于"顾客——只有顾客才知道他最想要什么"这一结论。

2. 确定与顾客有关的CTQ（关键质量特性）

定义的过程是界定与顾客有关的项目及过程CTQ，使过程量化成为可能。

3. 确定项目所需资源

定义阶段的另一目标是确定项目所需的人力、物力和信息资源。因为六西格玛是按DMAIC模式以项目制进行改善运作的，在各个阶段均需要一定资源投入才能保证项目的正常运作，在确定资源时须考虑各阶段所需的资源，包括内部、外部、人力、财力、物质及信息，这些资源的合理配置与及时到位是六西格玛项目成功的关键因素之一。

4. 管理层批准

六西格玛项目是一个系统工程，在项目运作中需要多种资源配合，可能暂时影响到组织的系统运作。只有获得高层的支持和批准，才可能成功。

图8-7为定义阶段可采用的基本流程。

三、定义阶段采用的主要工具

项目选择和评价工具有很多，本节重点介绍质量成本、流程图分析以及流通合格率。

（一）识别关键顾客需求

识别顾客需求，尤其是关键顾客需求，是分析阶段的关键，顾客满意的质量是由顾客的

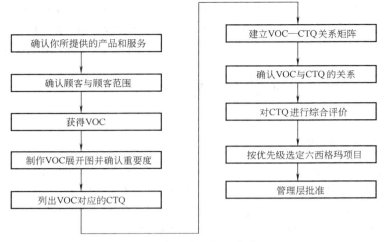

图 8-7 定义阶段的基本流程

价值观所确定的。我们应通过调查了解顾客的要求陈述（需求），掌握关键的顾客需求，特别是对产品或服务特性一旦不能满足其需求将直接影响顾客满意程度，甚至产生抱怨的因素必须加以关注。

通常回答以下问题，可以判断出要求陈述的好与不好：要求陈述是否真正反映了顾客认为最重要的因素？要求陈述是否很好地满足了顾客的要求？要求陈述表达的是否清楚且易于理解？过程的输出要求是否已经明确？例如，某要求陈述案例如表 8-6 所示。

表 8-6 要求陈述案例

不好的陈述	好的陈述
■ 迅速递送 ■ 简单的说明书	■ 要求在收到订单的 2 个工作日内送达 ■ 不超过 2 页的 16 开的说明书

【例 8-3】 某顾客服务过程的关键顾客需求如图 8-8 所示。

其中，顾客期望他们的要求能在问题提出后 3min 内得到答复，如果超过这个标准（超过 3min）是不能容许的，这是一个基本要求，如果项目是要解决延迟问题时，这个需求就是关键的顾客需求。

【例 8-4】 某企业的一个项目任务书是这样阐述的：NL08 数码仪 2013 年产量为 2070 台，预计 2014 年年产量为 4400 台。目前 NL04 数码仪的测数器 NC 的装配流程时间已成为制约该产品快速响应市场的需求的关键。

该六西格玛项目定位在"问题解决"，六西格玛项目关注的区域聚焦为 NC 装配过程时间，因此六西格玛项目就是致力于

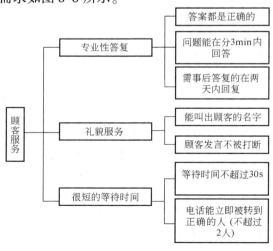

图 8-8 关键顾客需求的展开（CTQ 树）

解决装配过程时间这样一个关键问题。

（二）过程流程图分析

（1）组织的流程表现决定了顾客的满意度/忠诚度，同时也决定了组织资源成本的高低，并最终影响组织的生存和发展。决定组织能否取得成功的必不可少的流程就是核心流程。核心流程的特性如下：

- 战略上的重要性；
- 对顾客具有重要性；
- 跨部门。

（2）SIPOC 图。SIPOC 图又称高级过程流程图，它以简洁直观的形式表现了一个流程的结构和概况，为后续的分析及研究奠定了基础。SIPOC 图能用简单的几个步骤展示一组复杂的活动；可以用来展示整个组织的业务流程。SIPOC 图的格式为：

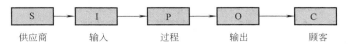

其中，S——Supplier，表示供应商；I——Input，表示过程的输入；P——Process，表示过程；O——Output，表示过程的输出；C——Customer，表示顾客。

SIPOC 图绘制的步骤：首先，把过程的名称写在工作表的顶部，然后，写上供应商—输入—过程—输出—顾客。

【例8-5】 某公司为 PCBA 来料加工工厂，其主要业务是从全球几大主要电子产品制造商处接单加工 PCBA 半成品，画出其制造过程 SIPOC 图。

该例中的供应商为物料供应商；输入为电子物料；输出为 PCBA 组件；顾客为几家电子产品制造商；过程为 SMT 贴片、插件、焊接、装配、测试、包装。其 SIPOC 图如图8-9所示。

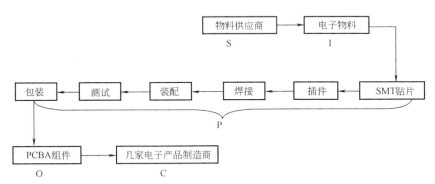

图8-9 SIPOC 图

SIPOC 图属于宏观流程图，它一般包括 4 ~ 12 个步骤。宏观流程图有助于团队达成共识、界定项目范围和选择团队成员。

【例8-6】 图8-10 是一个邮购订单过程的 SIPOC 图，由其绘制详细流程图。

在完成宏观流程图后，六西格玛团队会为每一过程块绘制详细流程图。如将图8-10中"订单的接收和登记"过程块展开，得到图8-11。详细流程图用来表示在完成宏观流程图中每项任务所需具体步骤的流程。

详细流程图对诊断问题的起因很有用。在我们观察过程流程图时，造成瓶颈的原因往往会变得显而易见。一个详细流程图还能用于分析许多与时间有关的问题。团队在流程图上对每项活动作一个简单的工时分析，把这些工时写在符号中，然后用这些信息来研究不同过程的路径所需的时间或研究个别活动的改变对总体时间产生的影响。以这样的方式使用流程图很重要的一点是把"等待环节"表示出来，因为这些环节在过程中消耗的时间比人们所设想的更多。

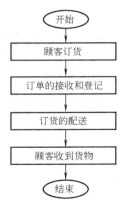

图 8-10 宏观流程图——邮购订单过程

（三）质量成本分析

由于六西格玛管理的根本目的是提高效益，因此，减少不增值的劣质成本是识别项目，以及挑选评估直至界定项目的重要依据和标准。摩托罗拉和通用电气公司推行六西格玛管理之所以成功，是因为他们发现了企业中还有一个不增值的"隐藏的工厂"（即存在大量被忽视的浪费），他们通过消除"隐藏的工厂"来降低劣质成本。表 8-7 为六西格玛项目劣质成本计算示例。

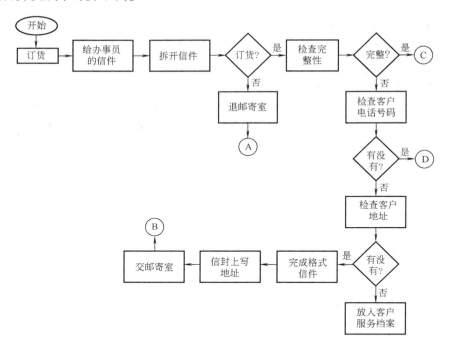

图 8-11 详细流程图——订单的接收和登记

表 8-7 六西格玛项目劣质成本计算示例

项目名称:提高非标系统产品 BOM 的准确性

过程:系统产品设计、自制/外协/外购件确定、BOM 编制/修改、下订单

	内容描述	计算方法/公式
预防成本	BOM 标志培训费 ……	共 10 位工程师，每人全年参加 30h 的培训，成本总计为:50 元/h×10 人×30h/人 =15000 元
	合计	13000 元

（续）

	内容描述	计算方法/公式
鉴定成本	BOM 互审 ……	每个 BOM,机械、电控各互审 1h,共计 2h,一年 100 套,BOM 互审时间共计为:100 × 2h = 200h,总成本为:50 元/h × 200h = 10000 元
	合计	10000 元
内部故障成本	常用物料（如标准件等）的年备货 5000 元	考虑到公司年资金运转次数为 8,盈利能力为 20%,故年平均备货 5000 元所带来的故障成本为: 5000 元 × 8 × 20% = 8000 元
	BOM 审核后的修改 ……	每个非标产品 BOM 审核后的修改时间约为 1h,去年共计 100 套非标产品,总成本为: 50 元/h × 100 套 × 1h/套 = 5000 元
	合计	13000 元
外部故障成本	等工待料 500h	50 元/h × 500h = 25000 元
	错误物料采购	8000 元
	推迟交货期所带来的直接损失	运费增加约 2000 元
	推迟交货期所带来的间接损失（信誉）	约 40000 元
	合计	75000 元

（四）首次合格率（FTY）和流通合格率（RTY）

首次合格率,是各工序（过程）一次就将事情做对,由没有经过返工便通过的过程输出单位数而计算出的合格率。

整个过程的流通合格率,是构成整个过程的各个子过程的 FTY 的乘积,又称动态生产能力。

$$RTY = FTY_1 \times FTY_2 \times FTY_3 \times \cdots \times FTY_n$$

RTY 是项目界定阶段经常采用的重要工具,它描述了每个过程中首批生产合格产品的能力的整体状况。这是一个暴露"隐藏工厂"的有力的数据,也是揭示劣质成本存在的有效的方法,可以帮助对产生缺陷的过程领域步骤以及它们对整个过程的关系和影响有更清楚的了解。

RTY 和 FTY 指标的引入为六西格玛项目的界定提供了一个有效的依据。

【例 8-7】 如图 8-12 所示,有一个过程在 S_2、S_5、S_7 设置质量检验点,在最终检验处,经检验发现 5 个产品不合格,计算流通合格率。

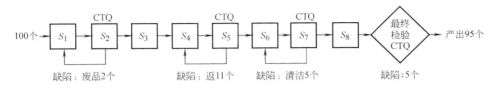

图 8-12 过程流程图

传统分析方法计算的整个过程合格率为 95%,但在 S_2、S_5、S_7 三个过程中发现的缺陷却没有考虑,这些都被"隐藏工厂"给消化掉了,而流通合格率则在对各过程进行分析的基础上,计算整个过程的合格率。

首先,计算各个阶段上的合格率 FTY:

$$FTY_1 = 1 - 2/100 = 98\% \qquad FTY_2 = 1 - 11/100 = 89\% \qquad FTY_3 = 1 - 5/100 = 95\%$$

然后，计算整个过程的流通合格率 RTY：

$$RTY = FTY_1 \times FTY_2 \times FTY_3 = 98\% \times 89\% \times 95\% = 82.9\%$$

由于考虑了 FTY，同样一个过程的总过程合格率与传统计算方法完全不同，FTY 有效揭示了"隐藏工厂"中不产生增值的劣质成本的存在，为六西格玛项目的界定提供了可靠的分析工具。

第五节　测　量　阶　段

一、测量阶段的目标

六西格玛改进对象确定后，需要开始识别产品特性和过程参数，了解过程并测量其性能，以对过程现状有一个准确的评估，并确定质量改进的目标。

测量阶段的目标是：定义缺陷，收集有关产品或工序的形状（底线）数据并确立改进目标。

二、测量阶段的主要内容

（一）确定项目 Y

项目 Y 是与顾客 CTQ 紧密相关的测量指标，根据 CTQ 来确定：首先确定所有可能的项目 Y（根据 CTQ），并对其划分优先级，然后选择最优先的一至两个项目 Y，并合理确定项目范围，确保项目范围是可管理的。

（二）确定项目 Y 的性能指标

Y 的性能指标即 Y 的规格或要求，是指 Y 的可接受界线，它与顾客要求有关，同时又受过程能力的限制。如冰箱的泡沫密度为 $0.8 \pm 0.05 \mathrm{g/cm^3}$ 就是一种性能指标。

（三）确定项目数据收集计划和确认测量系统

六西格玛项目是基于数据的决策方法，收集数据的科学性和真实性直接决定了项目改善效果。因此，在收集数据时须进行合理分组并进行测量系统分析，以确保得到真实有效的能反映过程能力的数据。

（四）收集项目 Y 的数据

在确定了数据收集计划并验证测量系统后，即可进行 Y 的数据收集。

（五）项目 Y 的过程能力测量

将收集的数据进行分析，即可得到项目 Y 的过程能力——Z 值，包括长期能力 Z_{LT} 和短期能力 Z_{ST}。

Z_{ST} 反映的是未考虑过程中心偏移时的过程能力，且数据是在短期内收集的。

Z_{LT} 反映的是过程经长时间运作后的实际能力，由于过程偏移的作用，Z_{ST} 与 Z_{LT} 之间存在差异，这种差异用 Z_{shift} 来表示，$Z_{\text{shift}} = Z_{ST} - Z_{LT}$。

（六）设定改进目标

根据计算的 Z_{LT}、Z_{ST} 和 Z_{shift}，设定项目改进目标。通常过程的 Z_{shift} 约为 1.5。

三、测量阶段的要求和过程

(一) 测量阶段的要求

在测量阶段，应对过程业绩、产品特性等输出变量以及过程参数等输入变量进行识别和测量。测量的目的是要充分利用这些数据，因此要制定好数据收集计划，计划中应包括数据收集的地点、具体收集方法、数据收集的人员等。此外，在收集数据时，应对数据进行审核，以确保收集过程能遵循所规定的程序，并没有偏误。此时可应用实时的数据系统，记录并保存测量到的数据，也可应用数据收集单、数据检验单等形式收集数据。这些数据单都是在企业中已得到广泛应用的工具。

针对收集到的数据要利用一定的工具进行处理，以便更清晰、直观地分析数据，找出数据变化的趋势。此时常用的工具有坐标图、直方图等。数据收集之后，更重要的是要对数据进行观察、归纳和整理。

在记录数据时，要把握数据的动态变化情况，可以把数据变化记录在坐标图上，这样当问题发生的状态变化时，便能很快察觉它，之后可以尽快找到原因，防止问题的大量扩散。利用坐标图的好处在于，可以把握问题刚开始发生时，其变化是连续的还是离散的，从中可以观察数据的平均水平和离散程度，从而把握变化的规律和趋势。

要把握偏差状态，可以采用直方图的形式。在解析实际的数据时，首先最重要的是按数据收集顺序（尽量是被测定的产品的制造顺序）制成直方图。从图中可以了解到是否存在特殊趋向和怪异现象、变化点、异常值等。当这些特殊情况不存在时，可以用来了解总的"偏差"是什么状态，与赋予的规格（标准偏差）比较，其偏差程度如何。

应用这些工具可以在收集数据的基础上把数据更形象地表示出来，为进一步的分析和寻找波动源打下基础。

(二) 测量业绩并描述过程

六西格玛项目团队通过测量业绩（或问题），将过程用文件化来描述，其过程步骤如下：

1. 确定关键的产品特性和过程参数

这是提高质量降低成本的一个重要系统。因为我们知道全新产品和过程都存在性能（或标准），都很重要且需加以控制。然而关键产品特性（KPC）和关键过程参数（KCC）需要特别地控制。因为，这些产品性能和过程参数如存在较大的偏差将影响到产品的安全。KPC 和 KCC 识别应在设计开发过程中标志关键产品特性（KPC），规划控制系统和过程参数，在检验和产品确认时保持关键产品性能 KPC。

2. 识别并记录潜在的失效模式、后果和严重度

其目的是识别并记录那些对顾客关键的过程业绩和产品特性（即输出变量）有影响的过程参数（即输入变量）。随着项目的进行，过程文件也会不断更新。

(三) 数据的收集

六西格玛项目团队要为测量阶段后面的活动和下一阶段——分析阶段策划数据的收集。根据测量阶段的实施要求，在测量业绩并描述过程以及计划数据收集之后，需对测量系统进行验证，并开始测量过程能力。

（四）验证测量系统

测量系统是指测量特定特性有关的作业、方法、步骤、量具、设备、软件和人员的集合。为获得六西格玛管理所需的测量结果应建立完整有效的测量过程，以确保测量系统精确可信。对测量系统进行的分析和验证包括：

（1）分辨力：确保测量仪器、仪表等设备的分辨能力，即

$$\frac{最小测量单位}{容差}\leq10\%\left(或\frac{最小测量单位}{过程变差}\leq10\%\right)。$$

（2）准确度：影响准确度的因素包括环境、设备校准、操作人员等，除必须对测量器具执行严格的周期检定/校准外，还应确保测量系统在使用环境、时间等变化条件下的稳定性。

（3）精密度：确认在相同的条件下，重复测量和试验其结果相互间的一致程度。影响精密度的主要因素涉及测量器具的重复精度及不同测量人员的操作水平。通过重复性和再现性的分析（GR&R），达到验证测量系统的目的。

（五）测量过程能力

1. 过程能力的计算

计算过程能力，首先要已知均值和标准差。若过程不稳定时，可用样本极差 R 和样本标准差 S 来估计。此时，把收集的数据，看做一个大样本，再计算其样本标准差 S。

如，收集了 K 组数据　　　　　均值

X_{11}，X_{12}，$\cdots$，$X_{1,n1}$　　　　$\overline{X}_1$

X_{21}，X_{22}，$\cdots$，$X_{2,n2}$　　　　$\overline{X}_2$

$\vdots$　$\vdots$　　$\vdots$　　　　$\vdots$

X_{k1}，X_{k2}，$\cdots$，$X_{k,nk}$　　　　$\overline{X}_k$

$$总平均\ \overline{\overline{X}} = \sum_{i=1}^{k}\frac{n_i}{N}\overline{X}_i \qquad N = n_1 + n_2 + \cdots + n_k$$

$$S = \sqrt{\frac{1}{N-1}\sum_{i=1}^{k}\sum_{j=1}^{n_1}(X_{ij} - \overline{\overline{X}})^2}$$

2. 过程能力指数

除了可用 Z 值衡量过程能力外，传统的衡量过程能力的指数还有 C_p 和 C_{pk}。

在以下三项假设成立的条件下定义过程能力指数：

（1）过程受控，即过程的质量特性 X 的波动仅由正常波动引起。

（2）过程质量特性 X 服从正态分布 $N(\mu, \sigma^2)$。

（3）规格限（LSL，USL）能准确表示顾客的要求。

过程能力指数是容差的宽度与过程波动范围之比，以 C_p 表示，其数学表达式为：

$$C_p = \frac{USL - LSL}{6\sigma} = \frac{T}{6\sigma}$$

式中　USL，LSL——质量特性的上、下规范限；

　　　　T——容差，$T = USL - LSL$ 反映了对过程的要求。

有关 Z 值、C_p 和 C_{pk} 的计算过程详见第五章第四节。

第六节　分析阶段

一、分析阶段的目标

分析阶段的目标是分析在测量阶段所收集的数据，以确定一组按重要程度排列的影响质量的变量 $X's$。

六西格玛管理法的解决方案是基于数据，通过定义问题、测量现状、分析原因、实施改善、进行控制，即按 DMAIC 模式展开项目运作。对于普通方法无法分析的问题，六西格玛管理法采用一整套严密、科学的分析工具进行定量或定性分析，最终会筛选出关键影响因素 $X's$。只有筛选出关键的 $X's$，改善阶段才会有的放矢。所以分析质量的高低直接影响到改善效果和项目成败。分析阶段在六西格玛项目中的位置如同疾病治疗过程中的诊断阶段一样，只有找到病因了，后续才能对症下药，否则可能毫无效果或适得其反。分析阶段是六西格玛 DMAIC 模式的一个突破口。

二、分析阶段的过程

（一）分析阶段的基本流程

分析阶段的基本流程如图 8-13 所示。

分析阶段需要对测量阶段中得到的数据进行收集和分析，并在分析的基础上找出波动源，提出并验证波动源与质量结果之间因果关系的假设。在因果关系明确之后，确定影响过程业绩的决定因素，这些决定因素将成为下一阶段——改进阶段关注的重点。这一阶段应完成的主要任务是把握要改进的问题，并找出改进的切入点，即绩效结果的决定因素。

（1）收集并分析数据。

（2）提出并验证关于波动源和因果关系的假设。掌握了数据（特性）的偏差状态之后，要对其有所改进，首先要了解哪些因素会造成其波动，即哪些因素是这一特性的波动源。影响特性值的因素会有很多，此时可用头脑风暴法找出所有的相关因素。

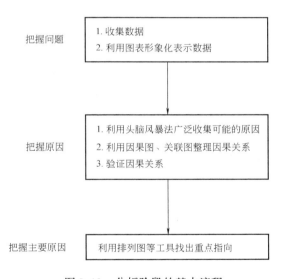

图 8-13　分析阶段的基本流程

通过头脑风暴法可得出多个影响因素，此时要对这些因素进行理整，并进行一定的合并、归纳和分类。确定并解释这些因素间的关系以及因素与结果之间的关系将有助于问题的解决。此时可用一种目前应用较为广泛的工具——因果图。通常我们会从操作者、机器、材料、方法和环境等五大因素类别考虑。此外，也可应用关联图形式整理这些影响因素。

通过因果图和关联图找出因果关系之后，要确认这种关系是否正确，是否找到了真正的原因，还需要通过各种检验才能得到证明。常用的验证方法和工具有回归分析法和散布图等。

通过应用上述工具，可以找出影响特性结果的波动源，并找出和确认波动源与特性结果之间的因果关系。

（3）确定影响过程业绩的关键因素。找出影响因素和因果关系后，还要确定哪些是"关键的少数"因素。解决问题时应该把握重点指向，要集中力量改进那些能够产生明显效果的因素。

（二）分析阶段的输入

"DMAIC"模式中，各阶段衔接严密，环环相扣，后一个阶段的输入即为前一个阶段的输出。因此，分析阶段的输入为测量阶段的输出。其输入（同时是测量阶段的输出）具体如下：

1. 过程流程图

在六西格玛测量阶段为把握现状，需绘制详细的过程流程图以对过程全貌有准确把握，这样测量的结果才能反映过程实际。现在的一般公司均有各个过程的详细流程图，可直接使用。

2. 项目的输出 Y

过程输出的量化指标即第一节所说的项目 Y，它是六西格玛项目的改善对象。在测量阶段，已取得项目 Y 的详细现状测量数据。此数据是分析和改善阶段的研究对象。

3. 对项目 Y 及其影响因素 $X's$ 的数据有效性验证结果

在测量阶段前期，为保证测量数据的有效性，展示过程本来面目，需验证数据测量系统的有效性。根据被测量数据的性质，可将其分为计量型数据和计数型数据，两种类型数据的测量系统有不同的分析和验证方法。

4. 对当前过程性能的准确评估

在测量阶段的输出之一，是对项目 Y 对应的当前过程能力的准确评估，即 Z_{LT} 和 Z_{ST}。

根据 Z_{LT} 和 Z_{ST} 数值比较，可以对过程现存问题作基本把握。

5. 改进目标

分析阶段的输入之一是项目 Y 的改进目标，也是过程能力的改进目标，如将 Z_{LT} 和 Z_{ST} 由现状提升至何种水平。改进目标的高低决定了分析的水准。

（三）分析阶段的输出

分析阶段的输出主要有三个，分别如下：

1. 影响项目 Y 的所有 $X's$

分析阶段主要目标是发现影响项目 Y 的主要因素，但首先是要找出所有可能的影响因素，特别注意不能漏掉可能的影响因素。因为也许漏掉的正是关键 $X's$，这时得到的分析结果是不完整的，基于这种分析结果作出的改进是不完善甚至无效的。

2. 影响项目 Y 的关键少数 $X's$

这是分析阶段的主要输出，它影响改善的质量及项目的成败。

将关键的少数因素和多数的次要因素分离开是分析阶段的首要目标，也是六西格玛系统的核心技术之一。

3. 量化的收益

在分析阶段找出关键少数因素后即可对这些因素作出评估，并对改进结果进行预测。计算出改进所需成本和项目收益，相减即得改进的净收益，这是六西格玛和别的系统的主要区别之一，即六西格玛的所有项目成果是可以反映在财务收益上的，所以改进的有形效果一目了然。

三、分析阶段的主要工具

分析阶段的主要工具如表8-5所示。下面重点介绍过程失效模式与影响分析法（Failure Mode and Effect Analysis，FMEA）。

FMEA是关于产品或过程的一种风险分析工具和文档。最初是用来对设计方案的风险进行评估的。在DMAIC的分析阶段，常使用FMEA对过程的输入和影响因素进行评估，寻找那些对过程输出影响较大的输入或影响因素，作为分析和改进的重点。

【例8-8】 表8-8为过程失效模式与影响分析FMEA示例。项目团队在进行FMEA分析时的工作步骤为：

表8-8 过程失效模式与影响分析FMEA示例

项目：降低备件发货成本　　　　　　　　　　　　　　　　　　　FMEA编号：
过程职能：发货过程　　　　　　　　　　　　　　　　　　　　　准备人员：
组员：　　　　　　　　　　　　　　　　　　　　　　　　　　　日期：8/8/2013

操作序号、过程功能/要求	潜在失效模式	潜在失效后果	严重度S	等级	潜在失效原因	频度O	现行过程控制	检测难度D	风险度RPN	改进措施	责任人/完成日期	采取措施	S	O	D	RPN
向顾客发送备件	备件发送错	顾客不满意，重新发货增加成本，因错发赔偿顾客损失	8		订单上填写的备件信息不详细	2	由订货部门核对信息	4	64							
					顾客地址不够准确、详细	6	无	9	432							
					发货票据填写错误	4	无	9	288							
					备件编码信息不准确	2	无	9	64							

- 识别过程的功能和要求；
- 分析潜在失效模式及其后果；
- 评定每一后果的严重度等级（S）；
- 使用头脑风暴法分析失效的潜在原因；
- 评定每一原因的频度数等级（O）；
- 识别当前的过程控制方法；

- 评定检测难度等级（D）（它是指在现行的检测方法下无法发现问题的可能性）；
- 针对每一行计算一个风险度（RPN）（它等于严重度、频度、不可检测三者的乘积）；
- 具有高风险度的项，将是收集数据进行分析和改进的重点。

第七节　改进与控制阶段

一、改进阶段的目标及过程

在改进阶段提出改进措施以前，首先需要对分析阶段得到的少数关键因素作进一步研究，验证它们是否对过程输出 Y 确实有影响。如果影响关系确实存在，应进一步确定这些输入变量取什么值可以使 Y 得到最大程度的改善，达到预想的改进效果。

（一）改进阶段的目标

对项目的主要因素 $X's$ 进行优化，即寻找各因素的最佳水平组合，使输出值 Y 达到最大值。

（二）改进阶段的主要工作内容和程序

（1）确定改进方案。在分析阶段找到少数 $X's$ 后，项目小组（可以扩大到小组之外）通过头脑风暴等方法发掘可能的解决方案，再通过评定或试验设计找出最优解决方案。

优选方案时从以下几个方面着手，进行综合平衡，优选出最佳解决方案：①实施成本；②实施难易度（技术、资源组织、时间等）；③收益大小。

（2）拟定的实施解决方案。在确定最优方案后，对拟定的解决方案进行试验设计（见第三章），以验证方案的可行性并取得项目 Y 的优化目标。

（3）持续改进。通过试验设计等改进方法持续进行过程改进，使项目 Y 的性能指标满足或超越顾客要求。

二、控制阶段的目标及过程

（一）控制阶段的目标

控制阶段的目标是确保在改进阶段的成果能够持续保持，使过程不再回复至改进前的状态。

很多公司都有过这样的经验，投入了大量的人力、物力、财力对某个严重问题或者关键环节进行改善，并在当时取得了令人满意的成果。但是没过多久，经过改进的流程在不知不觉中开始重复以前的问题，时间一长，流程完全回复到改进之前的状态。导致这种现象的主要原因是由于改进人员没有充分意识到控制阶段的作用，改进阶段结束，大家即认为大功告成，而没有乘胜追击，继续进行作业程序标准化和对新的流程条件进行统计过程控制，结果导致功败垂成。

控制阶段采用一系列方法和工具对改进结果进行控制，从而确保流程能够稳定运行在新的平台之上。

（二）控制阶段的主要工作内容

1. 改进后的过程设置标准化

在改善阶段已找到与项目 Y 的最优值对应的关键因素 $X's$ 的最佳水平设置，在控制阶段将这些因素的水平设置用标准操作程序等方式固定下来，使过程的相关因素水平设置持续保持在最优设置上。

2. 用过程控制系统对因素水平设置或项目 Y 的指标进行监控

过程永远处于波动状态，波动的影响因素既有偶然因素，也有系统因素。在将各因素按改进阶段确定的最优水平设置后，并不能保证过程一直稳定在此种状态。由于波动影响因素的作用，过程的均值和分布都有可能发生变化。这时用统计过程控制（SPC）系统对过程进行监控是非常必要的。通过 SPC 可以发现影响过程波动的是偶然因素还是系统因素，以便及时对系统因素进行分析改进。

3. 推广和经验交流

通过 DMAIC 模式过程，可以定量分析出改进的结果和财务回报，通过在公司内的经验交流，可以鼓舞士气，项目组间取长补短，以利于共同提高，为更高质量的改进项目实施打好基础。

在一个项目上取得的成功同样可以推广到相同或类似的过程，使项目取得的成果最大化。

（三）控制阶段的程序

控制阶段的一般程序如图 8-14 所示。

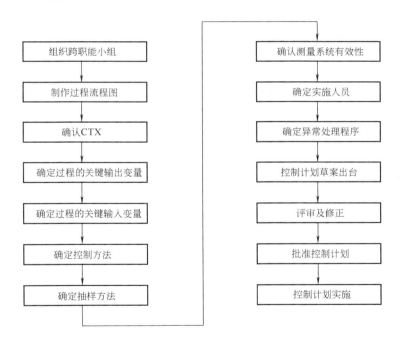

图 8-14　控制阶段的一般程序

1. 组织跨职能小组

跨职能小组的目标是制定高水平的控制计划。小组成员分别来自品质、技术、制造、工程、物控、营业等控制计划涉及到的部门。小组组长一般由技术部或品质部门人员担任。

2. 制作过程流程图

控制计划就是根据过程流程图来展开，针对流程的各步骤进行控制的。这是制定控制计划的基础。

3. 确认 CTX

CTX 为与顾客要求密切相关的关键参数，如关键质量（CTQ）、关键交付（CTD）、关键成本（CTC）等。制定控制计划、对过程进行控制的最终目的是为提升过程能力和满足顾客需求，因此在制定控制计划时明确顾客的关键需求是十分重要的。

4. 确定过程的关键输出变量

过程输出往往较多，我们最关心的是与顾客 CTX 紧密相关的过程输出，对此类输出进行识别和控制是提升顾客满意度的关键。

5. 确定过程的关键输入变量

在六西格玛的改进策略的前几个阶段，已找到"关键的少数"输入变量并将其调整至最佳水平，在控制计划中只需采用适当方法对其进行控制即可。

6. 确定控制方法

对于不同性质的控制对象——可能是某一关键输入或关键输出变量，需采用不同的控制方法。

7. 确定抽样方法

在对过程变量进行控制时，根据不同需要，有时采用全数控制，有时综合考虑成本等因素，会采用抽样方式进行控制。

8. 确认测量系统有效性

测量系统的有效性直接决定了数据的有效性，如果测量系统本身误差太大，导致取得的数据是错误的，控制就不可能取得预期效果，所以在确定抽样方式以后，确认测量系统的有效性是必须考虑的。

9. 确定实施人员

任何控制计划的落实均需依赖于人，在确认了控制项目后，需选择适当的担当人员，一般而言，控制项目实施主要由一线作业员和检验员进行。

10. 确定异常处理程序

在制定控制计划时，必须考虑到如果控制项目发生异常时如何进行处置，即过程异常采用何种纠正措施。

11. 控制计划草案出台

在完成过程各步骤的控制计划后，控制计划草案即告完成，经过后续的评审、修改及批准，控制计划就成为正式文件即依照经批准的控制计划进行过程控制。

12. 评审及修正

评审及修正是指小组对控制计划草案的讨论、调整、定稿过程。

13. 批准控制计划

经相关高层批准控制计划，该计划即发生效力。

14. 控制计划实施

控制计划实施是指依照经批准的控制计划进行过程控制。

（四）控制阶段的工具及作用

控制阶段的工具及其作用如表8-9所示。值得注意的是，控制阶段的工具通常需要结合使用，以达到最佳效果。

表8-9　控制阶段的工具及其作用

工　具	作　用
流程控制计划	为流程控制提供一个总体方案,包括控制流程采用哪些参数、由谁控制、如何控制等
标准操作程序	用以将改善措施标准化,以最大限度减少过程变异,使流程输出稳定在较好的水平上
目视管理	直观地对流程相关输入、输出进行监控,以针对问题尽快采取措施,将不良损失降至最低水平
防错法	用以防止人为疏忽导致的错误
工序预控制	用以对工序稳定性进行监控的一种简便方法
统计过程控制	确认工序变化的原因是偶然原因还是特殊(异常)原因,以决定是否需要对其进行改善

（五）控制方法与控制水平

一个组织控制方法的先进程度，可判断其过程控制水平的高低。表8-10为各种控制方法的控制水平。

表8-10　各种控制方法的控制水平

控　制　方　法	控　制　水　平
仅有口头作业指导,无书面操作标准	低
存有书面文件形式的作业指导	
作业方法完全标准化且通用性很强	↓
对过程进行统计过程控制(SPC)	
目视管理	
六西格玛设计	高

（1）过程控制水平很低的公司一般未采用书面化的作业指导，仅靠师傅带徒弟或命令式的方法进行口头"作业指导"，其结果会造成过程的巨大变异，基本谈不上控制，目前手工作坊式的小公司中这种方法比较常见。

（2）过程控制水平稍高的公司均有书面形式的作业指导文件对大多数作业进行规范，以降低作业的随意性，减少过程变异。这是目前大多数普通公司的平均水准。

（3）过程控制水平比上述高些的公司作业方法完全标准化，且通用性很强，这样使过程变异和资源成本降至较低水平。目前管理水平较高的公司已达到了这一水准。

（4）对过程进行统计过程控制，提早发现过程变异并采取必要的纠正/预防行动，这是过程控制的较高境界。目前只有少数的一流公司达到这一水准。

（5）全面采用防错法，将人为可能的不良降至接近零，这是从预防角度着手进行控制过程。目前不少公司部分采用了防错法，但全面系统地采用防错法的公司还很少。

（6）对过程进行六西格玛设计，从源头上防止过程异常变异的产生，这是过程控制的最高境界，也是各组织追求的目标。

从上面对六西格玛突破模式"DMAIC"的介绍，我们可以看出，六西格玛是依靠"DMAIC"模式，以数据分析为基础，以顾客需求的满足为最终关注焦点，通过严密的流程和科学系统的方法进行持续改进并获得巨大财务收益的。DMAIC是六西格玛项目的基石。

案例：缩短飞机空调热交换机送修周期的分析

飞机空调热交换机属于高价可定期更换的飞机部件，该部件使用频繁，性能容易衰退，需要及时更换和修理。本六西格玛项目的目的是找到影响空调交换机的送修周期的关键因素，从而缩短热交换机的送修周期，降低成本，并能提升部件服役期间的性能。

一、定义阶段

定义阶段主要的工作内容是确定热交换机送修的现有流程图；确定本项目的六西格玛团队成员，并使团队成员对项目达成共识；估计完成本项目的成本和实施改进后的效益预计值。其项目定义阶段的主要工作可以用四方图表示，如图8-15所示。

1. 四方图

项目的四方图能很清楚地描述项目的目的和项目的进程控制等问题，是在定义阶段一个比较好的图形工具，内容包括：问题描述、缺陷定义、目标陈述、团队建立、工作计划、顾客需求和预期收益。本项目的四方图为：

问题描述：该部件送修周期过长，增加了采购费用和因缺件影响航班正点率，需改进。 **缺陷定义**：部件的送修周期超过管理规定的30天。 **目标**：部件送修周期平均为22天，最长不超过25天。 **数据来源**：航材计算机管理系统，维修厂商记录。	**项目负责人**(Leader)：××× **团队成员**(Team Members)： 　—××× 　—××× 　—××× **赞助者**(Sponsor)：××× 　×××　××
项目进程时间表： 　　　　　　　　　　　时间表 **测量**：控制技术图等　　　　×年×月×日 **分析**：鱼骨图、回归分析等　×年×月×日 **改进**：列出改进计划　　　　×年×月×日 **控制**：实施控制手段　　　　×年×月×日	**核心能力影响**(Business Y Affected)： 　■　×××能力 　■　×××能力 **预期收益**： 　■　及时更换性能衰弱部件，提高部件可靠性和顾客对温度的满意度；降低影响航班正点的概率 　■　提高备件周转率×%，降低采购成本×万元和租借费用×万元

图8-15　项目的四方图

2. 流程图

本项目所涉及的送修流程图如图8-16所示。

从流程图中可以看出，影响空调热交换机的送修总时间的因素有t_1，t_2，…，t_7。

二、测量阶段

测量阶段需要收集送修总时间的数据（Y），对收集到的数据要作测量系统分析，以确

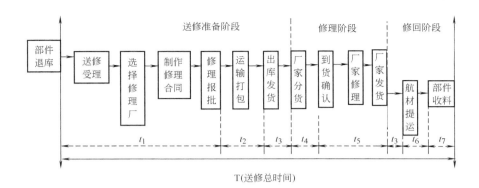

图8-16　项目的送修流程图

定数据的可信度，然后根据现有数据分析送修流程的现有能力和潜在能力并绘制相应的控制技术图。

本项目的流程（送修周期）的数据类型是连续性数据，所以采用的测量系统分析工具是 Minitab 中的 Gage R&R，经计算得到 Total Gage R&R 的值为 $5.3219\% < 10\%$，所以收集到的数据可信度比较高。

然后，根据现有的数据分析整个送修流程的长期能力和短期能力。计算得到目前送修周期的平均值为 37.5，标准差为 19.5，则

1. 长期能力

$$Z_{USL} = \frac{USL - \overline{X}}{\sigma} = \frac{30 - 37.5}{19.5} = -0.3846 \quad 查表得：p(d) = 0.64973$$

$$Z_{LSL} = \frac{\overline{X} - LSL}{\sigma} = \frac{37.5 - 0}{19.5} = 1.923 \quad 查表得：p(d) = 0.02724$$

则：$p(d)$ total $= 0.64973 + 0.02724 = 0.67697$　查表得：$Z_{LT} = -0.459$

注：$p(d)$ 为不合格品率

2. 短期能力

将数据按时序排列，找到连续 7 个点，作为流程短期的表现，其计算方法与长期能力相同。计算结果得 $Z_{ST} = 0.95$，则

$$Z_{shift} = Z_{ST} - Z_{LT} = 0.95 - (-0.459) = 1.409$$

从上述计算结果可以得出，现有能力（长期能力）和潜在能力（短期能力）存在着一定的差异，现有热交换机的送修流程有 1.409 个西格玛水平改进的潜能，因此需要改进送修流程，使两者之间逐渐达到一致。

三、分析阶段

分析阶段的主要工作是绘制鱼骨图，通过假设检验、方差分析和回归分析等统计方法找到影响送修周期的关键因素，并进一步建立送修周期与影响因素的函数关系，也就是说验证 $Y = F(X)$ 的关系，为缩短送修周期找到有效的改进方向。

1. 鱼骨图

分析影响送修周期的所有因素，并把影响的因素作成鱼骨图，如图8-17所示。

从鱼骨图中，可以找到影响送修周期的因素有 t_1，t_2，t_3，f_1，f_2。

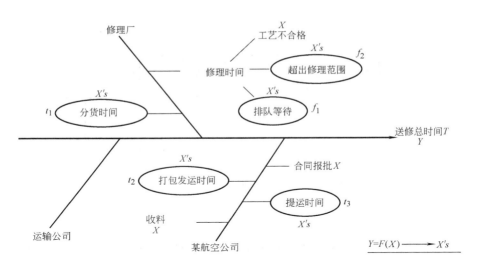

图 8-17　鱼骨图

2. 筛选重要因素

计算可得：因素 t_1，t_2，t_3，f_1，f_2 是影响送修周期的关键因素，且这五个因素与送修周期的相关度达到 96.7%。也就是说，这五个因素对送修周期的变化的贡献率达到 96.7%。

然后，通过建立送修周期与关键因素的函数关系找到改进的先后顺序，采用回归分析建立送修周期与关键函数关系。计算得：要缩短选修周期，首先要改进的是 t_1 因素（分货时间），其次是 f_1 因素（排队等待时间），最后才是 t_3 因素（提运时间）。从而为改进阶段提供了方案改进的方向和思路。

四、改进阶段

改进阶段的主要工作内容是识别影响送修周期的关键因素和它们间的相互关系，确定关键因素的改进目标，通过试验或者模拟等方法确定改进策略，以改进策略为核心设计新的流程和制定改进计划的实施方案，并对方案的实施结果进行评价，使改进方案能够达到最好的效果。

该项目通过头脑风暴法确定了四个关键因素的改进策略，如表 8-11 所示。

表 8-11　改进策略图表

关 键 原 因	缺 陷 来 源	改进对策/措施
f_1 等待时间	业务量安排次序	规定期限,协议约束
t_1 分货时间	维修总公司与子公司的内部管理缺陷	新签协议 部件直接发运至维修子公司
t_2 打包发货时间 t_3 提运时间	无明确标准、程序 计算机信息输入不及时,不易控制	制定送修业务员主控监控程序 按照流程规范电脑信息的输入操作程序,并及时监控

以改进策略为依据，得到改进后的流程图如图 8-18 和图 8-19 所示。

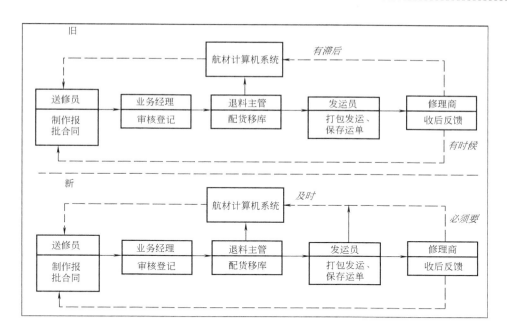

图 8-18　发运流程的改进图

　　通过收集有关新改进方案实施效果的数据，进行改进前后的均值、偏差和趋势分析，具体的结果如表 8-12 和图 8-20 所示。

　　从分析结果可以得到，新的流程的改进效果是很明显的，不但新的流程的平均送修周期时间由原来的 37.5 下降到 22，而且送修周期与平均值之间的偏差也由原来的 19.5 下降到 1.6。初步证明，该改进方案是可行的、有效果的。

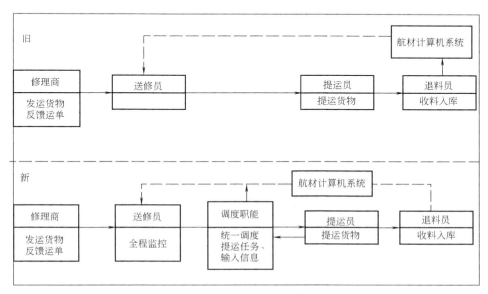

图 8-19　提运流程的改进图

表 8-12　新旧流程的变化表

	旧送修流程	新送修流程
Mean	37.5	22
StDev(within)	8.5	0.8
StDev(overall)	19.5	1.6

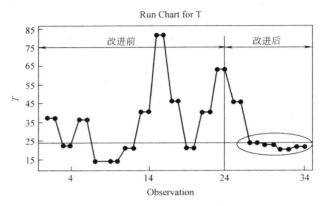

图 8-20　新旧流程的趋势图

五、控制阶段

　　控制阶段是六西格玛项目中最后一阶段，它主要是收集流程的数据，通过 SPC 控制图、防差错系统等方法监控改进后的成果，并实施控制计划以确保改进后的成果。

　　要有效地保证改进后的效果，某航空公司制定了长期的控制方法，其方法主要内容包括制定完善的操作程序，定时对流程或者操作程序进行检查，以改进容易出现差错的环节，并要制定人员的培训计划，使员工能够按标准要求进行操作并能在实际操作中发现问题、解决问题。

　　1. 简述六西格玛管理产生的历史背景，并分析六西格玛管理与全面质量管理之间的差异。

　　2. 简述六西格玛管理的特点。

　　3. "西格玛"的含义是什么？什么是过程的"西格玛水平"？如何提高过程的"西格玛水平"？

　　4. 简述六西格玛管理 DMAIC 过程的主要内容。

　　5. 六西格玛管理 DMAIC 各过程可以采用哪些工具和方法？

　　6. 六西格玛管理"定义"阶段的目的是什么？其输入和输出有哪些？

　　7. 如何描述一个六西格玛项目的目标？如何组织一个六西格玛项目？

　　8. 简述质量管理中数据测度的重要性。

　　9. 六西格玛管理"测度"阶段的目的是什么？其输入和输出有哪些？

　　10. 六西格玛管理"分析"阶段的目的是什么？其输入和输出有哪些？

11. 六西格玛管理"改进"阶段的目的是什么？其输入和输出有哪些？

12. 如何提高 DMAIC"控制"阶段的控制水平？不同的控制工具方法有何特点？

相关网站

1. http：//www. leansigma. com. cn/

中国精益六西格玛网：此网站包括行业新闻、精益生产、六西格玛、精益六西格玛、六西格玛设计、供应链六西格玛、公开课程、培训机构、培训讲师、培训需求等内容。

2. http：//www. cnshu. cn/pzgl/List_ 452. html

精品资料网：此网站可下载各种六西格玛管理电子书。

第九章

价值工程与价值管理

第一节　概　　述

在价值工程诞生短短 50 多年时间里，它已从一种工具或技巧演变成为一种方法论。20 世纪 70 年代以来，价值工程在世界各国尤其在各工业发达国家得到了迅速和普遍的应用。日本企业界将价值工程、工业工程与全面质量管理视为企业管理的三大技术。

价值工程既是一种思想方法，又是一种优化技术。它采用独特的、系统化的方法分析问题、解决问题，通过较低的资源消耗为客户提供优质产品和服务，有助于公司创造竞争优势。

一、价值工程方法的产生与发展

（一）价值工程的发展史

第二次世界大战期间，美国通用电气公司的工程师麦尔斯（L. D. Miles）在工作实践中发现，通过对产品的成本和功能进行分析，采用代用材料和使用新的制造方法，能够提升产品的性能并降低其成本。1946 年，他把这种功能评估的方法命名为"价值分析"（Value Analysis，VA）。1954 年，美国国防部海军舰船局开始在产品设计中应用价值分析理论以降低成本，并成立专门的工作机构，将价值分析重命名为"价值工程"（Value Engineering，VE）。

此后，价值方法理论得到了不断的扩展，出现了价值管理、价值控制和价值风险管理等技术和方法。特别是价值管理（Value Management，VM），已经演化成为一种方法论，通过使用一系列的原则，成功而迅速地解决了广大范围内的管理问题。20 世纪 80 年代，美国哈佛大学迈克尔·波特教授提出价值链方法，从战略管理的角度继续完善了价值管理的理论。20 世纪 90 年代开始，价值定价被作为一种提升企业价值的新途径，价值网、价值星群等方法的提出进一步拓展了价值工程与价值管理的应用。

在价值工程出现后的半个世纪中，VE 和 VM 在建筑业、制造业、运输业、医疗保健、政府及环境工程等各个领域中都有广泛的运用并取得了显著的效果。它作为知识经济时代企业生存竞争的新方法、新模式，被越来越多的管理者所接受。例如，美国高速公路建设中应用价值工程平均每年节约 10 亿美元；1996 年伦敦地铁列车设计中使用价值工程节约总成本的 16.2%（共计 8100 万英镑）；全球最大的零售商沃尔玛在全球拥有 3000 多个连锁店，依靠价值链管理成为了世界百货巨头，仅从下订单到货物抵达商店所需时间一项，就由 20 世纪 80 年代的 1 个月缩短到现在的 3 天。

据对 50 多年来世界各国应用价值工程情况的统计，实施价值工程可节省工程总成本的 5% ~ 10%，而开展价值工程的成本仅为工程总成本的 0.2% 左右。毫无疑问，价值工程与价值管理为各国经济的持续增长作出了卓越贡献。

（二） 价值工程的推广及应用

价值工程自问世以来，在美国就得到了广泛的应用。1959 年，美国成立"价值工程师协会"（SAVE），作为价值工程学术研究、成果交流和培训发证的全国性组织，并吸收其他国家的专家参加其活动。

价值工程在美国长盛不衰的最根本原因主要有以下两点：一是价值工程的有效性和实用性；二是美国政府各部门特别是国防部和国家领导人对价值工程的重视、支持和积极倡导。从 20 世纪 80 年代以来，美国历届政府都非常重视价值工程的应用和推广。里根政府通过行政指令要求各行政机构在做提案之前都要提供一份法规影响分析报告，用以说明提案"是否还有基本上能达到同样目标、成本更低的备选方案？并简要说明这些备选方案的潜在效益和成本及这些备选方案不被推荐的理由"。美国行政与预算部前任部长 Franklin Rains 认为："价值方法是一个有效的管理工具，政府机关可以应用它来简化操作、提高质量、并且降低合同成本。"前总统克林顿签署第 104. 106 号法令，要求国民经济各部门都要应用价值工程，并规定凡是政府出资超过 200 万美元的项目都必须由认证的价值管理专家进行审核。

美国推广应用价值工程大致可以分为两个阶段：①从价值工程诞生至 20 世纪 70 年代初。这一阶段应用价值工程主要是降低产品的生产成本，即从产品设计、物资采购、制造和销售等方面降低成本。②从 20 世纪 70 年代初以来，推行以成本为设计参数的定成本设计（Design to Cost，DTC）和面向成本设计（Design for Cost，DFC），并把成本从生产成本扩展为全生命期成本（LCC）。DTC 和 DFC 法就是为了使某系统设计达到规定的成本要求而采用的管理技术。它把成本作为系统研制和生产过程的一部分，即把成本视为与各种技术要求和进度同样重要的参数，不断地加以控制。

20 世纪 70 年代之后，价值工程在世界上所有的发达国家以及部分的发展中国家都得到普遍的应用。欧洲将价值工程的原理和方法制定成整套标准，在实践中产生了很好的效果。日本是应用价值工程较早且较有成效的国家。其特点是理论与实践相结合，并着重于应用，日本开展价值工程的活动可分为四个时期：①20 世纪 60 年代，日本工业处在追求规模、节省成本阶段，VE 的重点是降低成本。②20 世纪 70 年代，为适应产品出口导向战略，VE 转向以保证功能、提高功能、提高质量为重点。③20 世纪 80 年代，工业发展战略是占领市场，于是 VE 的重点放到技术创新上。④20 世纪 90 年代，日本工业发展重心是文化形象，VE 转到创造顾客需求及技术领先时代。

（三） 价值分析、价值工程与价值管理的关系

在现实生活中人们常常将价值分析、价值工程和价值管理三者混为一谈，认为它们只是同一事物在不同发展阶段的不同叫法。图 9-1 表示了这些术语的相互关系。

美国国防部将价值工程解释为"事实之前"的行动，意思是在产品设计阶段就实施这一价值分析过程。它们又将价值分析定义为"事实之后"的行动，意思是应用于产品设计发表以后、产品生产的阶段。

价值管理是在价值工程的基础上发展起来的。它是从管理科学的基础出发，对企业的经

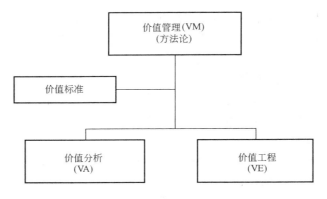

图 9-1　VA、VE 和 VM 的关系图

营管理实施以创造价值业绩为目标,以改善企业系统的功能为基础的有效管理。价值管理是一项有组织的行动,通过分析货物和服务的功能,用最有效的方式实现必需的功能和主要的特性。它将营销、设计和制造联系在一起,逐渐演化成一种方法论。

另一个与之有关的术语是"价值标准",它描述的是在公司内部努力建立执行标准以维持其价值管理行为,包括政策及程序、执行标准、教育和培训、课本及培训帮助和系统绩效审计。

二、价值工程的基本术语

(一)功能和成本

1. 功能

功能是指产品或服务所能履行的固有的或特有的作用,功能的分类有以下多种形式:

(1)按其重要程度可分为基本功能和辅助功能。基本功能是与对象的主要目的直接有关的功能,是对象存在的主要理由。对于持续革新的项目,尽管达到基本功能的方法或设计可能变化,但基本功能必需一直存在。辅助功能(次要功能)是支持基本功能的功能和实现基本功能的特定方法产生的功能。一旦实现基本功能的方式或设计方法发生变化,次要功能也可能跟着变化。

例如,做标记是钢笔基本功能,而防震是辅助功能,其作用是避免钢笔掉落后无法做标记。

(2)按用户的要求可分为必要功能和不必要功能。必要功能是指为满足使用者的需求而必须具备的功能;不必要功能是指对象所具有的、与满足使用者的需求无关的功能。不必要功能的出现,有时是由于设计者的失误,有时是由于不同的使用者有不同需求。价值工程引导设计者应尽量剔除不必要的功能以节约成本。

(3)按其满足需要的性质可分为使用功能和美学功能。使用功能就是具有物质使用意义、带有客观性的功能;美学功能是与使用者的精神感觉、主观意识有关的功能。例如,衣服的使用功能是保暖,而款式的裁剪主要是出于对美学功能的考虑。

(4)按其功能整理的顺序可分为上位功能和下位功能。作为目的的功能称为上位功能;作为手段的功能称为下位功能。例如,暖水瓶的总体功能是储存热水,为了储存热水,它还应具有保持水温的功能。那么,储存热水就是上位功能,保持水温就是下位功能。

2. 成本

在价值工程中，成本是指为获得功能而必须支付的成本，即取得功能的成本。这样定义的成本，在价值工程运作中带来较大的灵活性。可以不受会计制度定义的成本或成本所约束。价值工程考虑的成本形成跨度可长可短。最长跨度的是"全生命期成本"，它是"从对象的研究、形成到退出使用所需的全部成本"，包括：研究与开发、生产、运营和处置等成本。

3. 功能成本

功能成本是指按功能计算的全部成本，是一个与功能紧密联系的"成本"术语，由于它将功能与成本联结在一起，便产生"功能价值"的含义。

（二）价值

麦尔斯（1961）提出：价值就是功能和成本的适宜比例。Tanaka（1973）对价值的定义为：价值就是相对重要性与相对成本的匹配，即最优价值区域理论。Kaufman（1985）将价值定义为由成本划分的功能。

本书提出，价值工程中的"价值"是指某一事物（产品、零件、工序、服务）的功能（或效用）与获得此种功能所必须支出的成本（或耗费）之间的比例。

它是评价某一事物与实现它的成本相比合理程度的尺度。价值的概念类似于性价比的概念。

上述的"价值"定义也可用公式表示为：

$$V = F/C$$

其中，V 是价值（Value），F 是功能（Function），C 是成本（Cost）。这个价值定义公式表明，价值是功能对成本的比值；价值随功能的增加而增加；价值随成本的减少而增加。图 9-2 阐述了价值随功能、成本变动的运动情况，并且指出了提高价值的方法。

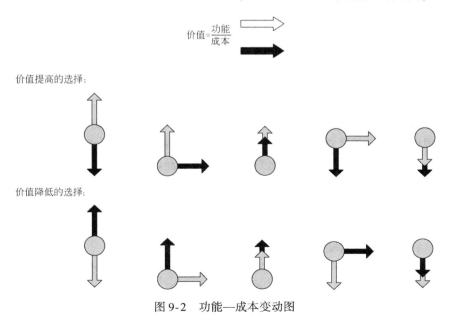

图 9-2　功能—成本变动图

值得注意的是，虽然消减或去掉成本耗费极大的次要功能也可以提高价值，但是在使用过程中一定要谨慎。一定不要削弱顾客最感兴趣的那些产品功能，因为正是这些功能是产品的主要卖点。

（三）价值工程

价值工程（VE）可定义如下：着重于功能分析，力求用最低的全生命期成本可靠地实现必要功能的、有组织的创造性活动。

从上述定义中，我们可以看出价值工程的主要特点有：

（1）价值工程的核心内容是对产品进行功能分析。

（2）分析和创新有明确的方向——旨在提高"价值"。若把价值的定义结合进来，便应理解为旨在提高功能对成本的比值，即以最低的总成本来可靠地实现必要的功能。

（3）价值工程通常是由多个领域协作而开展的活动，是一项有组织、有领导的集体活动。

（4）价值工程的关键是创新，用已知的技巧发展出替代方案，来降低成本或改进原计划。

价值工程的中心内容可以概括为六个字：功能、创新、信息。

1. 功能分析是核心

功能分析是价值工程特殊的思考和处理问题方法。用户购买任何产品，不是购买其形态，而是购买功能。例如，买手表是买"计时并显示"的功能，没人会买一块不走的手表。只要具有相应的功能，就能满足用户的需要。例如，手机可以计时并显示，则它可代替手表使用。但是，具有相同功能而成分或结构不同的产品或零部件的成本一般是不同的。价值工程就是要通过对实现功能的不同手段的比较，寻找最经济合理的途径，它透过人们司空见惯的产品生产、使用、买卖等现象，抓住功能这一实质，从而取得观念上的突破，为提高经济效益开辟了新的途径。

2. 创新是关键

一定的功能可以有不同的实现手段，手段不同，效果和成本不同，要想取得好的效果，就必须找到更多更好的手段，这就要求不断创新。价值工程的全过程都体现了千方百计为创新开辟道路的宗旨。

3. 信息是基础

价值工程以信息为基础。因为，技术上的革新绝大多数是在继承他人成果的基础上实现的，不了解国内外同行在材料、产品、工艺、设备等方面的现有技术，不了解技术发展的趋势，那么，或者提不出改进办法，或者耗时耗资甚多而收效甚微。并且，产品面向的是市场，不了解市场，不了解用户的意见，不了解同类产品的水平，就会无的放矢，甚至故步自封，最终会失去用户。

总之，价值工程就是要从透彻了解所要实现的功能出发，在掌握大量信息的基础上，进行创新改进，完成功能的再实现。

现今，价值工程阶段划分方式有很多，但其根本都是一致的。本书采用国际价值工程学会（SAVE）的 VE 标准来划分价值工程的各阶段，如图 9-3 所示。

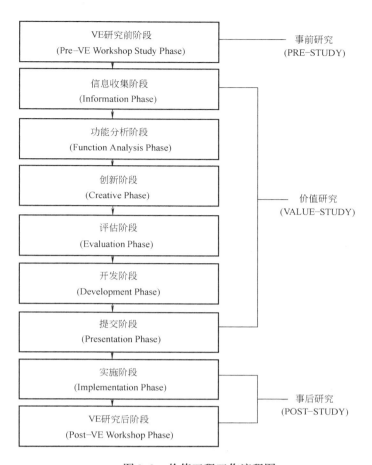

图 9-3　价值工程工作流程图

第二节　价值工程研究前阶段与信息收集阶段

一、价值工程研究前阶段

VE 研究前阶段主要解决为通过价值研究，从战略方面需要强调哪些内容的问题。在此阶段需要明确理解高层管理者强调的内容，战略上的优先次序是什么，即选择合适的研究对象。

（一）对象

凡为获取功能而发生成本的事物，均可作为价值工程的对象，如产品、工艺、工程、服务或他们的组成部分等。

价值工程初期主要应用对象是产品，后来逐渐拓展到工艺、工程和服务领域。考虑到价值工程在推广应用过程中会不断扩展其工作对象，所以从价值工程的性质可以界定到凡为获取功能而发生成本的任何事物，都可能视为价值工程的对象。假如在某种情况下获取功能是免费的，比如一般情况下呼吸的空气，则应用价值工程便失去意义。

（二）价值工程对象选择的一般原则

价值工程的最终目标是提高效益，所以，在选择对象时要根据既定的经营方针和客观条件，正确选择开展价值工程的研究对象。能否正确地选择价值工程研究对象，是开展价值工程活动取得良好收效的关键。

选择价值工程对象时一般应遵循以下两条原则：一是优先考虑企业生产经营上迫切要求改进的主要产品，或是对国计民生有重大影响的项目；二是对企业经济效益影响大的产品（或项目）。具体包括：

- 产量大，在企业中占有主要地位的产品和部件；
- 市场竞争激烈，技术经济指标较差的产品；
- 结构复杂，技术落后，工艺落后的产品；
- 质量低劣，成本过高的产品；
- 体积大、重量大、用料多的部件；
- 用料贵重，耗用稀缺资源多的部件。

（三）价值工程对象选择的方法

对象选择的方法很多，主要有：经验分析法；百分比法；ABC 分析法；强制确定法等。

1. 经验分析法

经验分析法亦称因素分析法，它是一种定性分析的方法，即凭借开展价值工程活动人员的经验和智慧，根据对象选择应考虑的因素，通过定性分析选择对象的方法。

2. 百分比法

百分比法是指按某种成本或某种资源在不同产品中所占的比重大小来选择价值工程对象的方法。

3. ABC 分析法

ABC 分析法即重点分析法，这是一种运用数理统计分析原理，按照局部成本在总成本中比重的大小来选择价值工程对象的方法。大量分析表明，企业产品的成本往往集中在少数关键零（部）件上。在选择对象产品或零件时，为了便于抓住重点，把产品（或零件）种类按成本大小顺序分为 ABC 三类。一般来说，A 类零件数占总数的 8% ~20%，成本则占总成本的 65% ~75%；B 类零件数占 10% ~30%，成本占 10% ~30%；C 类零件数占 50% ~70%，成本只占 5% ~15%。

A 类零部件种数少而成本比重大，是对产品成本举足轻重的关键零部件类，应列为价值工程对象；B 类零部件是次要零部件类，一般可不考虑为价值工程对象，但有时亦可选（A + B）类作为价值工程对象；C 类零部件虽然种数多，但对整体成本影响不大，暂可不作专门研究。

4. 强制确定法

强制确定法是指通过对每个零件的重要程度进行打分，用功能评价系数来计量零件的价值，进而确定价值工程的对象的方法。

二、信息收集阶段

（一）信息收集的内容

收集信息是价值工程全过程中不可缺少的重要环节，是整个价值工程活动的基础。在选择价值工程研究对象的同时，就要收集有关的技术信息及经济信息，并为进行功能分析、创新方案和评估方案等步骤准备必要的资料。

（1）基础信息。本项目及企业的基本情况，如企业的技术素质和施工能力，以及本项目的建设规模、工程特点和施工组织设计等。

（2）技术信息。含项目的设计文件，地质勘探资料及用料的规格和质量等。

（3）经济信息。如项目的施工图预算，施工预算，成本计划和工时、材料成本的价格等。

（4）业主单位意见。如业主单位对项目建设的使用要求等。

总之，价值工程分析所需的主要信息应全面、准确地收集、加工、整理、编辑并最后形成信息数据库。

（二）信息收集的方法

收集信息的方法很多，要根据具体情况，有目的、有计划地进行。

1. 面谈法

面谈法是指通过直接交谈来收集信息的一种方法。它的优点是：能够观察到表面上看不到的情况，能够猜测对方的态度和观点。它的缺点是：容易掺杂主观性的推测或印象，容易造成情报的不准确。

2. 观察法

观察法是指通过直接观察价值工程对象来收集信息的方法。它的优点是：可以得到可靠性高的信息，能够掌握详细的事实，能够发现预想不到的问题。它的缺点是：花费时间多，如果是在非正常情况下观察，所得到的信息往往是不正确的。

3. 书面调查法

书面调查法是指将所需的信息以问答的形式预先归纳成若干问题，然后，通过信息问卷的问题来取得情报的方法。它的优点是：可以同时向各方面发起调查，可以选择广泛的信息来源，不受时空的限制，提问不受情感支配等。它的缺点是：有时答非所问，缺乏灵活性，难于获得全面详细的信息。

第三节 功能分析阶段

一、功能分析的含义

功能分析是价值工程的中心环节，它是通过分析对象，用几种不同词组，简明、正确地表达对象的功能，明确功能特性要求，并绘制功能系统图，并将功能量化。这些目标分别通过功能定义、功能整理和功能评价三个步骤来实现。

功能定义的目的为：用户购买商品是为了购买它的功能，因此，功能系统分析首先应明确用户的功能要求，从根本上搞清对象应具备的功能类别、功能内容和功能水平。

功能整理的目的为：通过功能系统分析，找出功能之间的逻辑关系，初步区分哪些是基本功能，哪些是次要功能，哪些是功能不足，从而为改善功能结构，为谋求可靠地实现必要功能提供依据。

功能评价的目的为：对功能系统进行分析，从根本上突破了产品原有实物形态的束缚，它将传统的产品结构研究转移到对功能的分析研究上来。

二、功能定义

功能是产品、工序或设备所能履行的固有的或特有的作用，在价值方法体系中，功能用一个动词加一个名词的形式来定义，动词描述它是做什么的，名词描述被作用的对象。例如，灯的功能是照明区域，弹簧的功能是储存能量，过滤器的功能是滤出小颗粒。

以铅笔（见表9-1）为例，说明功能定义的方法。

表9-1　铅笔功能定义表

产品及零部件名称	功 能 定 义
铅笔	做标记
橡皮头	擦掉标记
金属镶边	固定橡皮头、改善外观、传输橡皮力
笔芯	对比颜色
笔身	改善外观、传输笔芯力、保护笔芯
涂漆	改善外观、保护笔身

值得注意的是，功能定义时，必须简明准确、便于测定、适当抽象和一一对应，还应注意系统而全面地反映对象（及其组成要素）所具有的全部功能。切忌只注意某些主要功能，忽略了次要功能，或只注意子系统的功能，而忽略了与系统总功能间的关系，或只注意浅表层功能而忽略了潜在的层次的功能。

三、功能整理

（一）什么是功能整理

1. 概念

所谓功能整理，就是对定义出的产品及其零部件的功能，从系统的思想出发，明确功能之间的逻辑关系，并列出功能系统图。功能整理的目的在于通过对功能的定性分

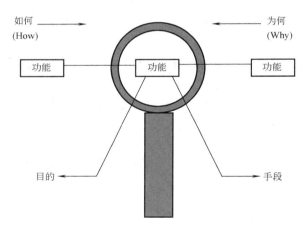

图9-4　功能逻辑

析，明确必要功能和不必要功能，并为功能价值的定量评价作好准备。

2. 功能整理的逻辑体系

产品的各组成要素互相联系、互相制约，构成产品的结构系统，而组成要素各自的功能也相互联系、相互制约，构成产品的功能系统。这就是说，产品的各个组成要素的功能，彼此之间应当存在"目的"与"手段"的逻辑关系，如图9-4所示。

■ 主逻辑路线上的一系列功能，从左到右的排列回答问题"怎样做可以实现其左面紧挨着的功能？"（如何）

■ 主逻辑路线上的一系列功能，从右到左的排列回答问题"实现其右面紧挨着的功能目

的是什么？"（为何）

例如，我们研究铅笔"做标记"这个功能，那么如果问"我们如何'做标记'"这个问题，答案用功能的形式来表达就应该是"对比颜色"，如图9-5a所示。

如果我们沿着"如何"的方向继续进行，问"我们如何'对比颜色'"，答案可能是"沉积介质"，如图9-5b所示。

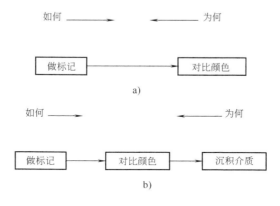

图9-5 功能整理的逻辑体系

如果小组成员都同意这些答案，我们就可以继续扩展了。同样的道理，我们也可以沿着"为何"的方向进行扩张。在许多情况下，对"如何"和"为何"的答案可能不仅仅是一个功能。答案可能是以"和"或"或"的形式出现的。"和"是逻辑路径的一个分支；"或"是逻辑路径的一个分岔处，显示出有两个或者更多独立的逻辑路径。

（二）功能整理的方法

功能整理的基本方法是运用功能分析系统技术（Function Analysis System Technique，FAST）来绘制功能系统图。功能系统图由明确了相互关系的功能有规律地排列而成，它能清楚地反映出产品的设计构思和功能之间的逻辑关系。基本的FAST模型如图9-6所示。

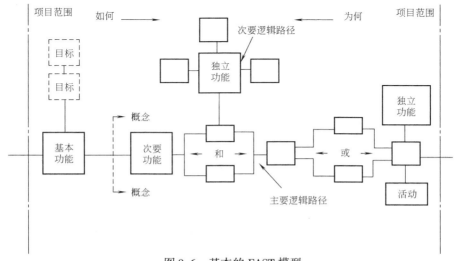

图9-6 基本的FAST模型

上述基本的 FAST 模型中除包括"如何""为何""和""或"，还包括其他一些要素。范围线（虚线）标明项目的范围。在右侧范围线右端的功能是投入性功能。在左侧范围线左侧的功能层次更高，或者是所研究项目的目标。紧邻左侧范围线之右的功能被定义为"基本功能"，不可改变。位于基本功能之右的那些功能是次要功能，或者说是支持功能。

我们以铅笔为例，绘制其功能系统图，如图 9-7 所示。

该程序使得跨学科小组成员之间的语言转变成共同的语言，小组也可以透过问题的表象，挖掘出根本原因。

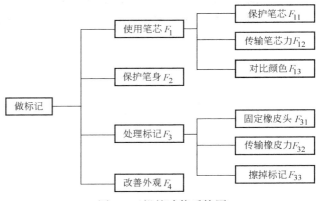

图 9-7　铅笔功能系统图

四、功能评价

（一）功能评价的内容

经过功能定义与功能整理，明确了分析对象所具有的功能之后，紧接着就要定量地确定功能的目前成本是多少，功能的目标成本是多少，功能的价值是多少，改进目标是什么，改进幅度有多大等。这些问题都要通过功能评价来解决。

功能评价就是对功能领域的价值进行定量评价，从中选择价值低的功能领域作为改善对象，以期通过方案创新，改进功能的实现方法从而提高其价值。

功能评价包括研究对象的价值评价和成本评价两方面的内容，如图 9-8 所示。

（1）价值评价。着重计算、分析对象的成本与功能间的关系是否协调、平衡，评算功能价值的高低，评定需要改进的具体对象。

（2）成本评价。计算对象的目前成本和目标成本，分析、测算成本降低期望值，排列改进对象的优先序。成本评价的计算公式为：

$$\Delta C = C - C^*$$

式中　C^*——目标成本；

　　　C——目前成本；

　　　ΔC——成本降低期望值。

（二）功能评价的步骤

1. 确定目前成本与成本系数

功能成本分析是对所分析的对象（功能、零件或子系统）的目前成本 C_i 进行分析，以引导小组或分析师决定选择哪些功能开展改进价值分析。功能成本分析一般从功能系统图的末位功能开始，最常见的有两个问题：①一个功能由多个零件实现；②一个零件具有多个功能。解决方法是成本的相加和分摊，此过程可在"成本分配表"中进行。通过"成本分配表"还可以得到各功能的成本系数 c_i，即

$$c_i = C_i / \sum C_i$$

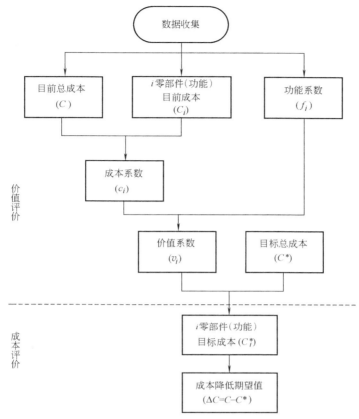

图9-8 功能评价的程序

下面，以铅笔为例编制成本分配表，如表9-2所示。

表9-2 铅笔现实成本分配表

零件名称	零件目前成本/元	F_{11} 保护笔芯	F_{12} 传输笔芯力	F_{13} 对比颜色	F_2 保护笔身	F_{31} 固定橡皮头	F_{32} 传输橡皮力	F_{33} 擦掉标记	F_4 改善外观
橡皮头	0.043							100% 0.043	
金属镶边	0.025					50% 0.013	25% 0.006		25% 0.006
笔芯	0.120			100% 0.120					
笔身	0.094	50% 0.047	40% 0.038						10% 0.009
涂漆	0.010				50% 0.005				50% 0.005
C_i	0.292	0.047	0.038	0.120	0.005	0.013	0.006	0.043	0.020
成本系数(c_i)	1.000	0.161	0.130	0.411	0.017	0.045	0.021	0.147	0.068

2. 确定功能系数

价值工程就是要寻求功能和成本的匹配，因此，有理由按各分功能重要程度分配成本。功能系数就是各分功能重要度的体现，尽管有时会与现实有较大出入，但仍不失为一种可行的办法。功能系数的确定主要靠经验判断。为了减少经验估计的误差，一方面参加评价的人应该富有经验，另一方面参加的人数不宜过少，结果可取平均值。

确定功能系数的方法很多，这里主要介绍0—1评分法、0—4评分法及比率法。

（1）0—1评分法是将各功能一一对比，重要的得一分，不重要的得零分。各功能累计得分除以总分即得到功能系数 f_i。为避免最不重要的功能得零分，可将各功能累计得分加1分进行修正。例如，某产品有四个功能，可形成0—1评分矩阵，如表9-3所示。

表9-3　0—1评分表

	F_1	F_2	F_3	F_4	得分累计	得分修正	功能系数(f_i)
F_1	×	1	0	1	2	3	0.30
F_2	0	×	0	1	1	2	0.20
F_3	1	1	×	1	3	4	0.40
F_4	0	0	0	×	0	1	0.10
合　计					6	10	1.00

（2）0—4评分法同0—1评分法，但它的评分表将分档扩大为4级，弥补0—1评分表拉不开档次的缺点。功能在一一对比时，最重要的得4分，较重要的得3分，同等重要的得2分，较不重要的得1分，最不重要的得0分。

将上述例子用0—4评分法求其各功能重要度系数如表9-4所示。

表9-4　0—4评分表

	F_1	F_2	F_3	F_4	得分累计	功能系数(f_i)
F_1	×	2	2	3	7	0.29
F_2	2	×	1	2	5	0.21
F_3	2	3	×	4	9	0.38
F_4	1	2	0	×	3	0.12
合　计					24	1.00

（3）比率法是先比较相邻两功能的重要程度，给出重要度倍数值，然后令最后一个被比较的功能为1.00，再由后往前依次修正重要度比率，将各比率相加，得总得分，再用各功能所得修正比率数除以总得分，得到相应功能系数 f_i。举例如表9-5所示。

确定功能系数除以上的方法外，还可直接按百分比给出各分功能的功能系数。

（4）功能系数的逐级确定。需要指出的是，为便于对功能系数进行比较，功能系数宜在同一功能域中的同位功能之间分配。因此，功能系数确定要逐级地、逐个功能领域进行。下面以铅笔为例说明功能系数的逐级确定方法：

表 9-5　比率法评分表

功　能	暂定功能比率	修正功能比率	功能系数(f_i)
F_1	$1.5(F_1 : F_2)$	3.00	0.30
F_2	$0.5(F_2 : F_3)$	2.00	0.20
F_3	$4(F_3 : F_4)$	4.00	0.40
F_4	—	1.00	0.10
合　　计		10.00	1.00

1）首先进行一级功能的功能系数分配，采用比率法，如表9-6所示。

表 9-6　铅笔一级功能的功能系数评定表

功　能	暂定功能比率	修正功能比率	功能系数(f_i)
F_1（使用笔芯）	10.00	3.00	0.58
F_2（保护笔身）	0.35	0.30	0.06
F_3（处理标记）	0.85	0.85	0.17
F_4（改善外观）	—	1.00	0.19
合　　计		5.15	1.00

2）在进行二级功能的功能系数分配，采用直接百分比法，如表9-7所示。

表 9-7　铅笔二级功能的功能系数评定表

功　能		功能百分比	功能系数(f_i)
0.58 F_1（使用笔芯）	F_{11}（保护笔芯）	0.3	0.174
	F_{12}（传输笔芯力）	0.2	0.116
	F_{13}（对比颜色）	0.5	0.290
0.17 F_3（处理标记）	F_{31}（固定橡皮头）	0.3	0.051
	F_{32}（传输橡皮力）	0.3	0.051
	F_{33}（擦掉标记）	0.4	0.068

3. 确定价值系数与改进对象

有了各对象的功能系数（f_i）和其对应的成本系数（c_i）就可由下式计算价值系数（v_i）：

$$v_i = f_i / c_i$$

价值系数的大小是评定各对象是否需改进的重要指标。通常，在价值工程中可采用最合适区域法来确定改进对象。如图9-9所示，最合适区域是指价值系数接近1（功能系数与成本系数接近）的区域以及对象的功能系数与成本系数的绝对值小的区域，最合适区域的对象可适当放宽，不作为价值工程改进的对象。最合适区域图的绘制步骤如下：

（1）建立功能系数与成本系数的平面坐标 X—Y，并在此平面上作 $X = Y$ 的直线，即价值系数 $v = 1$ 的标准线。

（2）在平面上画出两条曲线：$y = \sqrt{x^2 + 2K}$，$y = \sqrt{x^2 - 2K}$，其中 K 为常数，可取 $K = \dfrac{5000}{n^2}$，n 为参与评价选择的对象数量。

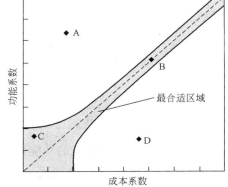

（3）把对象按功能系数、成本系数绘入图 9-9 中，选出落在合适区域之外的对象作为 VE 改进对象（图中的 A、D 点）。

4. 计算目标成本与成本降低额

确定目标总成本（C^*）是功能评价的重要内容之一，目标总成本是指对象经过功能评价和价值改善之后，应能达到的成本目标，或者说是价值工程活动要为之努力实现的成本期望值。

图 9-9　最合适价值区域图

目标总成本既要具有先进性，即必须经过努力才能达到；又要具有可行性，即有实现的可能。对企业或同行业已有的产品，可通过横向对比来确定产品的总体目标成本。

1）从市场价格出发确定目标总成本：

$$目标总成本 = \frac{市场最低售价}{本厂目前售价} \times 本厂目前总成本$$

对于已经在生产的产品，市场最低售价、本厂目前售价及本厂目前成本都是可以查到的数据。在流通成本和利税率与同类产品大致接近时，用上式推算目标成本，能使产品在价格上具有较好的竞争力。否则，可以采用下面介绍的方法。

2）从目标利润出发推算目标总成本：

$$目标总成本 = 用户认可的售价 - 税金 - 销售费用 - 目标利润$$

其中，用户认可的售价指多数用户能够理解并愿意接受的价格限度，是在市场竞争中自然形成的；税费按国家规定计算；销售成本可根据销售成本比率计算。从目标利润出发确定目标成本，可避免企业之间税率与销售成本的差异在计算目标成本中造成的影响。

3）从调查统计资料推算目标总成本。收集同类产品的性能指标和成本资料，画在直角坐标系中，如图 9-10 所示。横坐标表示功能完好度，可由产品技术性能指标评价得出；纵坐标表示各种性能的产品对应的成本。不同厂家的成本是不同的，将最低成本连成一条曲线，称为最低成本线。

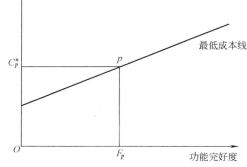

图 9-10　最低成本线

图中 p 点表示功能完好程度为 F_p 的产品所对应的目标成本为 C_p^*。

确定目标总成本后，可用下述公式计算各对象的目标成本（C_i^*）：

$$C_i^* = C^* \cdot f_i$$

由上述公式和表 8-2～表 8-7，得到铅笔价值计算表，如表 9-8 所示。

表 9-8　铅笔价值计算表

末位功能	功能系数 (f_i)	目前成本 (C_i)	成本系数 (c_i)	价值系数 (v_i)	目标成本 (C_i^*)	成本降低期望值 (ΔC)
保护笔芯	0.174	0.047	0.161	1.081	0.044	0.003
传输笔芯力	0.116	0.038	0.130	0.892	0.029	0.009
对比颜色	0.290	0.120	0.411	0.706	0.073	0.047
保护笔身	0.006	0.005	0.017	0.353	0.003	0.003
固定橡皮头	0.051	0.013	0.045	1.133	0.013	
传输橡皮力	0.051	0.006	0.021	2.429	0.013	
擦掉标记	0.068	0.043	0.147	0.463	0.018	0.026
改善外观	0.190	0.020	0.068	2.794	0.057	
合计	1.000	0.292	1.000		0.250	0.088

第四节　创新、评估与实施阶段

一、创新阶段

（一）方案创新的原则及过程

方案创新即创造新方案，就是从改善价值出发，针对应改进的具体目标，依据已建立的功能系统图和功能目标成本，通过创造性的思维活动，提出实现功能的各种各样的改进方案。

创新是价值工程的关键，在方案创新的过程中需要遵循一定的原则。价值工程的创始人麦尔斯提出 13 条价值工程创新的指导原则：

- 避免一般化、概念化；
- 收集一切可用的成本数据；
- 使用最可靠的情报资料；
- 打破现有框框，进行创新和提高；
- 发挥真正的独创性；
- 找出障碍，克服障碍；
- 请教有关专家，扩大专业知识面；
- 对于重要的公差要换算成加工费，以便认真考虑；
- 尽量利用专业化工厂生产的产品；
- 利用和购买专业化工厂生产的生产技术；
- 采用专门的生产工艺；
- 尽量采用标准件；
- 以"我是否也如此花自己的钱"作为判别标准。

创造新方案一般经过四个阶段：准备阶段、酝酿阶段、顿悟阶段和验证阶段。如果新方案经过最后的验证，证明新构思是可行的，则我们便可以付诸实施或进一步的探索、修正。

（二）方案创新的方法

价值工程中创造新方案的方法有很多种，它们都强调充分发挥人们的想象力和创造力，强调开发智力。这些方法能有效地激发人们的聪明才智，积极地进行思考，构思出技术经济效果更好的新设想。下面介绍在价值工程中方案创新常用的几种技术方法：

1. 头脑风暴法

头脑风暴法又称脑力激荡法或智力激励法，是指采用会议形式，在良好的创造气氛中发表意见进行集体创造的创新方法。采用头脑风暴法，在会议开始前小组领队应说明下列原则：禁止批评讨论、欢迎自由联想、期望有更多数量的创意和追求结合与改进创意。

2. 联想类比法

联想类比法是指通过联想、类比、引申、扩展，促进从异中求同、从同中求异的创新方法。

3. 设问创造法

设问创造法是指在开发新产品时，往往通过一定的提问，发现现有事物存在的问题，找到需要改进或创新的地方，从而激发设想与创意的方法。我们通常采用的设问创造法有5W2H法，即 Why、What、Where、Who、When、How & How much。

4. 组合法

组合法是指将一种（或多种）方案有机地结合在一起，从而获得一种新方案的创新方法。

5. 特性列举法

特性列举法是指通过对被研究对象进行分析，逐一列出其特性，然后着手探讨能否改进、如何改进的方法。

除此之外，方案创新还可使用缺点列举法、希望点列举法和检核表法等方法。

二、评估阶段

对已有的新方案进行方案评估，以确定新方案是否可行。方案评估不仅仅是比较功能或成本的高低，更重要的是以功能与成本的比值作为最终的评估标准。也就是说，方案评估是从众多的备选方案中，选出价值最高的可行方案。

方案评估可以分为概略评估与详细评估，不论是概略评估还是详细评估，都包括三方面内容：技术评估、经济评估和社会评估。把这三方面评估联系起来进行权衡则成为综合评估。

技术评估是对方案的功能的必要性及必要程度和实施可能性进行分析评估；经济评估则是对方案实施的经济效果进行分析评估；而社会评估则是对方案对国家和社会带来的影响进行分析评估；综合评估又称为价值评估，是根据以上三个方面评估内容，对方案价值大小所作的综合评定。

方案评估的方法有很多种，常用的有加法评分法、加权评分法、比较价值法等。下面我们将详细介绍加权评分法的使用。

为弥补加法评分法把各个方案的所有功能都看做同等重要的这个缺点，对各功能按其重要程度给予一定权数进行加权评分，以评得的综合总分作为择优的依据，这便产生了加权评分法。加权评分法的特点是同时考虑功能与成本两方面的因素，以价值大者为优。

以买车为例，假设现在有 A、B、C、D 四种车型可供选择，可通过编制加权评分评估表（见表9-9）的方式选择最优的车型。

从表9-9中可以看出，D 款车评估总得分最高83.3，为最优车型。

三、实施阶段

在方案付诸实施之前，要提交专门的方案审查小组进行审批，审批结果可分为三种情况：

- 可行性好，采用；
- 有附加条件的采用；
- 目前可行性不好，不采用。

表9-9 加权评分评估表

评估项目	成本	性能	外观	维修	寿命	各方案评分值 $\sum S_i * W_i$
重要度系数 W_i	0.4	0.3	0.1	0.1	0.1	
功能满意度 S_i 方案	评分	评分	评分	评分	评分	
A	76	77	72	81	70	75.8
B	70	73	77	70	90	73.6
C	73	77	80	70	82	75.5
D	82	88	76	90	75	83.3

对通过审查，予以采用的方案，价值工程工作人员要作好相应的实施准备。

在方案实施的过程中，往往会出现一些偏差，比如工时、进度、成本或效益等方面发生差异等。为了有效地进行控制，及时发现问题、解决问题，保证价值工程活动的顺利进行，达到预期的效果，对在实施过程中所反映出来的各种情况要经常地与目标、计划及其所制定的各项标准进行对照检查。

方案实施后，要全面总结价值工程活动的成果，将取得的实际效果从技术、经济、社会等方面作出科学的鉴定。

案例：某数控机床研发价值工程分析

我们将以某数控机床公司（下称公司）为例介绍价值工程在低价位加工中心研制开发中的应用。

一、公司背景

公司的主要产品为各类数控机床，包括立式、卧式和龙门式加工中心等大型设备。但由于公司立式类加工中心成本偏高，售价居高不下，难以形成批量、扩大销量，而国外同样规格性能的加工中心售价远低于该公司。为此，该公司决定采用价值工程的方法研发××型加工中心，以降低成本和销售价格，提高市场竞争力。

由于外购外协件占××加工中心的比例达70%以上，因此降低外购外协件成本是降低××型加工中心成本及售价的关键。根据公司多年的生产经验，要实现销售价28万元的目标，其购入成本只能为销售价的45%～50%，其设计成本的购入价只能为14万元。

二、价值工程的应用

该公司在××加工中心的研制开发中开展价值工程分析的思路为：①市场分析确定为用户接受的产品销售价格。②确定产品基本功能。③根据企业承受能力确定产品的设计成本。④按功能比例分解。⑤确定产品的结构形式。⑥确定外协外购件的型号、规格、质量档次等。具体过程如下：

1. 选择对象

用 ABC 法分析（见表9-10）××型加工中心外协外购件的成本，将占外协外购件78%的8种零部件定为 A 类，将 A 类零部件定为价值工程的工作对象。

表9-10　××型加工中心零部件 ABC 分类表

序号	零部件名称	数量	目前成本/万元	累计金额/万元	累计占成本（%）	分类
1	数控系统	1个(30件)	16.02	16.02	58.27	A
2	润滑系统	1个(4件)	0.23	16.25	59.09	A
3	冷却系统	1个	0.04	16.29	59.25	A
4	刀库系统	1个(12件)	0.44	16.73	60.82	A
5	主轴系统	1个(2件)	1.55	18.28	66.49	A
6	轴承	29个	1.03	19.31	70.23	A
7	滚珠丝杠	3个	1.07	20.38	74.12	A
8	滚珠导轨	4个	0.83	21.21	77.12	A
9	标准件及其他零部件	92个	6.29	27.50	100	B C

2. 收集情报

目前，市场上生产××型加工中心的制造商主要有三家，进口产品的销售价为60万元/台，我国台湾地区产品的销售价为35万元/台，而该公司产品的销售价为55万元/台。

3. 功能定义和功能评价

对工作对象的功能进行定义（见表9-11）并分析确定重点对象。

表9-11　A类零部件功能定义表

序　号	零部件名称	功能定义
1	数控系统	控制机床动作
2	润滑系统	润滑作用
3	冷却系统	冷却作用
4	刀库系统	换刀用
5	主轴系统	控制主轴转速,提供主轴动力
6	轴承	支承主轴
7	滚珠丝杠	传动作用
8	滚珠导轨	传动作用

根据企业承受能力确定目标成本，由于外购外协件占××型加工中心的比例达70%以上，因此降低外购外协件成本是降低××型加工中心成本及售价的关键。根据公司多年的生产经验，要实现销售价28万元的目标，其购入成本只能为销售价的45%~50%，即14万元，则A类零部件的目标成本 C^* 为10.92万元。

为了便于应用价值工程理论进行计算，将外购外协件的定性分析转化为定量分析，我们采用"0—4评分法"进行功能评分，然后求得功能评价系数，以下两表分别为组长的评分表（见表9-12）和五人评分汇总表（见表9-13）。

表9-12　A类零部件功能重要度评分表

序号	零部件名称	F_1	F_2	F_3	F_4	F_5	F_6	F_7	F_8	得分累计	功能系数 (f_i)
1	数控系统	×	4	4	4	4	2	4	4	26	0.232
2	润滑系统	0	×	3	4	4	2	3	4	20	0.179
3	冷却系统	0	1	×	2	3	1	3	3	13	0.116
4	刀库系统	0	0	2	×	3	0	2	3	10	0.089
5	主轴系统	0	0	1	1	×	0	0	1	3	0.027
6	轴承	2	2	3	4	4	×	3	4	22	0.196
7	滚珠丝杠	0	1	1	2	4	1	×	4	13	0.116
8	滚珠导轨	0	0	1	1	3	0	0	×	5	0.045
合　计										112	1.000

表9-13　A类零部件功能重要度评分汇总表

序号	零部件名称	评分者评分					总得分	平均得分	功能系数 (f_i)
		A	B	C	D	E			
1	数控系统	26	25	26	27	26	130	26	0.2321
2	润滑系统	19	20	20	18	18	95	19	0.1696
3	冷却系统	13	13	13	14	12	65	13	0.1161
4	刀库系统	10	11	13	9	12	55	11	0.0982
5	主轴系统	3	3	5	4	5	20	4	0.0357
6	轴承	22	20	23	19	21	105	21	0.1875
7	滚珠丝杠	13	14	12	15	16	70	14	0.1251
8	滚珠导轨	5	4	3	5	3	20	4	0.0357
合　计							560	112	1.000

为使功能系数 f_i 与成本比较，需求出目前成本系数 c_i（$c_i = C_i / \sum C_i$）。各零部件的成本系数求出后，用下列公式计算各零部件的价值系数 v_i（$v_i = f_i / c_i$），为使目标总成本降为14万元，则A类零部件的成本为10.80万元。下表为8种零部件的价值计算表（见表9-14）。

表9-14　A类零部件价值计算表　　　　　　　　（成本：万元）

序号	零部件名称	功能系数 (f_i)	原成本 (C_i)	成本系数 (c_i)	价值系数 (v_i)	目标成本 (C_i^*)	开展价值工程后成本	实际成本降低额
1	数控系统	0.2321	16.02	0.7553	0.31	2.51	8.5	7.52
2	润滑系统	0.1696	0.23	0.0108	15.70	1.83	0.12	0.11
3	冷却系统	0.1161	0.04	0.0019	61.11	1.25	0.02	0.02
4	刀库系统	0.0982	0.44	0.0207	4.74	1.06	0.23	0.21
5	主轴系统	0.0357	1.55	0.0731	0.49	0.39	0.83	0.72
6	轴承	0.1875	1.03	0.0486	3.86	2.03	0.55	0.48
7	滚珠丝杠	0.1251	1.07	0.0505	2.48	1.35	0.57	0.50
8	滚珠导轨	0.0357	0.83	0.0391	0.91	0.39	0.44	0.39
	合计	1.000	21.21	1.000		10.80	11.26	9.95

表中后两列表示公司在实际运用价值工程后各部件的实际成本，及其与原成本相比的实际成本降低额。

4. 新方案的创造和评估

经过集思广益，提出若干方案（见表9-15）。一方面继续降低成本，更加突出价格优势，另一方面以主机不断延伸的方法，扩大产品的功能和水平档次，提出可供用户选择、满足特殊用户需求的选用清单。

表9-15　新老方案对比表　　　　　　　　（单位：万元）

序号	零部件名称	原设计方案	改进后新方案	成本降幅
1	数控系统	以电气控制为主，多进口系统	机械与电气结合起来，寻求最佳效果 简化无关紧要的电器元件 多采用优质国产系统，形成批量，还可争取进价优惠	7.52
2	润滑系统	自动润滑站 手动泵定量分配器	货比三家，选择质优价廉的供货单位 形成批量，争取进价优惠	0.11
3	冷却系统	三相电泵	货比三家，选择质优价廉的供货单位 形成批量，争取进价优惠	0.02
4	刀库系统	气动控制换刀	凸轮机械结构换刀	0.21
5	主轴系统	电气控制主轴定位	机械主轴定位	0.72
6	轴承	主轴电气控制结构	主轴机械结构	0.48
7	滚珠丝杠	精度要求太高	机械零件改进设计，提高工艺性，降低无关紧要的精度项目，减少加工成本	0.50
8	滚珠导轨	精度要求太高		0.39
	合计			9.95

通过采用价值工程分析的方法，为该公司带来了较好的经济效益和社会效益。

思 考 题

1. 什么是价值工程？价值工程中的价值含义是什么？提高价值有哪些途径？

2. 什么是项目全生命期和项目全生命期成本？价值工程中为什么要考虑项目全生命期成本？

3. 价值功能分析的特点是什么？

4. ABC 分析法分析对象的基本思路和步骤是什么？

5. 什么是功能？功能如何分类？什么是功能定义？怎样进行功能定义？

6. 什么是功能整理？怎样绘制功能系统图？将你熟悉的某种生活日用品及其组成部分进行功能分析，并绘出功能系统图。

7. 什么是功能评价？常用的功能评价有哪几种？其基本思想和特点是什么？怎样根据功能评价结果选择价值工程的改进对象？

8. 方案的创新有哪些方法？如何进行方案评价？

1. http://www.value-eng.org/

国际价值工程协会网站：全球最大的价值工程专业组织，此网站包括国际价值管理的最新动态、价值管理标准和价值工程会刊（Value World）等信息。

2. http://www.hxve.org.cn/

国际价值工程协会中国认证委员会：此网站介绍有关价值工程的专家团队、资料中心、价值管理专家认证、管理咨询、企业内训和合作加盟。

第十章

精益价值管理

第一节　概　　述

一、精益方式的由来

精益（Lean）的概念来源于麻省理工学院的沃麦克教授（James P. Womack）与他的团队在一次工作会议时获得的灵感。1985 年，为了研究为什么日本汽车制造业能在短短的二三十年间对欧美汽车业界带来如此大的冲击，沃麦克与丹尼尔·琼斯（Daniel T. Jones）教授领导国际汽车计划（IMVP），组织来自全球 50 个国家与地区的专家团队，对全球 90 多家汽车厂进行对比分析，共同探讨这个课题。5 年内，他们对日本丰田及其他汽车公司的操作，包括整个企业从设计、制造、物流、采购、销售等职能，作了详细的调研。

1990 年，沃麦克和丹尼尔·琼斯在《改变世界的机器》一书中，把当时的丰田生产方式正式定名为精益制造（Lean Production，LP，又称精益生产）。精益制造原则作为一个全新的、不同的生产系统，很好地解释了日本汽车制造商能够高水平运作的原因。起源于丰田的精益方式在汽车工业中创造了卓越的成就，如成本、质量、应对市场的速度、产品多样性、可担负性等，并使日本汽车公司跻身于世界的前列。

精益方式就是如何以最少的投入满足客户的需求并获取最大的回报，即以最少的人力、设备、时间、场地、原材料投入为客户在合适的时间、合适的地点、以具有竞争力的价格提供合适数量的合适产品。

二、精益制造与精益企业

（一）精益制造

精益思想的核心是消除一切无效劳动和浪费。精益制造就是及时制造，消灭故障，消除一切浪费，向零缺陷、零库存进军。

精益方式被称为"21 世纪制造模式"，备受全世界制造行业的关注，精益思想已经成为全世界各行业发展的共同取向，在制造业、大型研发项目、服务业均得到了广泛的应用。精益制造兼具了大量生产与单件生产方式的优点，力求在大量生产中实现多品种和高质量产品的低成本生产。

（二）精益企业

MIT 早期对精益方式的研究主要集中在精益制造方面，即改进制造过程，20 世纪 90 年代末，MIT 的研究转向了第二阶段，即使项目的全生命期过程都精益，而不仅仅是制造过程的精益。1993 年，由 NASA、美国国防部、美国空军、麻省理工学院（MIT）等共同发起成立了"精益航空宇航进取计划"（The Lean Aerospace Initiative，LAI），尝试将精益方式应用于航空航天产品的研制过程。2002 年，LAI 总结多年工作，出版了由三位美国国家工程研究院院士及十多位资深专家合著的著作——《精益企业价值》，该书标志着精益价值理论和实践的发展进入了第三个发展阶段，即整个企业的精益。现代精益价值更关注于所有的利益相关者，并从以制造为中心扩展到企业的所有过程增值。

表 10-1 比较分析了制造业生产方式的发展历程，可见，精益企业价值体现了当今最先进的企业管理方式。

表 10-1　制造业生产方式的发展历程

时间	生产方式	特　　点	效　　果
1885 年	手工业生产	工人技能要求高;机器生产主要满足用于装配;定制化生产	生产率低;成本高
1915 年	大量生产方式	工人技能要求低;流水线生产;工人不再思考问题	高生产率;低成本;持续的质量问题;灵活性低
1955 ~ 1990 年	丰田制造系统	工人解决问题;作为过程管理者,工人应做到:接受培训、保证质量、及时制造 最小库存;消除浪费;柔性制造	低成本;不断提高的生产率;高质量的产品
1993 年至今	精益企业价值	"精益"适用于企业价值流中各方面;使价值链中各相关者及企业的价值最优化	低成本;不断提高的生产率;高质量;使相关者获得更大的价值

NASA 在实施精益价值管理的十多年时间里，极大地缩短了项目的研发周期，降低了成本，提高了企业应对市场变化的能力。洛克希德航空系统公司和波音公司采用精益方式有效地降低了飞机研发过程的进度、成本和质量风险。

近年来，民用航空、大型零售业、医疗保健业以及电信业等服务行业也采用了精益价值方法并取得了显著收效。

精益生产是相对于大批量生产而言的，注重时间效率。与传统大批量生产方式相比，精益方式的主要特征如下：

（1）精益方式是以更少的投入，满足顾客的需求，并为企业带来更大的回报。精益制造方式在人员、场地、资金等投入大大减少，而工作效率大为提高。

（2）精益方式的核心思想在于"消除浪费、精简流程"和"持续改进"。前者是指在组织管理和生产过程中侧重分析"价值流"——"产品流""物资流"和"信息流"，及时发现问题，删繁就简，杜绝浪费，采用下道工序"拉动"上道工序的方式，使"价值流"连续流动起来。后者则强调充分发挥员工的潜能，力争精益求精，追求尽善尽美。

（3）柔性化生产和准时制造是精益制造体系追求的目标之一。大批量生产方式是基于生产大量相同的产品，以实现它的规模经济。而精益制造综合了大量生产与单件生产方式的优点，力求在大量生产中实现多品种和高质量产品的低成本生产。

（4）"少就是多"是精益制造方式的一个重要体现。减少人员的数量有利于人员之间的相互沟通；更为紧凑的工作区不再为废物或废品留下空间，有缺陷的产品被立即跟踪，而不是简单地废弃在通道上。若产品种类改变，由于库存占用的资金减少，存储就不成为问题。供应商能够以一种稳定的速度进行生产和交付产品，而不必加班生产来应付大额订单，或者在下一批订单到来之前，工厂处于停工状态。

（5）建立与供应商良好的伙伴关系。精益制造厂家会与他们的供应商一起共同开展设计，从而降低成本、提高质量。

从制造的层面看，精益制造是先进制造技术；从管理的层面看，它又是企业的组织管理方法，即企业生产要素的配置方式。精益制造方式是以精益思想为指导，贯穿在企业生产经营的全过程，不仅生产要精益，而且要精益研发、精益供应、精益消费，以至精益企业。

三、精益价值与其他管理方法的比较

1996年以后，精益方式的研究发展到精益价值的阶段。表10-2比较了精益价值与其他管理方法的特点。精益价值体现了现代管理方法的发展方向。可见，精益价值关注于所有的利益相关者，并从以制造为中心扩展到企业所有流程和人员。

表10-2　精益价值与其他管理方法的比较

	全面质量管理	流 程 再 造	传统六西格玛	精 益 价 值
目标	满足顾客期望	突破性解决问题	降低过程变异	驱除浪费创造价值
关注焦点	产品质量	业务流程	所有变异的来源	所有企业流程及人员
变化过程	持续改进的	激进的	针对过程的、连续的	发展的、系统的
采用模型	提高效率及利益相关者价值	提高企业绩效及顾客价值	降低浪费提高顾客满意度	将价值传递给所有利益相关者

精益价值与其他管理方法的主要区别和联系是：

精益价值管理的核心思想是"以创造价值为目标降低浪费的过程"。通过"做正确的事"和"正确地做事"来实现利益相关者价值。精益价值管理本身与全面质量管理有密切的联系，它是全面质量管理的继承和发展。

业务流程再造关注的是业务流程——活动的集合，这些活动把投入转化为交付给消费者的价值产出——而不是组织、结构、任务、工作或人。因此，流程再造往往通过新的流程替代现有的流程去寻找突破性的解决方案，从本质上来说，这种方法的目标是优化高层领导者和股东的价值，但这通常会产生大量的失业和组织重组，产生劳资对抗。虽然精益思想也会产生重大的流程重构，但是它采取与流程再造不同的企业经营方式——从多元利益相关者的视角考虑创造价值机制。精益思想认为构建知识和能力是优先的，这与流程再造忽视和漠视这些因素的形式形成对比。

六西格玛管理的核心是生产无缺陷的产品，其管理的原则是消除引起质量波动的各种原因——机器、原材料、方法、环境以及过程中的人。另一方面，六西格玛管理也强调最小化浪费和最小化资源使用来提高顾客的满意度。因此，六西格玛有助于确保"正确地做事"，但是它不一定保证这些事情本身是"做正确的事"，而精益价值管理从利益相关者的价值出发，因此从根本上保证了"做正确的事"。

可见，与其他方法相比，精益价值管理更能带来企业的持续改进。精益价值概念建立了

一种更加积极和完整的改进模式，更加强调创造产品、服务和组织的价值而不仅仅是消除浪费。

第二节　精益价值的原则及其精髓

一、精益价值的五项原则

在精益价值阶段，最重要的就是金沃丰提出的精益价值五项原则，它是开展精益价值研究的基础。该五项原则具体如下：

（一）识别价值

无论每一过程是否正确有效地执行，提供给顾客错误的产品和服务都意味着浪费。为了避免这种浪费，精益思想提出，第一步需要进行全面的需求分析，并与特定的客户沟通以明确其在特定时刻的特殊需求及预计的输出。

价值只能由最终客户来定义，而且只有通过特定时刻以特定价格提供满足客户需求的特定产品来确定时，价值才有意义。另一方面，由于公司的商业流程可以看做是供应商——顾客的一个巨大网络，所以该原则也同时适用于内部客户。

（二）识别价值流

价值流就是从产品概念形成到实现、从定购到交付、或从原材料到产成品的一系列活动和任务。它可以应用于三个不同的领域：

（1）问题解决：从设计到生产的过程。

（2）信息流：从详细的信息需求安排到递交并获取订单的过程。

（3）物料流：从未加工的原料到消费者手中的成品的过程。

整个价值流中的所有活动和任务可以分为以下三类：

（1）增加价值的活动：如为一辆汽车喷漆，组装零件。

（2）必要但不增加价值的活动：检查活动以确保质量。

（3）非增值的活动：可以立即消除的活动。

价值流分析的关键在于关注每一个产品或产品族的整条价值流，而不是单一的过程，即从价值链最初的供应商开始一直到最终客户，一旦开始这样做，人们就能发现大量的非增值的活动，即浪费。在企业中，这种整体化的解决方法被称为精益企业。

然而，在实际中有些公司避免采用这种方法的主要原因是担心暴露组织的内部过程和成本信息，害怕这些信息可能被上下游合作者利用。这种担忧导致的后果就是公司仅关注于自身的流程，而非整个价值流。因此，价值流的透明度是进行价值流分析的关键，组织应转变观念，建立一些简单的规则以协调规范公司间相互作用的方式。

（三）使价值通畅地流动

在确定价值、绘制价值流及消除非增值的活动等步骤完成之后，下一步就是要确保价值创造活动的"流动"。这是非常关键的一步，它需要思想上的深刻改变，即在持续流动思想指导下克服传统的批量生产思想。

流动原则的目标是：重新定义职能部门和公司的工作，使其在价值创造中起到更积极的作用，并能在价值流的每一个点满足所有过程参与者的需求，从而使他们的利益推动价值流动。为了成功做到这一点，不仅需要关注产品或服务以创造一个精益企业，同时需要重新考虑职能部门的工作，以便消除任何逆向流动和中断，使流动更平稳。

另一方面，传统的批量——队列形式的组织方式不能使员工产生心理上的流动。工人们只能看到整项任务中的一部分，而没有任务是否正确执行及整个系统的真实状态信息，因此，重视工作的持续流动进而价值的持续流动，也同样为心理流动打下基础。

（四）让客户拉动价值

精益思想不仅指如何提供消费者真正需要的产品和服务的问题，而且包括在消费者真正需要的时刻适时提供正确的产品和服务。

这一思想背后的策略正是拉动原则，它意味着消费者按需要从公司拉动产品，而不是将产品推给消费者。该原则也可应用于整条价值流，即只有当下游客户需要某产品或服务时，上游才生产。这一原则能使产品研发、制定工艺过程和制造过程的时间分别减少50%、75%和90%。另外，在一个复杂的生产价值流中对客户需求的快速响应也能加速资金周转，将存量减少到最低。实现客户拉动价值最有效的方式是JIT和看板管理。

（五）尽善尽美

最后一条原则是不断追求尽善尽美，它激励人们在生产越来越多的客户真正需要的产品的同时，不断减少所耗费的精力、时间、空间、成本的过程是永无止境的。前述精益价值的四条原则是相互影响的，其中任何一点的改善都能引发其他方面的改善，例如，直接与客户联系的产品开发小组总是能找到越来越好的方法简明地定义客户价值，因而也常常能发现一些改进流动和拉动技术的新方法。

追求尽善尽美的基本原则之一是上文所提及方面的透明化，如果精益系统中的每一成员，无论承包商、供应商、发行商甚至是客户都能看清价值流中的一切，就能找出更好的新方法创造价值，避免浪费也将更加容易。生产中常常使用可视控制板，它能为人们及时地提供需要改善的反馈，这是精益方法的基础，并为进一步的持续改进提供了有力的动力。

因此，在企业中实现精益管理应从以下方面来考虑：

（1）在任何企业中，所有被创造出的价值都是经由一系列步骤，在适当的时间、按照适当的顺序逐步完成，也就是经过一个价值流，最终才能得出结果。

（2）在适当的时间、以适当的价格向客户提供价值是关系到企业成败的关键。

（3）面对客户的价值流贯穿整个企业。

（4）所有企业，包括丰田在内，大都是按职能部门（工程技术、采购、生产和销售部门等）横向组织起来的。因为这是创造和储备知识的最佳方法，也是发展员工最好的途径。

（5）从产品概念的形成到实施，换句话说，这是整个产品的生命周期。从客户订单到产品生产，再到产品交付，这个纵向的价值流必须有专人来监督、管理和改善，以满足客户的要求。

（6）不论高层管理人员如何解释，大多数企业中并没有人负责产品的纵向价值流，因此，产品无形中变成了一个无人认领的"弃婴"。

（7）在大多数企业中，各级管理人员的考核都是按照各自部门具体的指标实现情况来评估的。这些指标通常是财务的数据，由高层管理人员来制定。

（8）价值流的改善往往是由专家（或顾问）进行管理的，但他们通常观察不到整个价值流程、不了解客户最急迫的需求和企业最紧急的问题。他们只运用自己认为最有效的精益工具来解决看起来相对简单的问题。

二、消除浪费

传统精益方式的精髓体现在杜绝浪费。丰田把所有业务过程中消耗了资源而不增值的活动叫做浪费。

组织中的所有活动可以分为：有附加值作业和无附加值作业。当一个作业改变了产品的基本性质，那么这个作业就是有附加值作业，否则就是无附加值作业。

有附加值作业具有以下特征：

- 从顾客角度来看，顾客情愿为其支付报酬；
- 该作业能使产品或服务有所变化；
- 该作业和任何作业不重复。

无附加值作业，即浪费的特征：

- 不会对此作业支付任何报酬，甚至对其存在产生抱怨；
- 作业内容重复，如返工、返修、报废。

丰田公司提出的七种浪费为：

（一）等待

等待浪费是指活动总的持续时间与创造价值的时间之差。等待意味着在一部分活动持续时间内存在非增值的活动，也就是说，价值流没有"流动"，它是最普遍的一种浪费。造成等待的原因通常有：作业安排不平衡、停工待料、整批处理延迟、机器设备停工、产能瓶颈等，导致员工暂时没有工作可做，只能站在一旁等待下一个处理步骤、工具、供应、零部件等。

（二）过度处理

过度处理是指额外的、超过客户需求的项目改进，包括采取不必要的步骤处理原材料或零部件；由于工具与产品设计不良，导致不必要的动作；此外，提供超出必需的过高品质的产品时，也会造成浪费。这些无法产生效益的多余的加工当然是浪费。

（三）传递/运输

所谓传递/运输的浪费，就是进行不必要的搬运，如长距离搬运在制品，缺乏效率的搬运，进出仓库或在工序之间搬运原材料、零部件或最终成品。搬运的浪费若分解开来，又包含放置、堆积、移动、整理等动作的浪费。

传递/运输是生产过程中保持项目移动必不可少的一种操作，所以完全消除搬运是不可能的。但是，减少项目部件、原材料、工具在生产操作中、设备间、出库或入库的移动时间，使总时间最短是我们的目标。

搬运是一种浪费被大多数人所认同，但如何减少这种浪费？有些人想到用传输带的方式来克服，这种方式实际仅能称为花大钱减少体力的消耗，但搬运本身的浪费并没有消除，反而隐藏了起来。实际上，搬运是无法被完全消除的，但可以通过重新调整生产布局尽量减少这种浪费。

（四）移动

移动的浪费是指员工在工作的过程中，任何多余的动作、不易完成的动作、繁杂的动作，都会造成浪费。要达到同样的作业目的，可以有不同的动作组合，通过动作研究对动作设计进行改进，不仅可以减少浪费，增加效益，在员工的工作效率、身体健康，及设备寿命等方面都是有益的。

（五）存储

产生存储根本的原因是生产系统在数量和时间方面的不同步性，即在价值流中，很多工作是由上游工作推动而不是由下游工序拉动。丰田生产方式认为："库存是万恶之源"。这是丰田方式对浪费的认识与传统理解最大不同的方式，丰田方式中几乎所有的改善行动也都直接或间接地和消除库存有关。因为，丰田方式认为过多的原材料、在制品或最终成品的库存，除了会造成仓储空间和费用的有形损失以外，更重要的是会隐藏生产中的许多其他问题，例如，生产不均衡、供应商供货不及时、不合格品、机器设备故障等。

有了充足的库存，出现问题可以用库存先顶上，表面上看来整个生产系统很正常，实际上，可能很多问题已经出现，只是被隐藏在库存之下。过多的库存会阻碍改进，库存量一多，上述生产系统中存在问题所带来的不利后果不能马上显现出来，因而也不会产生相应的改进措施。

因此，丰田方式提出"零库存"。"零库存"并非指完全没有库存，而是把库存尽量减到最少的必要程度。通过尽力降低库存水平，从而使生产系统的各类问题充分暴露出来，继而可以有针对性地加以处理和改进，实现生产系统和生产方式的优化。

（六）过度生产

过度生产是指制造过多或提早完成。与产生存储的原因类似，过度生产的主要原因是上游工作并未考虑下流工作的真正需要。制造过多，生产出尚未有订单的产品，只能变成库存，而不能增加利润，从而造成浪费。

制造过早同样也是浪费。一般说来，在所有作业现场最常见到的就是过快地推进工作，并认为提早做好能减少产能损失，这其实是一种误区。本来是工间休息时间，但是却做完了其后的工作，所以工间休息也就消失了，如果重复这样的情况，在其后的作业运行过程中，就会持续出现库存堆积以及搬运这些库存的作业，从而导致"库存的浪费""搬运的浪费"，同时由于一直处于生产状态，也会把"等待的浪费"隐藏起来。

大野耐一认为，过度生产是最根本的浪费，因为它会导致大部分其他的浪费。过度生产的浪费，同时也隐藏了其他形式的浪费，在这个意义上，它和其他的浪费完全不同，其他种浪费给改善提供了线索，但过度生产的浪费却掩盖了这些线索，所以阻碍了对作业的改良。

丰田生产方式强调的是"适时生产"，也就是在必要的时间，生产出必要数量的必要产品。因此，需要对整个流程进行完善，用规则来控制过剩生产，或者进行设备上的制约。

（七）缺陷

缺陷造成的浪费是指生产出不合格品或需要返工的产品造成的浪费。缺陷产品造成的浪费是显而易见的，在产品制造过程中，任何缺陷产品的产生，都意味着材料、机器、人工等的浪费；而任何修理或重做都是额外的成本支出。

三、准时化生产方式（JIT）

准时化生产方式（Just In Time，JIT）是丰田汽车公司在逐步扩大其生产规模、确立规模生产体制的过程中诞生和发展起来的。以丰田汽车公司的大野耐一等人为代表的 JIT 生产方式的创造者，一开始就意识到需要采取一种更能灵活适应市场需求、尽快提高竞争力的生产方式。

JIT 生产方式作为一种在多品种小批量混合生产条件下，高质量、低消耗地进行生产的方式，是在实践中摸索、创造出来的。在 20 世纪 70 年代发生石油危机以后，市场环境发生巨大变化，许多传统生产方式的弱点日渐明显。从此，采用 JIT 生产方式的丰田汽车公司的经营绩效与其他汽车制造企业的经营绩效开始拉开距离，JIT 生产方式的优势开始引起人们的关注和研究。

JIT 生产方式是精益生产方式的两大支柱之一，可用现在已经广为流传的一句话来概括，即"只在需要时、按需要的量、生产所需的产品"，这也就是 Just In Time 一词所要表达的本来含义。这种生产方式的核心是追求一种零库存、零浪费、零不良、零故障、零灾害、零停滞的较为完美的生产系统，并能够快速地应对市场的变化，为此开发了包括看板在内的一系列具体方法，逐渐形成了一套独具特色的生产经营体系。

传统生产方式与 JIT 生产方式的比较：

传统的生产方式通常都是推进式的（见图 10-1）。它的物流就是从仓库开始，在各道工序之间产生流动；它的信息流存在于计划部门和仓库之间，计划部门与每一道工序之间都有相对独立的信息流，而工序与仓库之间、工序与工序之间不存在信息流。传统的生产方式由于工序间缺少必要的信息沟通，往往造成中间产品的过多或过早的生产，造成中间产品的大量积压，有些企业为此不得不专门设立了很多的中间品仓库用来存储过剩的大量半成品。

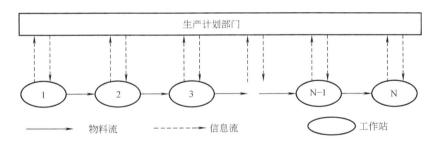

图 10-1　推进式的生产方式

JIT 生产方式采用的是拉动式的控制系统（见图 10-2），生产计划部门只需要把生产计划下达到最后一道工序，最后一道工序对其上游工序提出所需物料的要求，上游工序根据要求生产，通过这样的拉动一直延续到采购部门。

图 10-2　拉动式的生产方式

JIT 生产方式的好处就在于真正实现了信息流与物流的结合，而且在整个过程中不会产生多余的中间产品，也不会出现等待、拖延等浪费。因此，JIT 生产方式能够真正做到"适时、适量、适物"的生产，节约产品的生产成本，最终产生经济效益。

第三节 精益管理的主要工具

精益管理虽是一种理念，但是在向精益企业转化的过程中，企业也需要利用一些精益工具或方法。表10-3列示了一部分精益工具和方法。

表10-3 精益工具和方法

精益工具和方法	主 要 用 途
价值流图析技术	分析价值流，寻找改进源
5S 活动	减少资源和空间的浪费，提高劳动生产率，减少机器设备的故障
看板管理	
目视管理	使问题直观化、协助工人及管理层与工作现场直接接触、明确改进目标
再发防止	保证不再发生同样或类似错误
工业工程学	现场布置，时间研究
人机工程学	动作研究，标准工作法，时间研究
工作方法研究	标准工作法，时间研究，工作流程
海尔 OEC 管理法	对每天所作的每件事进行全方位的控制和清理

下面介绍几种主要的精益工具：

一、目视管理

（一）什么是目视管理

一个人接受的信息80%来自视觉。目视管理是利用形象直观、色彩适宜的各种视觉感知信息来组织现场生产活动，达到提高劳动生产率目的的一种管理方式。它是以视觉信号为基本手段，以公开化为基本原则，尽可能地将管理者的要求和意图让大家都看得见，借以推动自主管理、自我控制。所以目视管理是一种公开化和视觉显示为特征的管理方式，也可称为"看得见的管理"，其目的是使问题直观化，协助工人及管理层与工作现场直接接触，明确改进目标。

目视管理是用目视的工具如标贴、色彩、标志、标记等简化工作过程，使工作现场的问题点、异常、浪费等状态一目了然地显示出来，以便尽早地发现不良趋势、采取措施。

目视管理具有下列优点：

- 形象直观，有利于提高工作效率；
- 透明度高，便于现场人员互相监督，发挥激励作用；
- 有利于产生良好的生理和心理效应。

（二）目视管理的内容

1. 规章制度与工作标准的公开化

为了维护统一的组织和严格的纪律，保持大工业生产所要求的连续性、比例性和节奏性，提高劳动生产率，实现安全生产和文明生产，凡是与现场工人密切相关的规章制度、标准、定额等，都需要公布于众；与岗位工人直接有关的，应分别展示在岗位上，如岗位责任制、操作程序图、工艺卡片等，并要始终保持完整、正确和洁净。

2. 生产任务与完成情况的图表化

现场是协作劳动的场所，因此，凡是需要大家共同完成的任务都应公布于众。计划指标要定期层层分解，落实到车间、班组和个人，并列表张贴在墙上；实际完成情况也要相应地按期公布，并用作图法使大家看出各项计划指标完成中出现的问题和发展的趋势，以促使集体和个人都能按质、按量、按期地完成各自的任务。

3. 与定置管理相结合，实现视觉显示信息的标准化

在定置管理中，为了消除物品混放和误置，必须有完善而准确的信息显示，包括标志线、标志牌和标志色。因此，目视管理在这里便自然而然地与定置管理融为一体，按定置管理的要求，采用清晰的、标准化的信息显示符号，将各种区域、通道，各种辅助工具（如料架、工具箱、工位器具、生活柜等）均应运用标准颜色，不得任意涂抹。

4. 生产作业控制手段的形象直观与使用方便化

为了有效地进行生产作业控制，使每个生产环节，每道工序能严格按照期量标准进行生产，杜绝过量生产、过量储备，要采用与现场工作状况相适应的、简便实用的信息传导信号，以便在后道工序发生故障或由于其他原因停止生产，不需要前道工序供应在制品时，操作人员看到信号，能及时停止投入。例如，"看板"就是一种能起到这种作用的信息传导手段。

各生产环节和工种之间的联络，也要设立方便实用的信息传导信号，以尽量减少工时损失，提高生产的连续性。例如，在机器设备上安装红灯，在流水线上配置工位故障显示屏，一旦发生停机，即可发出信号，巡回检修工看到后就会及时前来修理。

生产作业控制除了期量控制外，还要有质量和成本控制，也要实行目视管理。例如，质量控制，在各质量管理点（控制），要有质量控制图，以便清楚地显示质量波动情况，及时发现异常，及时处理。车间要利用板报形式，将"不合格品统计日报"公布于众，当天出现的废品要陈列在展示台上，由有关人员会诊分析，确定改进措施，防止再度发生。

5. 物品的码放和运送的数量标准化

物品码放和运送实行标准化，可以充分发挥目视管理的长处。例如，各种物品实行"五五码放"，各类工位器具，包括箱、盒、盘、小车等，均应按规定的标准数量盛装，这样，操作、搬运和检验人员点数时既方便又准确。

6. 现场人员着装的统一化与实行挂牌制度

现场人员的着装不仅起劳动保护的作用，在机器生产条件下，也是正规化、标准化的内容之一。它可以体现职工队伍的优良素养，显示企业内部不同单位、工种和职务之间的区别，因而还具有一定的心理作用，使人产生归属感、荣誉感、责任心等，对于组织指挥生产，也可创造一定的方便条件。

挂牌制度包括单位挂牌和个人佩戴标志。按照企业内部各种检查评比制度，将那些与实现企业战略任务和目标有重要关系的考评项目的结果，以形象、直观的方式给单位挂牌，能够激励先进单位更上一层楼，鞭策后进单位奋起直追。个人佩戴标志，如胸章、胸标、臂章

等，其作用同着装类似。另外，还可同考评相结合，给人以压力和动力，达到催人进取、推动工作的目的。

7. 色彩的标准化管理

色彩是现场管理中常用的一种视觉信号，目视管理要求科学、合理、巧妙地运用色彩，并实现统一的标准化管理，不允许随意涂抹。这是因为色彩的运用受到技术、生理和心理、社会等因素的制约。

二、看板管理

看板管理是一种重要的目视管理方法。

"看板"是由两个日本汉字组成的日本词，意为"信号"或"可视记录"。看板管理是由日本丰田汽车公司创造的。看板管理是一种生产现场物流控制系统，它是通过看板的传递或运动来控制物流的一种管理方法。生产作业管理系统的目的是要完成生产计划规定的目标，受主生产计划驱动，根据主生产计划决定总装配作业计划。按作业管理的思路和方法，可分为"推"和"拉"两种不同的作业管理系统。一般作业管理系统都采用"推动"方式。由计划部门根据生产计划要求，确定每个零部件的投入/产出计划，按计划发出生产指令。每个工序按计划制造零部件，并将加工完的零部件送后工序，不考虑后工序是否需要这些零部件，往往造成多余零部件的积压。而"拉动"方式则不是这样，它根据市场的需求进行生产，由代表顾客需求的订单开始，制定主生产计划和总装配顺序计划，从产品总装配出发，每个工序按照当时对零部件的需要，向前工序提前要求，发出工作指令。就这样逆工艺顺序由后往前逐级"拉动"前面的工序。前工序工作中心完全按照这些指令进行生产，一直"拉"到最底端的一道工序甚至"拉"到供应商或协作厂家。

"拉动"是靠看板系统来实现的，看板起到了指令的作用。在生产现场，工人不见看板不搬运，不见看板不生产。看板的主要机能是传递生产和运送的指令，它是移动零部件或继续工作的授权书。看板的使用严格控制了前后工序之间的在产品的流转数量，减少了在产品储备量，使现场物流处于最佳状态，做到了"准时领取""准时生产"。在精益制造方式中，生产的月度计划是集中制定，同时传达到各个工厂以及协作企业。而与此相对应的日生产指令只下达到最后一道工序或总装配线，对其他工序的生产指令均通过看板来实现，即后工序"在需要的时候"用看板向前工序去领取"所需的量"的同时就等于向前工序发出了生产指令。由于生产是不可能100%地完全按照计划进行的，日生产量的不均衡以及日生产计划的修改都通过看板来进行微调。看板就相当于工序之间、部门之间以及物流之间的联络神经而发挥作用。

以丰田汽车为例，在生产计划的制定方面，根据企业政策、用户订单制定年度计划、月份计划以及具体生产什么车种、生产多少辆的日计划。但只向总装配指示顺序计划，除此之外，不再向其他加工工序指示顺序计划。现场除总装配以外，其他工序都不领取生产计划表。也可以说，对各加工、子装配过程没有统一的生产指示，它们需要生产什么，生产量多少，何时完工等都由看板进行控制。

看板不仅有生产管理的机能，还有改善的机能。通过看板，可以发现生产中存在的问题，从而采取改善措施，以不断提高生产效率。看板管理可以说是精益制造方式中最独特的部分，因此也有人将精益制造方式简称为"看板方式"。不过，严格地说二者是有差别的：精益制造方式的本质是一种生产管理技术；看板是一种管理工具。但看板在实现适时适量生产中具有极为重要的意义。

三、再发防止

（一）定义

再发防止是指已经发生过的问题不允许第二次发生。

再发防止的中心思想是每个人都会犯错误，但不允许犯同样的错误。为此，公司建立了严格的再发防止制度。再发防止是松下管理的一大特色，一个部门积累了很多再发防止，实际上就是积累了一笔财富。从这个意义上讲，它不仅是犯错误的部门更正错误的过程，更是让其他人学习的过程。

（二）再发防止的目的

出现问题后，不应简单地承认错误，这样很难保证下次不发生类似错误，要有一系列保证不再发生同样错误的措施。责任部门接到再发防止报告书后，应立即采取临时对策，使不良现象处于受控状态。然后认真查找产生不良的根本原因。针对这个根本原因，找到解决问题的若干具体措施，逐条落实。最后，要将那些行之有效的措施标准化，也就是文件化，写入规格书或作业指导书。做这些工作的同时，责任部门要认真地填写再发防止报告书。并经上一级领导确认后，交给主管部门，这样一个再发防止过程才算结束。

以前，公司每月定期召开专门的再发防止发表会，由再发防止部门在会上发表其再发防止报告书，其目的是因其责任部门的高度重视，彻底防止问题再发生，同时它起到了以点带面、教育大家的作用，其他部门可以借鉴、共享，使公司各部门都能从某个问题中吸取教训。

（三）再发防止的结果

管理就是使事物恢复原来的状态。

改善报告书是为了使现有水平得到提高，因此，经过工艺条件的调整和反复试验，较原有水平提高了，就可以填写改善报告书，其目的是提高。再发防止书不同于改善报告书，问题出现后，说明某些方面偏离了正常状态，通过查找根本原因，使事物回到原来的状态，使结果更稳定和更有效。

（四）再发防止报告书的填写

表10-4是一份某公司再发防止的标准格式。

在异常内容一栏中，要求按5W1H填写。What：发生了什么事？When：什么时候发生的？Where：在哪里发生的？Who：谁发现的？Why：为什么会发生这样的事？How：如何发生的？这样填写，一目了然，清楚明白。

在解析及诊断一栏中，要求按4M1E填写。Man：从人的方面找原因；Material：从材料方面找原因；Machine：从机器方面找原因；Method：从加工方法上找原因；Environment：从外界环境上找原因。这需要画出"鱼骨刺图"，科学、认真地分析问题、解决问题。

标准化是必需的，也只有文件化，写入规格书或作业指导书，认真加以执行才能做到真正的再发防止。

表 10-4 异常再发防止报告书

登录		报告部 防止部		操作者		责任者		主管 领导		时间	
题目											
异常现象(即异常内容,按5W1H填写)											
异常现象的消除(即临时对策,应包括原因的初步诊断)											
解析及诊断(原因的确定,按4M1E)											
再发防止	再发防止对策										
	再发防止对策效果的确认										
	标准化										

四、海尔的 OEC 管理法

OEC 管理是海尔公司创立的一种管理方法。OEC 管理的 OEC 是 Over Every Control and Clear 的英文缩写,具体含义如下:

O:Overall,全方位;

E:Everyone/Everyday/Everything,每人/每天/每事;

C:Control/Clear 控制/清理。

OEC 管理的做法是:对每天所做的每件事进行全方位的控制和清理,做到"日清日毕,日事日高",每天的工作每天完成,而且每天的工作质量都不断提高。

OEC 管理是在海尔原有的全方位优化管理的基础上,综合吸收了日本的管理思想、美国的创新精神、中国古代的传统文化,结合海尔的具体实际而创立的一种管理方法。

OEC 管理由目标系统、日清系统和激励机制所组成。

目标系统就是根据企业发展方向和具体要求,确定各部门的目标,然后按车间、产品的目标层层分解,量化到人。确定目标时要求指标具体,可以度量;目标分解时坚持责任到人的原则;同时做到管理不漏项。通过确定目标,做到人人都管事,事事有人管。从岗位环节到车间的每一块玻璃、每一个地段,都有责任者,每个人的工作都有标准、目标。

日清系统就是每天每个员工要通过记录"3E 日清工作记录卡",对工作进行自我清理,要求当日的工作必须当日完成,同时要找出差距、问题,提出改进措施,做到"日清日毕,日事日高"。日清的内容包括:质量日清、工艺日清、设备日清、物耗日清、生产计划日清、文明生产日清、劳动纪律日清。各职能部门对本部门的职责执行情况进行日清。

激励机制就是每天每人的工作数量、问题、表现情况与个人的工作收入直接挂钩,坚持

"公开、公平、公正"的原则，充分有效地激励员工。

OEC 管理的九个要素如下：

- What——何项工作发生了何作用；
- Where——问题发生在何地；
- When——问题发生在何时；
- Why——发生问题的原因；
- Who——问题的责任者；
- How many——同类问题有多少；
- How much cost——造成多大损失；
- How——如何解决；
- Safety——有无安全注意事项。

OEC 管理坚持"三不放过"和"三不代替"：

- "三不放过"：发生问题没有找到原因不放过；没有找到责任人不放过；没有整改措施不放过；
- "三不代替"：不能以数字的差异代替目标工作的差异；不能以部下的工作代替自己的工作；不能以简单的罚款代替解决问题的方案。

OEC 管理的三个基本原则：

- 闭环原则：凡事要善始善终，都必须有 PDCA 循环，而且要螺旋上升；
- 比较分析原则：纵向与自己的过去比，横向与同行业比，没有比较就没有发展；
- 不断优化的原则：根据木桶原则，找出薄弱项，并及时整改，提高全系统水平。

第四节　5S　活　动

一、5S 活动的内容

5S 活动是一种精益工具。1955 年，日本开始推行两个 S，宣传口号为"安全始于整理，终于整理整顿。"后来，因生产和品质控制的需要而又逐步提出了 3S，即清扫、清洁、素养，使其应用空间及适用范围进一步拓展。1986 年后，日本的 5S 著作逐渐问世，从而对整个现场管理模式起到了冲击作用，并由此掀起了 5S 热潮。

5S 活动的发展过程有两个特色：循序渐进和全员参与。循序渐进是指从基础做起，如 5S 活动的产生。全员参与是指从基层做起，如质量管理活动、提案改善活动等。

5S 活动是指在生产现场中对人、机、料等生产要素进行有效的管理，是整理（Seiri）、整顿（Seiton）、清扫（Seiso）、清洁（Seiketsu）、素养（Shituke）的缩写。如果实施得当，5S 活动能够减少资源和空间的浪费，提高劳动生产率，减少机器设备的故障等。

（一）整理

将工作场所的任何物品区分为有必要的与没有必要的，除了有必要的留下来以外，其他的都清除掉。这样一能腾出空间，空间活用；二能防止误用、误送；而且还会塑造一个清爽的工作场所。这是 5S 活动的第一步，实施这一步时要有决心，不必要的物品应断然地加以处理。可用表 10-5 所示的方法来区分要与不要的物品。

表 10-5　区分要与不要的物品的方法

序号	状　态		放置位置	处置方法	事　例
1	不能用	不用	废弃处理	即时清除工作场所,作废弃处理	办公区及料仓的物品
2	不再使用				办公桌、文件柜、置物架之物品
3	可能会再使用(一年内)	很少用	放储存室	即时清除工作场所,改放储存室	过期的表单、文件、资料
4	6 个月到一年左右用一次				私人物品
5	1 个月到 3 个月左右用一次	较少使用	放工作场所处	留在工作场所的远处	生产现场堆积之物品
6	每天到每周用一次	经常用	放工作场所边	留在工作场所的近处	

（二）整顿

把留下来的必要用的物品依规定位置摆放，并放置整齐，加以标示。这是提高效率的基础。其目的是使工作场所一目了然、消除找寻物品的时间、塑造整整齐齐的工作环境和消除过多的积压物品。

具体做法是：彻底整理后，空间腾出；规划放置场所及位置；决定放置的方式；放置场所要有明确标示，物品本身也要有明确标示；摆放整齐、明确。

经过整顿后，要用的东西随即可取得，不光是使用者知道物品的摆放，其他的人也能一目了然。如文件、档案分类、编号或颜色管理，原材料、零件、半成品、成品之堆放及指示，通道、走道畅通，消耗性用品（如抹布、手套、扫把）定位摆放等。

（三）清扫

将工作场所内看得见与看不见的地方清扫干净，保持工作场所干净、漂亮。这样做可以稳定品质，减少工业伤害。

具体做法是：取出现场脏污；即通过定位及责任区的规划，定出通道，搬运工具、成品或半成品放置区，管制区等的方位；改善在清扫时发现的不妥处；杜绝污染源。这些都要由领导者带头来做。

（四）清洁

维持上面 3S 的成果，是对前三项活动的坚持与深入，从而消除发生安全事故的根源。可以运用红色标签、目视管理、检查表等手法。

（五）素养

5S 活动始于素养，终于素养。一切活动都靠人，假如"人"缺乏遵守规则的习惯，或者缺乏自动自发的精神，推行 5S 易于流于形式，不易持续。

提高素养主要靠平时经常的教育训练，认同企业、参与管理，才能收到效果。素养的实践始于内心而形之于外，由外在的表现再去塑造内心。如员工应确定遵守作息时间，按时出勤；工作应保持良好状况（如不可随意谈天说笑、离开工作岗位、呆坐、看小说、打瞌睡、吃零食等）；服装整齐，戴好识别卡；待人接物诚恳有礼貌；爱护公物，用完归位；不可乱扔纸屑果皮；乐于助人等。

二、推行5S活动的程序

（一）消除意识障碍

5S容易做，却不易彻底或持久，究其原因，主要是"人"对它的认识，所以要顺利推行5S，第一步就得先消除有关人员意识上的障碍，例如：

- 不了解的人，认为5S太简单，芝麻小事，没什么意义；
- 虽然工作上问题多多，但与5S无关；
- 工作已经够忙的了，哪儿还有时间做5S；
- 现在比以前已经好很多了，有必要吗；
- 5S既然很简单，却要兴师动众，有必要吗；
- 就是我想做好，别人呢；
- 做好了有没有好处。

这一系列的意识障碍（存疑），应事先利用训练的机会，先予以消除，才易于推行5S。

（二）设定推行目标

设定推行目标是指明确整个公司5S活动的具体要求，以及各部门的改进目标。

（三）成立推行组织，设置推行委员会

公司应成立相应的组织（推行委员会）来承担具体的推进工作，拟定活动计划及活动办法。同时，推行委员会成员间应分工明确，权责一致，互相协助。

（四）进行宣传、教育，营造良好氛围

管理者必须通过有计划的教育培训活动，采取各种宣传手段，使公司全体员工对推行5S的目的、目标、宣传口号、竞赛办法有一个正确的认识，对公司推行该项活动理解并给予支持。这将为5S的推行营造一个良好的氛围，达到事半功倍的效果。

对员工的训练内容包括：5S概论；整理、整顿、红牌作战；清扫、清洁；IE、QC改善手法。

（五）制定推行的办法

推行初期可先选择一部门做示范，然后逐次推广，活动中要与改善的手法结合。活动的成果要予以标准化。

（六）制定考核方法

在5S的推行过程中，推进组织应定期对活动的推行进行检查、考核、评比。可组织各种相关竞赛活动。对检查中发现的问题，要及时采取对策进行处理。推行5S，企业高层应设置专门的推行委员会，然后在各部门设置推行小组，先有健全的组织，才能形成团队战，也才易于有效果。图10-3描述了推行5S活动的导入程序。

三、5S推进过程中采取的主要方法

（一）红牌作战

在5S活动展开的过程中，红牌作战是个很重要的活动工具之一。其目的是用醒目的"红色"标志表明问题所在。实施方法如下：在整理过程中清楚地区分要与不要的东西，找出需要改善的事、地、物。然后进行整顿，将不要的东西贴上"红牌"，将需要改善的事、

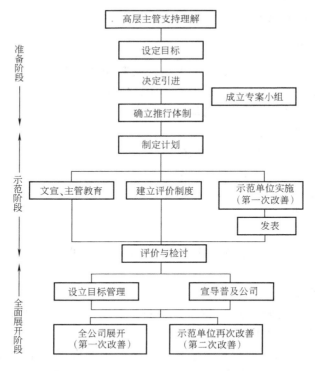

图 10-3　5S 活动的导入程序

地、物以"红牌"标示。接着进行清扫，将有油污、不清洁的设备，藏污纳垢的办公室死角，办公室、生产现场不应该出现的东西贴上"红牌"。在清洁过程中减少"红牌"的数量。关于员工的素养方面，有人在继续增加"红牌"，也有人在努力减少"红牌"。

需要注意的是，在看到"红牌"时不可生气；材料、产品、机器、设备、空间、桌椅、文件、档案都可以挂上"红牌"，但是"人"不要挂上"红牌"。

（二）目视管理

目视管理的内容已在上节介绍，此处不再详述。

（三）检查表

除详尽的计划之外，还要对活动的每一个项目进行定期检查，并加以控制。通过检查表的定期检查，能得到活动的进展情况，若有偏差，可以随即采取修正措施。检查表有两种：一种是点检用，只记入好或不好的符号；另一种是记录用，记录评价的数据。

（四）应用 PDCA 管理循环

PDCA 分别是计划（Plan）、实施（Do）、确认（Check）、处置（Action）的英文缩写。计划是指拟定活动目标，进行活动计划及准备；实施是指执行计划，如宣传、训练、实际执行工作等；确认是指过程中进行查核，如检查表、红牌子等；处置是指采取必要的改进措施。它主要是通过这四个环节周而复始的循环运动，达到不断改善管理活动的目的。在 5S 活动中灵活运用 PDCA 管理循环，可以使现场管理水平不断提高。

5S 活动究竟进行到哪一步了？其效果如何？下一步该怎么办？表 10-6 所示的 5S 成熟度测量标准能帮助我们判断 5S 活动的进展情况。

表 10-6　5S 成熟度测量标准

5 级 持续改进	确定了清洁问题区域,已开展预防混乱活动	必需的物品可以按最少的步骤在 30s 内复原	已识别出潜在问题并且制定了相应的解决方法	已被证实的场地安排实践活动被分享并实行	根本原因已被消除,改正措施包含了预防方法
4 级 关注可靠性	形成并已经执行清洁安排和责任文件	最小限度的必需的物品按照修补频率	工作场所每天都要进行清洁、检查和物料的重新存储	已被证实的场地安排实践活动已在这些场所实行	问题的根源和频率已被标记上根本原因和改正措施
3 级 可视化	杂乱的物品得到了清理	已区分所有必需的物品,专用的位置已按照事先规划的数量贴上标签	已在工作场所安装了目视管理工具和指示器	已形成了关于标签、数量和管理的协定	工作组按照惯例检查各个场所以维持 5S 协定
2 级 关注基础	区分了工作场所必需和不必需的物品	必需的物品被安全放置,并依使用的频率有序地摆放	重要场所的物品贴上标志	工作组依据文件开展工作	建立并实施了初始的 5S 活动
1 级 仅仅清扫	必需和不必需的物品在工作场所混杂	物品在工作场所随意摆放	重要场所的物品没有标志	工作方法没有延续性和文件化	工作场所的检查随意进行,没有采用 5S 方法
	整理	整顿	清扫	清洁	素养

　　这是一个评价和测度 5S 进展情况的简单但是非常有效的表格。简单看一下第 5 级:"所有东西都可以在 30s 内复原",仔细想想这意味着什么,应该怎样做才能达到这个水平?这是一种快速确定过程现状和改进方向的方法。

第五节　价值流图分析方法

一、价值流图分析技术的作用

　　价值流是从原材料到产成品过程中一切活动按次序的组合,这些活动包括整个供应链的信息流和物料流。企业按照顾客要求确定生产需求后,就要从原材料供应到生产出产成品等环节进行一系列连续精确的价值流动,按照事先确定的生产节拍,各环节都应实现最理想的连续流动,确保上游的作业决不会生产出比下游作业所需要的更多的产品,并且使这种流动长期地保持下去,在企业内部形成永不间断的价值流动系统。

　　精益制造的焦点是识别整个价值流,使价值增值流动并应用顾客拉动系统,使价值增值行为在最短的时间内流动,找出创造价值的源泉,消除浪费,在稳定的需求环境下以最低的成本及时交付最高质量的产品。

　　价值流图是一种使用铅笔和纸的工具,用一些简单的符号和流线从头到尾描述每一个工序状态,以及工序间的物流、信息流和价值流的当前状态图,找出需要改进的地方后,再描绘一个未来状态图,以显示价值流改善的方向和结果。在这里,"理想状态图"是最重要的,因为价值流图分析的最终目标是设计并引入一条精益的价值流。没有理想状态图,现状图没有多大意义，因此最重要的是要保证有一张理想状态图。

"价值流图"在丰田公司被称为"物料及信息流图"，丰田生产体系的实践者在制定和实施精益时，用它来描述当前状态和理想状态。价值流图能够确定价值流上的每一道工序，将它们从杂乱无章的组织背景中拉出来，并根据精益的原则，创造一个完整的价值流。

价值流图既是沟通的工具、商业规划的工具、管理改善的工具，同时也是一种使企业精益起来的基本工具：

- 它使整个生产流程清楚的展现出来，而不是单个工序层面，如装配、焊接等；
- 它使浪费之外的东西呈现出来，可以帮助发现价值流中的浪费源；
- 它为讨论生产工序提供了一种通用的语言；
- 它使对价值流所作的决策透明化，易于与其他部门沟通，否则，工厂中很多细节问题和决策，都是以默认的方式作出的；
- 它将精益的概念和技术关联起来，这将有助于避免顾此失彼；
- 它是制作实际计划的基础，帮助设计合理的流程，价值流图是实施精益的蓝图；
- 它展示了信息流和物料流之间的联系；
- 价值流图是一个定性的工具，详细地描述出为了流动起来，应如何安排工序。它比那些产生一系列参数的定量工具和现场布置图更有总体效用。数据可以创造出一种紧迫感，或用来作为事前事后的衡量依据；而价值流图则根据这些收集的生产数据，清楚地指出应该如何改进。

二、价值流图分析的主要步骤和原则

价值流图分析技术是一种简单而有效的精益工具，它能帮助企业及其经理、工程师、生产协调员、计划员、供应商以及顾客去发现价值，区分价值与浪费，并最终消除浪费。

如图10-4所示，价值流图分析就是先对运作过程中的现状进行分析，即对"现状图"进行分析，从顾客一端开始，首先了解顾客的需求情况和节拍，然后研究运作流程中的每一道工序，从下游追溯到上游，直至供应商。分析每个工序的增值和非增值活动，包括准备、加工、库存、物料的转移方法等，记录对应的时间，了解分析物流信息传递的路径和方法，然后根据分析情况来判别和确定出浪费所在及其原因，为消灭浪费和持续改善提供目标。最后根据企业的实际情况，设计出新的价值流程，为未来的运作指明方向。该方法有助于各部门共同理解企业的价值流，并形成改进的行动计划，供实施和跟踪评估。

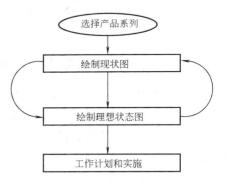

图 10-4　价值流图分析步骤

（一）起步：选择产品系列和价值流经理

一个公司可能会生产多种产品，但顾客不会对多种产品感兴趣，他们只对特定的产品感兴趣，所以在绘制价值流图时，除非工厂很小而且只生产一种产品，否则没有必要对流过车间的每一个产品都进行绘图，要不然在一张图上画出所有产品的流动实在是太复杂了。

因为公司往往是按照职能部门而不是产品系列的流程来组织的，因此跟踪一个产品系列的价值流需要跨越公司的几个部门。在一个工厂里，往往找不到一个人能够知道产品完整的物料流和价值流，也不知道全部生产过程和如何安排生产，整个组织中没有人对整个价值流负责。若没有一位价值流经理对整个价值流进行统一的管理，则单个生产区域可能会从自身的角度做到局部优化，但却不一定是从整个价值流的角度做到全局优化。为了消除这种职能间的"孤岛"，公司需要确定一个具有领导能力的价值流经理。价值流经理了解整个产品系列价值流并能够推动其改进，其职责如下：

- 向最高管理者汇报；
- 应是具有能力实现跨职能部门进行改善的一线管理人员而非普通参谋人员；
- 领导绘制现状图和理想状态图，并负责实施计划；
- 监督实施各个方面的改进；
- 每周或每天都能到现场检查价值流；
- 使实施改进具有最高优先权；
- 维护并定期更新实施计划；
- 坚持做一个驱动生产效益的第一号人物。

（二）绘制现状图：弄清当前的生产情况

收集工作现场的信息与数据，绘制物料流和信息流，弄清当前的生产情况。现状图为勾勒理想状态图提供必需的数据。

如图 10-5 所示，绘图从单个工厂开始。一旦清楚整个工厂的生产流程，就可以将观察范围缩小到一个工序中的每个加工步骤，也可以扩大到工厂之外的任何价值流。

绘制现状图时需注意以下几点：

- 应当由发货端开始，朝价值流的上游追溯，而不是从收货端开始朝下游推进，即从与顾客联系最紧密的工序开始绘图；

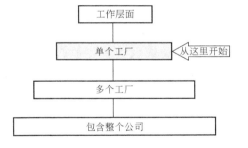

图 10-5　一个产品系列价值流图的各层面

- 即便有好几个人一同参加价值流图的准备工作，价值流经理也应当独立完成整个价值流图的绘制，如果每个人做不同部分的图，那么就没有一个人会了解整个价值流；
- 坚持用铅笔手工绘图；
- 价值流图的关键不在绘图，而在于对信息流和物料流的掌握。

绘制完现状图，就可以清楚地了解价值流，并发现一些过量生产的工位，接下来应该绘制并实施一个"理想状态图"去消除浪费根源，并增加产品对顾客的价值。

（三）绘制理想状态图：怎样使价值流"精益"

理想状态图是消除浪费、实现精益的蓝图，在开始时，重点应放在短时间内，无须太大投资就可以立即改进的项目。精益的目标是建立一条连续的生产流，让每一个单独的工序都能够连续的，由拉动系统与下游工序相互连接，在顾客需要时启动。

价值流中的某些浪费可能来自产品设计，或者是现有的设备，或者是由于某些工序必须在工厂外进行等不同的原因。在当前状态下，这些问题很难在短时间内进行改善。因此在绘制第一轮理想状态图时，可以暂不考虑这些因素，而将重点放在找出与这些因素无关的浪费上。在接下来的几轮改善中，再仔细考虑产品设计、生产工艺及厂址等问题。

如图 10-4 所示，在现状图和理想状态图之间的箭头是双向的，这表明现状和理想状态的进展是相辅相成的，当绘制现状图时，理想状态的想法便自然产生了，而当绘制理想状态图时，可能会发现一些被忽略的当前状态的重要信息。

在绘制理想状态图时，可依据以下准则：

准则 1：按节拍时间生产

"节拍时间"是基于顾客的要求安排生产节奏，可以用每班工作时间（以秒计）除以每班顾客的需求量来计算。节拍时间促使生产节拍与销售节拍同步。它让人对每一个生产工序所需的速率有一个概念，并帮助了解现在的情况和需要进行的改进。在实施按节拍时间生产时要全力做到：

- 对问题做出最快的反应（在节拍时间内）；
- 消除意外故障的原因；
- 减少下游工序和装配工序的换模时间。

准则 2：尽可能开发连续流（Continuous Flow）

连续流是指每次生产一件产品，然后产品立即从一道工序传到下一道工序，中间没有停顿。连续流是效率最高的生产方式，应当尽量争取实施连续流。

但是有时也需要限制一个连续流的范围，如果不顾一切的只想将所有的工序连接成一个连续流，有可能会延误生产周期和顾客的需要时间。

准则 3：在连续流无法向上游扩展时使用拉动系统控制生产

在价值流中常有一些地方不一定能形成连续流，而必须使用批量方式。这可能有以下几种原因：

- 有些工序的设计周期时间很长或很短，而且需要多次换模来生产不同的产品系列；
- 有些工序距离远而且每次运输一件不现实，如供应商加工的零件；
- 有些工序生产周期太长，以连续流直接与其他各道工序匹配相连太不可靠。

精益方式力图避免用预测估计来安排生产计划，相反，应与下游工序连接起来，借助拉动系统来控制生产。即在需要连续流被打断的地方，或是上游工序必须以批量模式生产的地方，设置一个拉动系统。

准则 4：将顾客订单只下达到一道生产工序

选择定拍工序，在这道工序中对生产的控制将为所有的上游工序设定节拍，如定拍工序的产量变化会对上游各个工序的产能要求发生影响。一般情况下，只需将生产计划下达到价值流中的一个点。从定拍工序的下游到成品，物料传递过程应该是连续流，因此定拍工序常常设在价值流中最下游的那个连续流工序。

准则 5：在定拍工序均衡分配多种产品的生产时间

大多数装配厂认为安排长时间生产同一种产品对生产更有利，因为这样可以减少换模时间和资源上的浪费，但是这种方法将为价值流带来严重问题。将同一种产品集中生产很难满足顾客多样化的要求，在这种情况下，要么必须维持较多的成品库存，才能在顾客需要时手上有货；要么，不得不加长一个订单的生产周期。同时这还意味着对零件需求量的不稳定，还会造成整个价值流的上游拉动系统的库存大增。

均衡多品种产品，是指在一段时间内，均匀地安排不同产品的生产。例如，不是在上午生产所有 A 产品，下午生产所有 B 产品，而是重复地以小批量变换生产 A 和 B。通过在定拍工序均衡产品的生产，使工厂能在库存较少的情况下，用较短的生产周期，对不同顾客的需求作出反应。同时，均衡多品种会带来装配中的一些负担，例如，更多的换模工作，更多的精力要花费在使生产线上始终保持一定的库存量。但它最大的好处是消除了价值流中的大量浪费。

准则 6：定调增量，在定拍工序下达一定的工作量来拉动均衡生产

许多公司向车间现场一次性布置大批量的工作，这会引起如下问题：

■ 员工对节拍时间没有概念，价值流无从响应"拉动"；

■ 工作量通常在时间分布上不均匀，生产的高峰和低谷会引起机器、人员和库存的额外负担；

■ 状况难于监控："我们是超前了还是滞后了？"

■ 随着车间现场的大量工作，价值流中的每个工序都可能调整订单。这会延长生产周期，增大赶工的可能性；

■ 对顾客需求变化的反应也会变得复杂。

通过建立一个稳定的均衡的生产节拍，可以创造一个可预测的生产流程，其优势是可以帮助发现问题，并迅速解决问题。初步着手的要点是，在定拍工序有规律地下达一份定量的工作，且在同一时间取走等量的成品，这称为"定拍取货"。这种稳定增加的生产，称为"定调增量"，且常常按包装容量，即每个包装箱能容纳零件的数量来计算它。例如，如果定拍时间 = 30s/件，包装容量 = 20 件，则定调增量 = 30s/件 × 20 件 = 10min。换句话说，每十分钟：

■ 给定拍工序发出一个包装量的生产指示；

■ 取走一个包装量的产品。

准则 7：在定拍工序的上游工序，开发"每天制造每种零件"的能力（然后开发每班、每小时或每集装箱或每定调增量制造每种零件的能力）

对上游工序而言，通过减少换模时间或采取小批量生产，将对下游需求的变化作出更快的反应。同时，库存量也会更少。

（四）制定实施计划，实现理想状态

价值流图只是一个工具。除非能将这张图变为现实——在短时间内在各个部门实现，否则，这张图毫无意义。实现理想状态价值流的计划是一份综合文件，包括理想状态图、详细工序或布局图和年度价值流计划。它描述了如何从当前状态，转变为理想状态。

价值流图是包括工厂所有工序的整个过程，而不仅限于某个单独的加工区域。因此，绝大多数情况下，很难将整个理想状态的概念一蹴而就的变为现实。因此价值流经理必须将整个实施过程分成几个步骤来完成。

理想状态图说明了未来的发展方向，为了实现这个理想状态，需要制定一个年度价值流计划。这个计划包括：

■ 一步一步地列出详细的每个计划完成的时间；

■ 可衡量的目标；

■ 明显的检查点，包括实施的期限，以及制定的检查人。

在实现理想状态后，应该再绘制一张更新的理想状态图，这就是价值的持续改善。当前状态转化成理想状态的循环是没有止境的。价值流的改进是管理层的责任。管理层应该认识到他们的责任就是监督整个价值流，为未来开发一个改进的、精益的价值流，并将此价值流变为现实。

案例：英国大型超市连锁集团 Tesco 的价值流分析及应用

20 世纪 90 年代早期，英国最大超市连锁集团 Tesco 曾请教《改变世界的机器》一书的作者丹尼尔·琼斯：如何在消费产品零售业应用丰田的方法，进行物流管理。在沃尔玛 1999 年收购了 Tesco 的竞争者 ASDA 后，Tesco 认为，丰田的精益管理方法能够帮他消除浪费，超越沃尔玛。Tesco 当时以为，如果要想在成本方面比沃尔玛更具优势，必须采用"大型商场"的传统方式来吸引客户。

根据 Tesco 对价值的定义，它认为顾客需要的是：宜人的购物环境；东西一样，价格更便宜；商品种类丰富；优质服务（即很少缺货）。

因此 Tesco 认为应在下列方面与沃尔玛展开竞争：

- 美观宽敞的商店——Tesco 的传统强项；
- 有竞争性的价格——大型商店，并对供应方实行砍价；
- 种类相当——设立规模更大的商店；
- 更高效的物流——采用丰田的物流模式。

丹尼尔·琼斯问了几个有关价值和目的的简单问题：

顾客要求每件商品都是最低价吗？还是他们希望所买商品的总价格最低，包括到商店的交通费用和购买所花的时间等？顾客想要种类最丰富的商品吗？还是只希望有他们惯用的商品种类就行了？顾客很在意缺货吗？还是可以选购其他替代商品？

利用精益价值理论，在从消费者的角度分析其选择与偏好后，Tesco 作出结论：

- 消费者在意商品的总价格，而且这种选择会随着购物的环境所改变；
- 消费者希望在合适的地点找到合适的商品种类，而不是一味地喜欢大型商店；
- 消费者非常在意缺货，尤其是没有替代品可以选择的情况下；
- 由顾客购买行为驱动的快速补货系统可以在任何零售业态下发挥作用；
- 即使供应链相当精益，大型商店的成本也不见得低。

为此，Tesco 作出了如下改善：①扩展了商店的种类，拥有包括大型商店、传统杂货店、便利店、车站点、在线购物在内的多种零售业态可供消费者选择。②建立一整套物流系统将这些商店连接起来，通过利用相同的供应商、中转配送中心、送货卡车，为所有业态的零售商店供货。③发行会员卡，使消费者的各种消费模式都能够在自己的商店系统中得到满足。④改变与供应商的关系，便于推动和拉动。

以下以饮料产品为例，用价值流图的方法来说明其对于供应链的改进。

图 10-6 所示为饮料产品系列的初始价值流图。零售公司从销售预测以及商店反馈中估算出饮料的供货数量，将其分别传递给饮料公司和零售企业自己的配送中心，这时已将数量扩大了一倍。饮料公司接着把信息传递给其工厂（信息扩大为原信息的 4 倍）和配送中心（信息放大为原信息的 3 倍），因此产生存货的可能性很大。出厂的饮料从饮料工厂运送到饮料配送中心，再运送到零售配送中心，最后运往商店上货。在整个供应链中，人们"接触"产品的次数（每一次"接触"都会产生大量的人工成本）为 150 次，物流总时间（从

供应商备货一直到顾客完成购买、离开商店的过程）为 20 天的时间，缺货率为 1.5%。

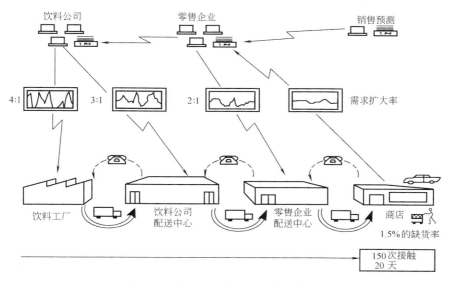

图 10-6　饮料产品系列的初始价值流图

经过改进的 Tesco 用销售终端的实际数据作为其区域配送中心发货的直接依据，使顾客成为供货流程的定速者。同时加大了其配送中心的配送次数、加快频率（牛奶配送），以及负责范围。此时的配送中心只是一个中转站，而不是仓库。由于配送频率很高，应急库存量很小。配送中每天四次向商店补充货源，供应商每天两次为配送中心供货，配送中心负责所有进店商品的物流，并负责向小型供应商提货。由于零售企业可以通过与供应商的谈判，使其整个系统的货物采购实现统一的价格，分担物流成本。

图 10-7 所示为改进后的供应系统，按照改进后的价值流图实施，完成该过程的产品"接触"次数降低为 50 次，整个过程的时间降低为 5 天，需求扩大率由 4:1 降低为 2:1，缺货率降为 0.5%。而供应商的货物配送中心则已完全取消。

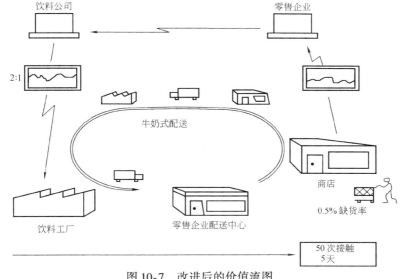

图 10-7　改进后的价值流图

图 10-8 所示为超市模式的配送价值流图，配送中心为超市补货，超市在不忙的时候接受网上购物者的订单，为便利店配货。

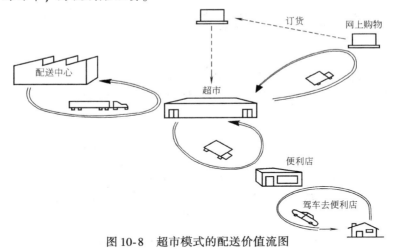

图 10-8　超市模式的配送价值流图

1. 什么是"精益"？简述精益管理方式产生的背景。

2. 精益管理方式与六西格玛管理方式各有何特点？什么是精益六西格玛管理？

3. 简述你的组织应该怎样进行文明生产。

4. 简述精益管理方式的主要工具。

5. 精益的五项原则包括哪些？试举例说明如何理解它们？

6. 如何让你的组织中的物流和信息流能够顺畅地流动？

7. 5S 活动包括哪些主要内容？在你的组织中如何开展 5S 活动？有哪些主要障碍？

8. 简述价值流图分析技术的基本原理和方法。

相 关 网 站

1. http：//lean. mit. edu/

美国麻省理工学院斯隆（Sloan）管理学院精益先进倡导计划（Lean Advancement Initiative，LAI）网站：从 1992 年开始系统研究精益方式，聚集了一大批 MIT 资深教授和专家，并培养了大量的硕士和博士研究生，该网站有该组织丰富的精益资料和研究成果。

2. www. leanchina. org/

精益企业中国（Lean Enterprise China，LEC）网站：LEC 是一个非营利的组织，是美国精益研究院（LEI）在中国的分支，其宗旨在中国推广精益生产的概念与方法。我们致力于为制造企业提供丰富的精益书籍，并协助业者推行精益方式。

3. http：//www. leansigma. com. cn/

中国精益六西格玛网：此网站包括行业新闻、精益生产、六西格玛、精益六西格玛、六西格玛设计、供应链六西格玛、公开课程、培训机构、培训讲师、培训需求等内容。

第十一章
质量数据分析与六西格玛Minitab 软件常用工具

第一节　Minitab 软件概述

常用的统计分析软件有 SAS、SPSS、Minitab 等，Minitab 软件于 1972 年由美国宾夕法尼亚州立大学的教授和学生开发，该软件已在工程、管理、社会科学等领域得到了广泛使用。

Minitab 是一个全方位的统计分析软件，尤其适用于质量管理问题的数据分析。它提供了普通统计学所涉及的所有功能，如描述性统计分析、假设检验、相关与回归、列联表和多元统计分析等，并包括了丰富的质量分析工具，如统计过程控制、实验设计、测量系统分析、可靠性分析和抽样验收等，这些内容都可以在软件中轻松实现。同时 Minitab 能够绘制箱线图、直方图、散点图、时间序列图、曲面图和概率分布图等二十多类统计图形，生动形象地显示了数据分析的结果。Minitab 基本的数据输入、输出方式与 Excel 相似，可以将复杂的统计分析简单化，容易理解统计意义。

Minitab 通过完美地结合以人为本的操作平台和功能强大的后台支持，Minitab 软件在质量数据分析（尤其是六西格玛管理）中得到广泛的适用。其人性化的使用界面、完整的数据分析工具、广泛的统计功能、高品质的绘图以及强大的宏语言，使 Minitab 成为适用于个人计算机上的标准统计和质量数据分析软件。事实上，全球前 500 强的企业中，绝大多数都将 Minitab 作为其质量管理中不可缺少的重要分析工具之一。

本章将结合 Minitab 软件，讨论常用的质量数据分析。

第二节　描述性统计及图形

一、描述性统计

（一）位置状况

对大多数情况下的数据分布，较大或较小值发生的频数一般比较小，大部分数值总是集中在某个区域内不断变化，使数据总体大体上落入某个范围内，这就是所谓的数据位置的问题，它是人们最关心的一类数据特征。例如，容器的平均容量、零件的平均长度、员工的平均工资等。度量数据位置状况的指标主要有平均值、中位数和众数等。

1. 平均值

平均值（Mean）是最常用来描述数据位置状况的，它反映随机变量各个取值的中心位置或均衡点。样本平均值反映了总体分布的集中趋势，抽象掉各总体单位样本观测值之间的差异，反映总体特征的一般水平。

2. 中位数

将样本观测值按照大小次序排列起来，处于中间位置的数值叫做中位数（Median）。中位数不受数列中极端数值的影响，可用来代表总体的一般水平。确定中位数的方法是，先将数值按大小顺序排列起来，再选取位于中间位置的数值。

3. 众数

众数（Mode）是样本观测值在频数分布表中频数最大的那一组的组中值，即在一组数据中出现次数最多的数据，是一组数据中的原数据，而不是相应的次数。一组数据中的众数不止一个，如数据 2、3、1、2、3 中，2、3 都出现了两次，它们都是这组数据中的众数。众数不受极端数值的影响，有时可以通过众数反映现象的一般水平。

4. 第一四分位数

第一四分位数（1st quartile，$Q1$ 或 LQ），又称"下四分位数"，等于该样本中所有数值由小到大排列后，第25%的数字。计算过程：先将样本按从小到大排序，记其中第 i 个数为 $X_{(i)}$。对于给定的 n，先求出 $\dfrac{n+1}{4}$，其整数部分记为 k，其小数部分记为 b。

$$Q1 = X_{(k)} + b(X_{(k+1)} - X_{(k)})$$

【例11-1】 某校 A 班有 10 个男生，他们的身高（单位：cm）分别为 164、166、167、170、172、174、175、177、180、185，则其第一四分位数为：

$$Q1 = X_2 + 0.75(X_3 - X_2) = 166 + 0.75 \times (167 - 166) = 166.75$$

5. 第三四分位数

第三四分位数（3rd quartile，$Q3$ 或 UQ），又称"上四分位数"，等于该样本中所有数值由小到大排列后，第75%的数字。计算过程：先将样本按从小到大排序，记其中第 i 个数为 $X_{(i)}$。对于给定的 n，先求出 $\dfrac{3(n+1)}{4}$，其整数部分记为 k，其小数部分记为 b。

$$Q3 = X_{(k)} + b(X_{(k+1)} - X_{(k)})$$

仍用【例11-1】，其第三四分位数为：

$$Q3 = X_8 + 0.25(X_9 - X_8) = 177 + 0.25 \times (180 - 177) = 177.75$$

（二）离散程度

只用位置状况的指标来描述数据是不充分的，甚至会产生误解。例如，A，B 两个城市的人均月收入均为 4000 元人民币，此时我们的直觉以为两个城市的生活水平差不多。可事实上，A 城市的居民最高月收入高达 10 万元，最低月收入 800 元；而 B 城市的居民最高月收入为 7000 元，最低月收入 3000 元。显然，A 城市居民收入的离散程度远大于 B 城市。如果忽略数据的离散程度，就可能导致判断错误。

所谓离散程度，即观测变量各个取值之间的差异程度。通过对随机变量取值之间离散程度的测定，可以反映各个观测样本之间的差异大小，从而也就可以反映分布中心的指标对各个观测变量值代表性的高低，反映随机变量密度曲线的"瘦俏"或"矮胖"程度。度量数据离散程度的指标主要有方差、标准差和极差等，这里不作详细介绍。

（三）分布形状

只用反映位置状况和离散程度的指标表示所有数据，仍然不够完善。

偏度和峰度是最常用的两个度量数据分布形状的指标，将其与表示集中程度与离散程度的指标相结合，可以更完整地呈现数据的特征。

1. 偏度

偏度（Skewness）是对数据分布偏斜方向和程度的度量，是统计数据分布非对称程度的数字特征。总体参数偏度用 β_s 表示，样本统计量偏度用 b_s 表示，S 表示标准差。其计算公式为：

$$b_s = \frac{n}{(n-1)(n-2)} \sum_{i=1}^{n} \frac{(X_i - \overline{X})^3}{S^3}$$

$b_s < 0$ 时，称分布具有负偏离，也称左偏态（左拖尾），此时数据位于均值左边的比位于右边的少（见图 11-1（Ⅲ））；

$b_s > 0$ 时，称分布具有正偏离，也称右偏态（右拖尾），此时数据位于均值右边的比位于左边的少（见图 11-1（Ⅱ））；

b_s 接近 0 时，则可认为分布是对称的（见图 11-1（Ⅰ））。正态分布的偏度为 0，两侧尾部长度对称。

右偏时表明：算术平均数 > 中位数 > 众数；左偏时相反，即众数 > 中位数 > 算术平均数；正态分布时三者相等。

2. 峰度

峰度（Kurtosis）又称峰态系数，表征概率密度分布曲线在平均值处峰值高低的特征数。直观看来，峰度反映了尾部的厚度。峰度是分布平坦性的度量。总体参数峰度用 β_k 表示，样本统计量峰度用 b_k 表示。其计算公式为：

$$b_k = \frac{n(n+1)}{(n-1)(n-2)(n-3)} \sum_{i=1}^{n} \frac{(X_i - \overline{X})^4}{S^4} - \frac{3(n-1)^2}{(n-2)(n-3)}$$

正态分布的峰度为 0（见图 11-2（Ⅰ））；峰度 > 0 时，表示数据分布比正态分布顶峰更峭、两尾更重（见图 11-2（Ⅱ））；峰度 < 0 时，表示数据分布比正态分布顶峰更平、两尾更轻（见图 11-2（Ⅲ））。负峰度常来自均匀型分布或多个不同均值的正态分布的混合。

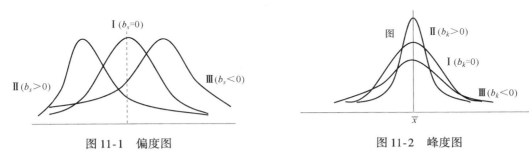

图 11-1 偏度图　　　　　图 11-2 峰度图

【例 11-2】 学习统计课程的学生参与了一个简单试验，每位学生都记录下自己的静息脉搏。然后，他们都掷硬币，掷出的硬币人头朝上的那些人将原地跑步一分钟。然后，整个班的人再次记录自己的脉搏。试检查学生们的静息脉搏率（数据文件名："脉搏 . MTW"）。

在 Minitab 中的具体操作为：

（1）打开工作表"脉搏 . MTW"，选择"统计→基本统计量→图形化汇总"。

（2）在变量中，输入"脉搏 1"，单击"确定"按钮。

可得到图 11-3 所示的图形输出。

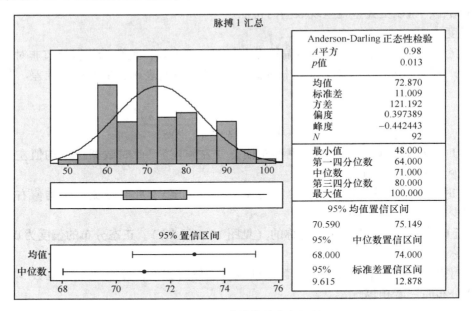

图 11-3 学生脉搏统计信息汇总

学生们静息脉搏的均值为 72.870（70.590 ～ 75.149 为 95% 置信区间）。标准差为 11.009（9.615 ～ 12.878 为 95% 置信区间）。使用 0.05 的显著性水平，Anderson-Darling 正态性检验（A 平方 = 0.98，p 值 = 0.013）表明静息脉搏数据不服从正态分布。

二、基本图形

（一）直方图

直方图（Histogram）又称柱状图、质量分布图，是一种统计报告图，由一系列高度不等的纵向条纹或线段表示数据分布的情况。一般用横轴表示数据类型，纵轴表示分布情况。

制作直方图的具体步骤见第五章。

【例 11-3】 某洗发水制造商对洗发水瓶盖的紧固程度进行抽样调查，如果瓶盖扣得过松，则有可能在装运过程中脱落。如果扣得过紧，消费者可能很难打开（尤其是在洗浴过程中）。随机抽取一些瓶子样本，并检测打开瓶盖所需的扭矩，试绘制直方图来评估数据并确定样本与目标值 18 的接近程度（数据见表 11-1，数据文件名："瓶盖 - 直方图.MTW"）。

表 11-1 瓶盖扭矩数据

24	15	21	34
14	15	16	22
18	19	17	17
27	19	22	15
17	30	34	17
32	24	20	20

（续）

31	10	19	32
27	15	16	24
21	17	16	16
27	17	18	22
24	21	30	37
21	25	21	36
16	15	24	17
14	16	26	20
15	15	31	15
14	19	34	17
14	20	28	24

在 Minitab 中的具体操作为：

（1）打开工作表"瓶盖-直方图.MTW"，选择"图形→直方图→选择简单"，然后单击"确定"按钮。

（2）在图形变量中，输入扭矩，单击"尺度"，在 Y 尺度低和 X 尺度低下选中小刻度。

（3）在每个对话框中单击"确定"按钮，则可得到图 11-4 所示的图形输出。

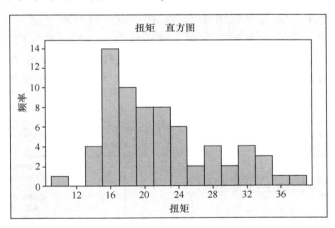

图 11-4　瓶盖扭矩直方图

上图显示，大多数瓶盖紧固时的扭矩在 13 ~ 25，只有 1 个瓶盖过松，扭矩小于 11。但是，该分布呈正向偏斜；有多个瓶盖拧得过紧。许多瓶盖需要大于 24 的扭矩才能打开，其中 5 个瓶盖的扭矩大于 33，这几乎是目标值的两倍。

（二）箱线图

箱线图（Box-plot）又称为盒形图或箱形图，是一种用做显示一组数据分散情况的统计图。因形状如箱子而得名。箱线图其绘制须使用常用的统计量，最适宜提供有关数据的位置和分散的参考，尤其在不同的母体数据时更可表现其差异。

箱线图由箱体、上下须触线和星号三部分组成，其主要包含六个数据节点，将一组数据从大到小排列，分别显示出它的上边缘、上四分位数、中位数、下四分位数、下边缘，以及一个异常值。

【例11-4】 某公司为对比四种不同的地毯的耐用性，测试后统计四种不同地毯的未受损程度。用未受损程度表示其耐用性。试绘制箱线图（数据见表11-2，数据文件名："地毯–箱线图.MTW"）。

表 11-2　地毯耐用性数据表

地毯	耐用性	地毯	耐用性	地毯	耐用性	地毯	耐用性
1	18.95	2	10.06	3	10.92	4	10.46
1	12.62	2	7.19	3	13.28	4	21.4
1	11.94	2	7.03	3	14.52	4	18.1
1	14.42	2	14.66	3	12.51	4	22.5
1	13.6	2	8.9	3	12.8	4	11.4
1	12.4	2	6.3	3	12.2	4	19.5
1	13.2	2	11.6	3	15.1	4	20.8

在 Minitab 中的具体操作为：

（1）打开工作表"地毯–箱线图.MTW"，选择"图形→箱线图或统计→EDA→箱线图"，在一个 Y 下，选择含组，单击"确定"按钮。

（2）在图形变量中，输入"耐用性"，在用于分组的类别变量（1-4，第一个为最外层）中，输入"地毯"，单击"标签"按钮，然后单击"数据标签"选项卡。

（3）从标签中，选择"中位数"，选择使用 y 值作标签，单击"确定"按钮，单击"数据视图"按钮，在属性数据作为类别变量中，输入"地毯"。在每个对话框中单击"确定"按钮（见图 11-5）。

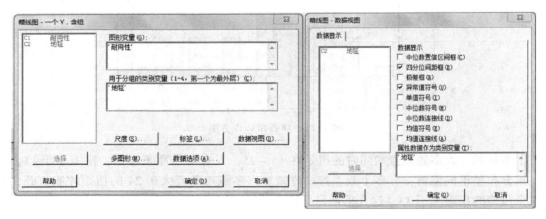

图 11-5　箱线功能的操作

可得到图 11-6 所示的图形输出。

上图显示，地毯 4 的磨损程度中位数最高（19.5）。但是，该产品同时也呈现出最大的变异性，四分位数间距为 9.8。此外，该分布呈负向偏斜，其中至少一个耐用性测量值为 10

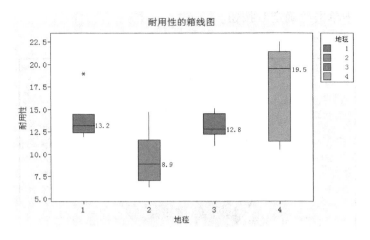

图 11-6　地毯耐用性箱线图

左右。

地毯1和3具有相近的耐用性中位数（分别为13.2和12.8）。地毯3还呈现出最小的变异性，四分位数间距仅为2.8。地毯2的耐用性中位数仅为8.9。该分布与地毯1的分布呈正向偏斜，四分位数间距约为5～6。

（三）饼图

饼图（Pie Chart）常用于显示属性统计资料的场合。圆形中的各个不同大小和颜色的扇形代表不同的属性变量，它们的面积之和构成了一个完整的圆形，即代表所有属性变量的整体。它显示一个数据系列中各项的大小与各项总和的比例，饼图非常适合体现某个整体的成分构成和各成分之间的对比关系。

【**例11-5**】　轮胎漏气的原因有很多，某集团公司从一组选定的服务站收集了三个月的现场数据，总结了发生的原因及频数。请使用汇总数据创建一个漏气原因的饼图（数据见表11-3，数据文件名："轮胎 – 饼图 . MTW"）。

表 11-3　轮胎漏气原因统计数据表

原　因　A	计　　数
穿孔	414
损坏的衬板	132
损坏的侧壁	209
阀杆泄漏	397
阀心泄漏	184
底座泄漏	100

（1）打开工作表"轮胎 – 饼图 . MTW"，选择"图形→饼图"，选择用整理好的表格画图。

（2）在类别变量中，输入"原因A"，在汇总变量中，输入"计数"，单击"饼图"选项，在排列扇形区，选择大小递减，单击"确定"按钮。

（3）单击"标签"按钮，单击"扇形区标签"选项卡，在标签扇形区中，选中百分

263

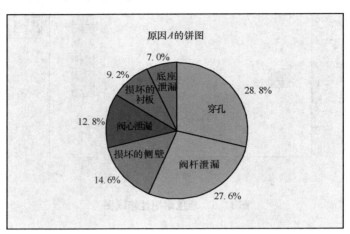

比，在每个对话框中单击"确定"按钮。

可得到如图11-7所示的图形输出。

原因A的饼图

图11-7 饼图

可见，饼图显示了每种轮胎漏气原因的相对频率，并按频率从高到低的顺序排序。从饼图顶部的第一个类别开始，按顺时针排列各个类别。最常见的漏气原因是"穿孔"，其次是"阀杆泄漏"。出现频率最低的原因是"底座泄漏"。

（四）时间序列图

时间序列图（Time Series Plot）也叫推移图，是以时间轴为横轴，变量为纵轴的一种图，其主要目的是观察变量是否随时间变化而呈现某种变化趋势。时间序列图有两个基本要素：时间要素和观察值要素。前者主要说明客观现象的观察值所属的事件类型及其长度，后者主要表明客观现象在某一时间点上发展变化的结果和状态。相对而言，观察值要素的作用更重要，对它的要求也更高。

【例11-6】 某公司2001～2003年各季度的销售额，试创建一个时间序列图（数据见表11-4，数据文件名："销售额－时间序列图.MTW"）。

表11-4 某公司销售额数据表

年份	2000				2001				2002			
季度	1	2	3	4	1	2	3	4	1	2	3	4
销售额 B	100	120	180	183	143	151	199	211	165	193	205	235

（1）打开工作表"销售额－时间序列图.MTW"，选择"图形→时间序列图或统计→时间序列→时间序列图"，选择简单，然后单击"确定"按钮。

（2）在序列中，输入销售额 B，单击"时间、尺度"，在时间尺度下，选择"日历"，然后选择"季度年"。

（3）对于初始值，请在季度下键入1，在年下键入2000，在每个对话框中单击"确定"按钮。可得到如图11-8所示的图形输出。

上图显示，在这三年中，总销售额一直在上升，销售可能呈现一定的周期性，每年第一个季度的销售额相对较低。

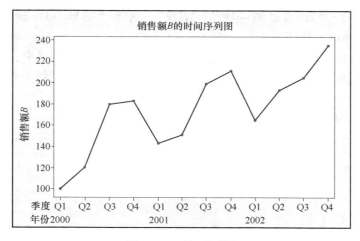

图 11-8　时间序列图

（五）3D 散点图

3D 散点图（3D scatter plot）即可以研究成对出现的三组数据之间相关关系的三维立体图形。一个数据（X，Y，Z）就是三维空间中的一个点，很多个数据就构成三维立体空间中的点集，观察点集的分布状态便可判别三组数据两两之间的相关程度，或是推断其中两组数据对另一组数据的影响程度。

【例 11-7】　某公司生产冷冻食品，寻找加热一种冷冻食品的最佳时间和温度。按不同的时间和温度加热样本，然后由鉴定员为每个样本的品质按 0（味道不好）~10（味道最好）进行评级。试创建一个带投影线的 3D 散点图以揭示平均品质得分情况（数据见表11-5，数据文件名："3D 散点图 – 再热. MTW"）。

表 11-5　不同温度、时间下冷冻食品的品质数据表

温度	时间	品质	温度	时间	品质	温度	时间	品质
350	24	0.1	450	28	5	375	36	7
350	26	0.2	450	30	7.2	375	38	6.9
350	28	1.1	450	32	7.8	400	24	0
350	30	1.5	450	34	7.2	400	26	0.7
350	32	3.8	450	36	5.7	400	28	1.4
350	34	5.4	450	38	3.9	400	30	3.8
350	36	6.9	475	24	0.3	400	32	6.8
350	38	6.6	475	26	4.4	400	34	8
375	24	0.2	475	28	6.7	400	36	7.4
375	26	0.2	475	30	6.9	400	38	7.2
375	28	0.7	475	32	5.8	425	24	0.2
375	30	2.9	475	34	4.1	425	26	0.2
375	32	5.2	475	36	0.4	425	28	1.8
375	34	6.9	475	38	0.2	425	30	4.8
425	36	8.4	450	24	0.4	425	32	6.5
425	38	7.3	450	26	1.9	425	34	8.5

（1）打开工作表"3D 散点图 – 加热 . MTW"，选择"图形→3D 散点图"，选择"简单"，然后单击"确定"按钮。

（2）在 Z 变量中，输入质量；在 Y 变量中，输入时间；在 X 变量中，输入温度。

（3）单击"数据视图"→在数据显示下，选中"投影线"。在每个对话框中单击"确定"按钮。

可得到如图 11-9 所示的图形输出。

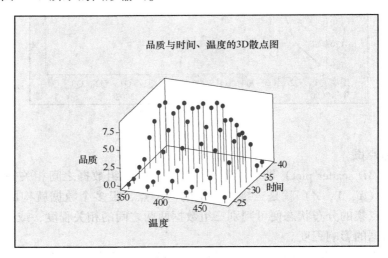

图 11-9　3D 散点图

上图显示，重新加热时间太短会使食品烹饪火候不够，导致质量得分较低。但是，如果在太高的温度下加热时间过长，也会因为食物烹饪过度而导致较低得分。最佳设置看来是加热温度在 400～450℃之间，且加热时间在 30～36min。

第三节　相关分析和回归分析

变量之间常常是相互联系的，它们之间存在一定的关系，通常有以下两种类型：

（1）变量间的关系是确定的。可以用某种函数来表示。例如，正方形的面积 $S = r^2$，这里的变量 r 和 S 是完全确定的，称之为函数关系。

（2）变量间有某种关系，但又不是确定性的关系，称之为相关关系。

函数关系和相关关系是两种不同的关系，但它们之间又没有严格的界限。在理论上存在函数关系的变量，可能因为实验、测量的误差而存在不确定性；而相关变量间本来没有确定关系的，但在某种特定条件下，从统计的角度看，它们又存在某种确定性。

在变量存在相关关系时，又分为两种情况：

（1）研究的变量都是随机变量，它们彼此之间的地位相同，每一个变量既可以是因变量也可以是自变量，这类问题可以用相关分析解决。

（2）某些变量是可以控制、测量的非随机变量，称之为自变量；另一种是与它相关，但又不可控的随机变量，称之为因变量，这类问题可用回归分析解决。

一、相关分析

下面，通过一个例子来详细了解相关分析的具体内容。

【例11-8】 现有 20 名学生的统计学和数学成绩，试研究这些变量之间的相关性（数据见表11-6，数据文件名："成绩 . MTW"）。

表11-6 学生统计学和数学成绩表

数学	统计学	数学	统计学
70	65	93	90
74	80	97	100
90	90	75	69
83	87	69	77
86	84	77	83
73	76	91	83
65	66	88	85
55	70	82	83
98	100	84	90
100	95	90	86

第一步：先绘制 x、y 的散点图。通过散点图的分布特点可以大致了解 x、y 是否可能存在相关关系。打开工作表"成绩 . MTW"，在 Minitab 中，选择指令"图形→散点图"，输入变量后，得到散点图如图 11-10 所示。

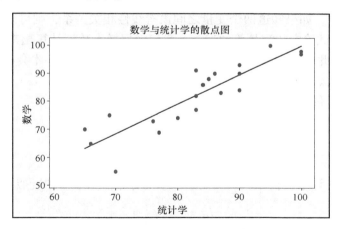

图 11-10 统计学与数学成绩的散点图

由图 11-10 我们可以看出：当统计学 x 的分数增加时，数学 y 的分数也呈上升趋势；数值点密集分布在这条直线两侧；两侧的点数差不多相等；点在直线两侧的分布位置完全随机。

第二步：为了更为准确地描述 x、y 相关的密切程度，引入一个统计量来量化它，这就是样本相关系数 r。

设 $(x_1，y_1)，\cdots，(x_n，y_n)$ 为抽样得到的来自两个总体的配对随机样本数据，L_{xy} 为 x、y 的离差乘积和；L_{xx}、L_{yy} 分别为 x、y 的离差平方和。相关系数定义为：根据样本数据计算的两个变量之间线性关系强度的度量值。其具体的计算公式如表 11-7 所示。

表 11-7 相关分析计算公式

相关系数 r	$\dfrac{L_{xy}}{\sqrt{L_{xx}L_{yy}}}$
x、y 的离差乘积和 L_{xy}	$\displaystyle\sum_{i=1}^{n}(x_i-\bar{x})(y_i-\bar{y})=\sum_{i=1}^{n}x_iy_i-n\,\overline{xy}$
x 的离差平方和 L_{xx}	$\displaystyle\sum(x_i-\bar{x})^2=\sum_{i=1}^{n}x_i^2-n\,\bar{x}^2$
y 的离差平方和 L_{yy}	$\displaystyle\sum(y_i-\bar{y})^2=\sum_{i=1}^{n}y_i^2-n\,\bar{y}^2$

回到【例 11-8】，将数据代入公式，计算后可得到：

$$r=\frac{L_{xy}}{\sqrt{L_{xx}L_{yy}}}=0.883$$

从理论上说，$|r|\le 1$。$r>0$ 时，x 与 y 为正相关；$r<0$ 时，x 与 y 为负相关。随着 r 的绝对值向 1 靠近，则数据点与直线越来越靠拢；反之，随着 r 的绝对值向 0 靠近，数据点与直线越来越远离，但我们不能断言"x 与 y 完全无关"，它们可能是另外一种非一元线性关系。

第三步：实际中，如果知道两个变量之间没有线性相关关系，则可以断定它们的总体相关系数为 0，但由于试验中的测量等的误差，我们根据样本数据计算出来的相关系数往往不会准确地等于 0。因此，我们需要了解，相关系数多大时，x 与 y 才会存在线性相关关系？所以，我们需要通过如下假设检验的方式加以判断：

（1）设立假设。假设变量间总体相关系数为 ρ，则

$$H_0:\rho=0，H_1:\begin{cases}\rho>0\\\rho<0\\\rho\ne 0\end{cases}$$

（2）确定检验统计量及在原假设成立条件下的分布。由于得知近似有：

$$r=\frac{L_{xy}}{\sqrt{L_{xx}L_{yy}}}\sim N\left(0，\frac{1-\rho^2}{n-2}\right)$$

对 r 进行标准化变换得：

$$t=\frac{r-0}{\sqrt{\dfrac{1-r^2}{n-2}}}=\frac{r}{\sqrt{\dfrac{1-r^2}{n-2}}}\sim t(n-2)$$

（3）对应前面三组假设检验问题，拒绝域 W 分别为（见表 11-8）：

表 11-8　三组假设对应拒绝域及结论

假设 H_1	拒绝域 W	结论
$\rho > 0$	$t > t_{1-a}(n-2)$	两变量间正线性相关
$\rho < 0$	$t < t_a(n-2)$	两变量间负线性相关
$\rho \neq 0$	$\lvert t \rvert > t_{1-a/2}(n-2)$	两变量间线性相关

回到上例，判断 x 与 y 是否线性相关，即判定数学分数与统计学分数是否线性相关。
设定假设：$H_0: \rho = 0$，$H_1: \rho \neq 0$

$$t = \frac{r-0}{\sqrt{\dfrac{1-r^2}{n-2}}} = \frac{0.883}{\sqrt{\dfrac{1-0.883^2}{20-2}}} = 7.981 > t_{0.975}(18) = 2.101$$

所以，结论拒绝原假设，x，y 是线性相关。

在 Minitab 来进行判定，则简化很多步骤，其具体的操作为：

（1）打开工作表"成绩.MTW"。

（2）选择"统计→基本统计量→相关"。

（3）在变量中，输入统计学、数学分数值，单击"确定"按钮。

会话窗口输出：

> 相关：数学，统计学
>
> 数学和统计学的皮尔逊（Pearson）相关系数 = 0.883
>
> p 值 = 0.000

可以看出，数学和统计学的相关系数为 0.883，与用公式代入计算的结果一致，而且输出结果 p 值 = 0 < 0.05。因此，结论拒绝原假设，统计学分数 x 与数学分数 y 是线性关系。

二、简单线性回归

回归分析（Regression Analysis）或称为回归方程（Regression Equation），是指对有相关关系的变量，依据其关系形状而选择一个合适的数学模型来近似的刻画变量间变化关系的一种统计方法。

按照自变量个数的多寡，回归分析可以分为一元回归分析和多元回归分析，这里将只介绍一元回归分析，即简单线性回归。

（一）简单线性回归方程的建立

当确定两个变量间存在线性相关关系时，常常希望建立两者间的定量关系表达式，这便是两个变量间的一元线性回归方程。

如果随机变量 y 随自变量 x 的变化而变化，y 依 x 变化的规律可用一元线性回归方程表示，由于随机因素的干扰，y 与 x 线性关系中包含随机误差项 ε，即有 $y = \beta_0 + \beta_1 x + \varepsilon$。

假定 $\varepsilon \sim N(0, \sigma^2)$，即 $E(\varepsilon) = 0$，则对于给定的 x，各次 y 值会有所波动，但平均来说，应有：$E(y) = \beta_0 + \beta_1 x$，这就是总体回归直线方程，$\beta_0$ 为截距，β_1 为回归系数。一般来说，我们是从总体中抽取部分单位来观察 y 依 x 的变化规律，所以我们通过样本观测值求出样本回归直线方程：$\hat{y} = \beta_0 + \beta_1 x$。用它对总体回归情况进行估计。

下面，通过例子了解简单线性回归的具体内容。

【例 11-9】 某制造商希望对 A 产品的质量进行度量，但度量过程花费太高。可以采用一种间接方式，即采用度量 B 产品质量来替代度量 A 产品质量。B 产品质量用"分值 1"表示，A 产品质量用"分值 2"表示。试使用简单线性回归分析"分值 1"是否能够解释"分值 2"中的大部分方差，以确定"分值 1"是否能作为"分值 2"的替代（数据见表11-9，数据文件名："回归示例.MTW"）。

表 11-9　"分值 1"与"分值 2"的相关数据表

分值 1	分值 2
2.2	1.5
2.7	1.7
4.1	2.1
4.1	2.1
6	2.5
7.5	2.5
8	2.8
8.5	3
9	3.2

根据"分值 1"与"分值 2"的相关数据表（见表11-9），我们可以大概确定他们之间的可能关系，令它们之间的关系函数为："分值 2"$= \beta_0 + \beta_1$"分值 1"。

计算 β_0，β_1 可有不同的方法，统计中使用最多的是最小二乘法，或称普通最小二乘估计（Ordinary Lease Square Estimation，OLSE），就是通过要求各散点到回归线的距离平方和最小来求得回归线，这时所求的回归线是最适线。

将实际观测值 y_i 与拟合值 $\hat{y}_i$ 间的差异称为残差（Residual），用 e_i 表示。其公式为：

$$e_i = y_i - \hat{y}_i$$

残差是个非常重要的概念，它的主要用途有：

（1）残差分析。目的在于检验整个回归分析的过程是否符合我们的基本假设，以及观测值中是否有个别点具有特殊状况。

（2）确定评估最佳拟合直线的原则。最常用的想法是使残差平方和最小作为最佳拟合直线的评估准则，即上边提到的最小二乘法。

最小二乘法的具体运算公式如下：

$$Q = \sum_{i=1}^{n} (y_i - \hat{y}_i)^2 = \sum (y - \hat{y})^2$$

将回归方程 $\hat{y} = \beta_0 + \beta_1 x$ 代入 Q 有：

$$Q = \sum (y - \beta_0 - \beta_1 x)^2$$

求 Q 对 β_0，β_1 的偏导数并令其为 0，联立方程组，解出 β_0，β_1：

$$\beta_1 = \frac{n \sum xy - (\sum x)(\sum y)}{n \sum x^2 - (\sum x)^2}$$

$$\beta_0 = \bar{y} - \beta_1 \bar{x}$$

若将 β_1 式的子项、母项分别除以 n，通过数学证明（从略）即可得：

$$\hat{\beta}_1 = \frac{L_{xy}}{L_{xx}}$$

回到【例 11-9】，按照最小二乘法，可以求出"分值 1"与"分值 2"的一元线性回归方程。截距和斜率分别为：

$$\hat{\beta}_0 = 1.12, \hat{\beta}_1 = 0.218$$

所以，一元线性回归方程为：

$$\text{"分值 2"} = 1.12 + 0.218\,\text{"分值 1"}$$

用 Minitab 求"分值 1""分值 2"的回归方程具体操作如下：

第一种方式：选择指令"统计→回归→拟合线图"；输入变量名后得图，如图 11-11 所示。

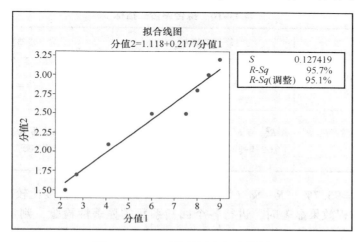

图 11-11　一元线性回归拟合线图

第二种方式：

（1）打开工作表"回归示例.MTW"，选择"统计→回归→回归"。

（2）在响应中，输入"分值 2"，在预测变量中，输入"分值 1"，单击"确定"按钮。在会话窗口输出：

回归分析："分值 2"与"分值 1"

回归方程为

"分值 2" = 1.12 + 0.218 "分值 1"

自变量	系数	系数标准误	T	p
常量	1.1177	0.1093	10.23	0.000
"分值 1"	0.21767	0.01740	12.51	0.000

$S = 0.127419$　$R-Sq = 95.7\%$　$R-Sq$（调整）$= 95.1\%$

方差分析

来源	自由度	SS	MS	F	p
回归	1	2.5419	2.5419	156.56	0.000
残差误差	7	0.1136	0.0162		
合计	8	2.6556			

回归方程拟合出来之后，还需要进行统计分析以解决以下四个问题：

（1）给出回归方程的显著性检验，从整体上判定回归方程是否有效。简单线性回归方程的显著性检验，是为了检验两个变量之间的线性关系是否显著，使用

$$F = \frac{SSR/1}{SSE(n-2)} = \frac{MSR}{MSE} \sim F(1, n-2)$$

作为检验统计量。上例中，$F = 156.56 >$ 临界值 $F_\alpha = 4.41$ （$\alpha = 0.05$），因此拒绝原假设，表明线性关系显著。

（2）给出回归方程总效果好坏的度量标准。简单线性回归方程总效果的度量有三个指标，如表 11-10 所示。

表 11-10　拟合评估三指标

判定系数 R^2	修正系数 R_{adj}^2	残差标准差 s
$R^2 = \dfrac{SSR}{SST} = 1 - \dfrac{SSE}{SST}$	$R_{adj}^2 = 1 - \dfrac{SSE/(n-p)}{SST/(n-1)}$	$s = \sqrt{MSE}$
R^2 越接近 1，拟合度越好；R^2 越接近 0，拟合度越差	R_{adj}^2 与 R^2 越接近，拟合度越好（简单线性回归中，$p = 2$）	不同回归方程效果比较时，s 越小，其对应回归方程越好

上例中 $R - Sq = 95.7\%$　$R - Sq$（调整）$= 95.1\%$，方程拟合程度比较高。

（3）当回归方程效果显著时，进行各个回归系数的显著性检验，判定回归方程中哪些自变量是显著的，将效应不显著的自变量删除，以优化模型。对单个回归系数的检验采用 T 检验的方法。统计量为：

$$t = \frac{\beta_1 - 0}{\sqrt{\dfrac{s^2}{L_{xx}}}} = \frac{\beta_1 \sqrt{L_{xx}}}{s} \sim t(n-2)$$

在上例中，$t = 12.51$。相应的临界值 $t_{\alpha/2} = 2.101$ （$\alpha = 0.05$）。因为 $|t| > t_{\alpha/2}$，拒绝原假设，表明"分值1"与"分值2"之间存在着显著的线性关系。

（4）残差诊断。检验数据是否符合我们对于回归的基本假设，检验整个回归模型与数据拟合得是否很好，是否能进一步改进回归方程以优化我们的模型。

下面将详细介绍残差诊断。

（二）回归方程的残差诊断

前面介绍过，残差即为实际观测值与拟合值之差。正常情况下，如果模型确实能够反映数据情况，则残差应满足以下假定：

- 时间具有独立性；
- 来自稳定受控主体；
- 对输入因子的所有水平有相等的总体方差；
- 符合正态分布。

为了检验残差是否满足这些条件，要进行残差诊断，而这主要是使用图形方法。在进行残差诊断时应该画出下列四种图：

- 残差对于观测值的散点图：以残差为纵轴，以时间为横轴；
- 残差对于拟合值的散点图：以残差为纵轴，以拟合值为横轴；
- 残差的正态概率图：在正态概率值上，以累计百分比为纵轴，以残差为横轴；
- 残差对于各自变量的散点图：以残差为纵轴，以各自变量为横轴。

下面仍以【例11-9】为例，应用残差图来检验回归和方差分析中模型的拟合优度，有助于确定是否满足普通最小二乘假设。如果满足这些假设，则普通最小二乘回归将产生方差最小的无偏系数估计。Minitab 提供以下残差图（见图11-12）：

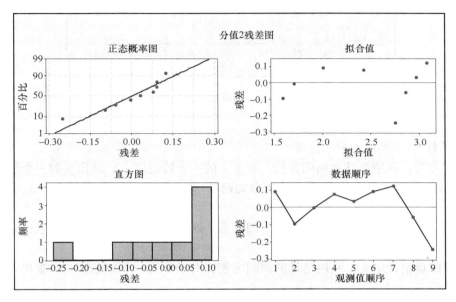

图 11-12　回归残差图

残差的直方图。一种显示残差的一般特征（包括典型值、展开和形状）的研究性工具。一侧的长尾可能表示偏斜分布。如果有一个或两个条形与其他条形距离较远，这些点有可能是异常值。

残差的正态概率图。如果残差呈正态分布，则此图中的点一般应该形成一条直线。如果图中的点不能形成一条直线，则正态性假设可能不成立。

残差与拟合值。此图应显示残差在 0 两侧的随机模式。如果某个点远离大多数点，则该点可能是异常值。残差图中也不应该有任何可识别的模式。例如，如果残差值的展开倾向于随拟合值增大，则可能违反方差恒定这一假设。

残差与数据顺序。这是一个所有残差以收集数据的顺序排列的图，可以用于找出非随机误差，特别是与时间相关的效应。此图有助于检查残差彼此不相关这一假设。

残差与预测变量。这是残差与预测变量的图。此图应显示残差在 0 两侧的随机模式。非随机模式（见图11-13）可能违反预测变量与残差无关这一假设。用于对弯曲建模的函数形式可能不正确。

（三）利用回归方程进行预测

建立回归模型的目的就是为了应用，预测是回归模型最重要的应用。如果所拟合的样本回归方程经过检验，被认为具有经济意义，同时被证明有较高的拟合程度，则可以利用它来

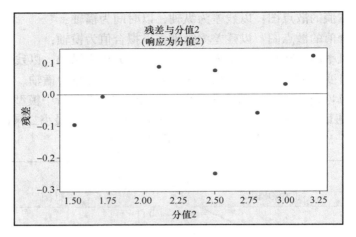

图 11-13 残差与预测变量

进行预测。

1. 点估计

点估计定义：利用估计的回归方程，对于 x 的一个特定值 x_0，求出 y 的一个估计值，即将 $x = x_0$ 代入方程 $\hat{y} = \beta_0 + \beta_1 x$。点估计可分为两种：一是平均值的点估计；一是个别值的点估计。

平均值的点估计定义：利用估计的回归方程，对于 x 的一个特定值 x_0，求出 y 的平均值的一个估计值 $E(y_0)$。

个别值的点估计定义：利用估计的回归方程，对于 x 的一个特定值 x_0，求出 y 的一个个别值的估计值 $\hat{y}_0$。

2. 区间估计

利用估计的回归方程，对于 x 的一个特定值 x_0，求出 y 的一个估计值的区间就是区间估计。区间估计也有两种类型：一是置信区间估计；一是预测区间估计。对 x 的一个给定值 x_0，求出 y 的平均值的区间估计，称为置信区间估计（Confidence Interval Estimate）。对 x 的一个给定值 x_0，求出 y 的一个个别值的区间估计，称为预测区间估计（Prediction Interval Estimate）。

（1）y 的平均值的置信区间估计。一般来说，我们不能期望估计值 $\hat{y}_0$ 精确地等于 $E(y_0)$，因此要想用 $\hat{y}_0$ 推断 $E(y_0)$，必须考虑根据估计的回归方程得到的 $\hat{y}_0$ 的方差，经过一系列的数学证明（略），对于给定的 x_0，$E(y_0)$ 在 $1 - \alpha$ 置信水平下的置信区间 CI（Confidence interval）可表示为：

$$\left(\hat{y}_0 - t_{1-\alpha/2}(n-2)s\sqrt{\frac{1}{n} + \frac{(x_0 - \bar{x})^2}{L_{xx}}}, \hat{y}_0 + t_{1-\alpha/2}(n-2)s\sqrt{\frac{1}{n} + \frac{(x_0 - \bar{x})^2}{L_{xx}}} \right)$$

其中，$s = \sqrt{MSE}$。

（2）y 的个别值的预测区间估计。个别值 y_i 可以看做平均值再加上随机误差，即 $y_i = \beta_0 + \beta_1 x_i + \varepsilon_i$，可以看出，个别值是在原来的平均值的周围，以 σ 为标准差所形成的波动。它比平均值的置信区间 CI 要宽得多，个别值的 $1 - \alpha$ 置信水平下的预测区间 PI（Prediction interval）可表示为：

$$\left(\hat{y}_0 - t_{1-\alpha/2}(n-2)s\sqrt{1 + \frac{1}{n} + \frac{(x_0 - \overline{x})^2}{L_{xx}}}, \hat{y}_0 + t_{1-\alpha/2}(n-2)s\sqrt{1 + \frac{1}{n} + \frac{(x_0 - \overline{x})^2}{L_{xx}}} \right)$$

续【例11-9】，下面介绍如何利用 Minitab 对回归方程进行预测。

打开数据文件"回归示例.MTW"，选择"统计→回归→回归"，输入变量，单击"选项"按钮，输入 x 的一个值3，如图11-14所示。

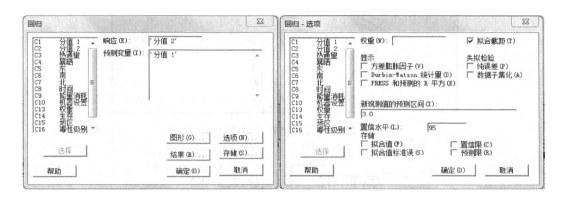

图 11-14　利用 Minitab 对回归方程进行预测操作图

单击"确定"按钮后，输出下列结果：

新观测值的预测值

新观测值	拟合值	拟合值标准误	95% 置信区间	95% 预测区间
1	1.7707	0.0645	(1.6182，1.9232)	(1.4330，2.1084)

新观测值的自变量值

新观测值	分值1
1	3.00

从上面的输出结果中，我们可以看到：以点估计预测"分值1"=3时，因变量"分值2"的平均值为1.7707；当"分值1"=3时，因变量"分值2"的平均值的95%置信区间为（1.6182，1.9232）；当"分值1"=3时，因变量"分值2"的个别值的95%的预测区间为（1.4330，2.1084）。显然，点估计的值一般都位于其相应的置信区间内，而置信区间一般从属于预测区间。

我们也可以通过指令"统计→回归→拟合线图"，输入变量后，选择"选项"按钮，显示 CI 和 PI 预测区间的图形，如图11-15所示。

上图可见，PI 预测区间明显宽于 CI 置信区间，这一点我们从上一种方法所得的数据中已经看到了，具体原因可由对两个区间的数学公式进行比较得出（数学证明从略）。

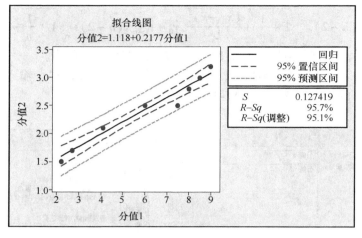

图 11-15　拟合线图显示 CI 和 PI 结果

第四节　假 设 检 验

假设检验是统计学中根据一定假设条件由样本推断总体的一种方法。具体做法是：根据问题的需要对所研究的总体作某种假设，记作 H_0；选取合适的统计量，这个统计量的选取要使得在假设 H_0 成立时，其分布为已知；由实测的样本，计算出统计量的值，并根据预先给定的显著性水平进行检验，作出拒绝或接受假设 H_0 的判断。

常用的假设检验方法有均值检验、方差检验、比例检验，单因子 ANOVA 分析等。下面主要介绍方差检验和单因子 ANOVA 分析。

一、方差检验

对于多数生产和生活领域而言，仅仅保证所观测到的样本均值维持在特定水平范围之内并不意味着整个过程的运转正常，方差的大小是否适度则是需要考虑的另一个重要因素。一个方差大的产品自然意味着其质量或性能不稳定。因此，方差检验是假设检验的重要内容之一。

（一）单正态总体的方差检验

在实际问题中，常常要检验一批数据的方差是否比设定的值大，或是否已经变小。例如，希望检验本次购进的苹果大小的方差是否比供应商宣称的要大？针对这些问题可用单正态总体的方差检验。单正态总体的方差检验利用卡方（χ^2）分布，因为单总体方差的检验，不论样本容量 n 是大还是小，都假设总体服从正态分布，这是由检验统计量的抽样分布决定，通过数学证明（略），可得 $\dfrac{(n-1)\,s^2}{\sigma_0^2} \sim \chi^2\,(n-1)$，其中，$S$ 表示样本的标准差。

1. 临界值法

我们计算出检验统计量的观测值，看它是否落在拒绝域内，从而作出判断。

（1）常用的三对假设：右侧假设检验（H_0：$\sigma^2 = \sigma_0^2$，H_1：$\sigma^2 > \sigma_0^2$）；左侧假设检验（H_0：$\sigma^2 = \sigma_0^2$，H_1：$\sigma^2 < \sigma_0^2$）；双边假设检验（H_0：$\sigma^2 = \sigma_0^2$，H_1：$\sigma^2 \neq \sigma_0^2$）。

（2）检验统计量 χ^2，在 $\sigma^2 = \sigma_0^2$ 时：

$$\chi^2 = \frac{(n-1)S^2}{\sigma_0^2}$$

服从自由度为 $n-1$ 的卡方分布。

（3）对应这三对假设，它们各自的拒绝域如表 11-11 所示。

表 11-11　三对假设对应拒绝域

假设条件	拒绝域
$H_1: \sigma^2 > \sigma_0^2$	$\chi^2 > \chi_{1-a}^2 (n-1)$
$H_1: \sigma^2 < \sigma_0^2$	$\chi^2 < \chi_a^2 (n-1)$
$H_1: \sigma^2 \neq \sigma_0^2$	$\chi^2 < \chi_{1-\alpha/2}^2 (n-1)$ 或 $\chi^2 > \chi_{\alpha/2}^2 (n-1)$

2. p 值比较法

p 是指当原假设 H_0 成立时，出现目前状况的概率。当这个概率很小时（如小于 0.05），这个结果在原假设成立的条件下就不该在一次实验中出现；但现在它确实出现了，因此我们有理由认为"原假设成立"的这个前提是错的，因而应该拒绝原假设，接受备择假设。在 Minitab 软件，指令"统计→基本统计量→单总体方差（Stat→Basic Statistics→1- Variance）"可以实现。

【例 11-10】　某工厂制造飞机发动机的高精度部件（包括测量长度必须为 15in 的金属销栓），安全法规定，销栓长度的方差不得超过 0.001in。以前的分析表明，销栓长度服从正态分布。现收集了 100 个销栓的样本，并对其长度进行了测量。试进行假设性检验并为总体方差创建一个置信区间（数据见表 11-12，数据文件名："飞机销栓 . MTW"）。

表 11-12　飞机销栓长度样本数据表

14.99	15.03	15.02	14.97	15.01	14.99
15.01	15.05	14.98	14.98	15.01	14.96
14.96	14.99	15.00	14.99	15.00	15.03
15.00	14.98	15.00	14.95	14.97	14.99
15.03	14.94	14.95	14.98	15.02	14.98
14.96	14.96	14.99	14.98	15.02	14.99
14.99	14.97	14.98	15.00	15.01	15.03
14.96	15.02	15.01	15.00	15.03	15.02
14.96	14.95	14.95	15.00	14.98	15.00
15.05	15.02	14.96	14.97	15.01	15.01
14.99	15.02	15.05	14.99	15.00	15.02
15.00	15.00	15.01	15.02	15.02	15.00
15.01	14.97	15.04	14.96	15.03	14.95
14.97	14.96	14.99	14.96	15.01	14.97
14.99	15.00	14.94	15.03	14.98	15.01
15.00	14.96	14.95	14.97	14.96	
14.97	15.00	15.03	14.99	14.97	

试问在显著性水平 $\alpha = 0.05$ 水平上，能否否定这批飞机销栓长度的标准差比原来的 0.001 确实有所降低？

解： 由于 μ 未知，选择卡方作为统计量，取 $\alpha = 0.05$。

（1）设立假设：

$H_0: \sigma^2 = 0.001$；$H_1: \sigma^2 < 0.001$

（2）根据显著性水平 $\alpha = 0.05$ 及备择假设定拒绝域：

$\{\chi^2 < 77.05\}$

（3）由样本观测值，求得：

$\chi^2 = 70.77$

因为样本观测值落入拒绝域中，所以拒绝原假设，可以认定销栓长度的方差小于 0.001。

在 Minitab 中的具体操作步骤如下（见图 11-16）：

（1）打开工作表"飞机销栓.MTW"，对单正态总体的方差建立假设：

$H_0: \sigma^2 = 0.001$；$H_1: \sigma^2 < 0.001$。

（2）选择"统计→基本统计量→单方差"，在数据下，选择样本所在列，在列中，输入"销长度"。

（3）选中进行假设检验并选择"假设方差"，在值中，输入"0.001"。

（4）单击"选项"，在备择项下，选择"小于"。

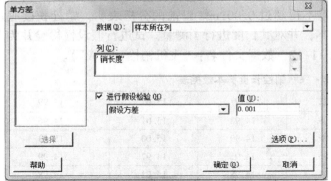 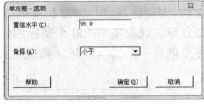

图 11-16　单方差检验操纵图

（5）在每个对话框中单击"确定"按钮，会话窗口输出：

单方差检验和置信区间：销长度

方法

原假设	西格玛平方 = 0.001
备择假设	西格玛平方 < 0.001

卡方方法仅适用于正态分布。

Bonett 方法适用于任何连续分布。

统计量

变量	N	标准差	方差
销长度	100	0.0267	0.000715

95% 单侧置信区间				
变量	方法	标准差上限	方差上限	
销长度	卡方	0.0303	0.000919	
	Bonett	0.0296	0.000878	
检验				
变量	方法	计量	自由度	p 值
销长度	卡方	70.77	99	0.014
	Bonett	–	–	0.004

由于数据来自正态分布的总体，所以适合卡方方法。单侧假设检验的 p 值为 0.014，此值足够低，可以否定原假设，并可推断销栓长度的方差小于 0.001。通过考查 95% 的置信上限，可以使总体方差的估计值更确切，该置信上限提供总体方差可能低于的值。从此分析中应该能推断出，销栓长度的方差足够小，可以满足规范并确保乘客安全。

（二）双总体等方差检验

在实际问题中，常常要检验两批数据的方差是否可以认为是相等的。例如，希望检验两批购进的苹果大小的方差是否相等？这都将导致我们要进行双正态总体的方差检验。双正态总体等方差检验利用 F 分布，这同样可以通过数学证明（略）。

1. 临界值法

我们计算出检验统计量的观测值 $F = \dfrac{S_1^2}{S_2^2}$（其中，S_1 和 S_2 分别表示两个样本的标准差），看它是否落在拒绝域内，从而作出判断。

（1）常用三对假设：右侧假设检验（H_0：$\sigma_1^2 = \sigma_2^2$，H_1：$\sigma_1^2 > \sigma_2^2$）；左侧假设检验（H_0：$\sigma_1^2 = \sigma_2^2$，H_1：$\sigma_1^2 < \sigma_2^2$）；双边假设检验（H_0：$\sigma_1^2 = \sigma_2^2$，H_1：$\sigma_1^2 \neq \sigma_2^2$）。

（2）检验统计量 F，在 $\sigma_1^2 = \sigma_2^2$ 时：

$$F = \frac{S_1^2}{S_2^2}$$

（3）对应这三对假设，它们各自的拒绝域如表 11-13 所示（表中，m 和 n 分别表示两个样本的样本量）。

表 11-13　三对假设对应拒绝域

假 设 条 件	拒 绝 域
H_1：$\sigma_1^2 > \sigma_2^2$	$\{F > F_{1-a}\ (n-1,\ m-1)\}$
H_1：$\sigma_1^2 < \sigma_2^2$	$\{F < F_a\ (n-1,\ m-1)\}$
H_1：$\sigma_1^2 \neq \sigma_2^2$	$\left\{\begin{array}{l} F < F_{a/2}\ (n-1,\ m-1) \\ \text{或 } F > F_{1-a/2}\ (n-1,\ m-1) \end{array}\right\}$

2. p 值比较法

通过 Minitab 软件指令"统计→基本统计量→双方差（Stat→Basic Statistics→2-Variance）"来实现。

【例11-11】 为了提高家庭暖气系统的效率，某公司准备评估两种设备功效。安装其中一种设备后，对房舍的能耗进行了测量。这两种设备分别是电动气闸（气闸1）和热活化气闸（气闸2）。能耗数据（气闸内置能量消耗）堆叠在一列中，另外还有一个分组列（气闸），包含用于表示总体的标识符或下标。试比较两个总体的标准差，以便构造用于比较两个气闸的双样本 t 检验和置信区间（数据见表11-14，数据文件名："炉子.MTW"）。

表11-14　两种设备的内置能量消耗部分数据表

气　　闸	内置能量消耗	气　　闸	内置能量消耗
1	8	2	8.81
1	5.98	2	9.27
1	15.24	2	11.29
1	8.54	2	8.29
1	11.09	2	9.96
1	11.7	2	10.3
1	12.71	2	16.06
1	6.78	2	14.24
1	9.82	2	11.43
1	12.91	2	10.28
1	10.35	2	13.6
1	9.6	2	5.94

解： 在正态条件下，我们选用 F 检验，并以显著性水平 $\alpha = 0.05$ 及备择假设定拒绝域，然后进行判定。

（1）设立假设：

$$H_0: \sigma_1^2 = \sigma_2^2, H_1: \sigma_1^2 \neq \sigma_2^2$$

（2）根据显著性水平 $\alpha = 0.05$ 及备择假设定拒绝域：

$$\{ F < 0.62 \text{ 或 } F > 1.62 \}$$

（3）由样本观测值，求得：

$$F = 1.19$$

因为样本观测值未落入拒绝域中，所以无法拒绝原假设。

在 Minitab 中的具体操作步骤为：

（1）打开工作表"炉子.MTW"，建立假设：

$$H_0: \sigma_1^2 = \sigma_2^2, H_1: \sigma_1^2 \neq \sigma_2^2$$

（2）选择"统计→基本统计量→双方差"，在数据下，选择样本在一列中。

（3）在样本中，输入"气闸内置能量消耗"，在下标中，输入"气闸"，单击"确定"按钮。

可得会话窗口输出：

双方差检验和置信区间：气闸内置能量消耗与气闸

方法

原假设	西格玛（1）／西格玛（2）= 1	
备择假设	西格玛（1）／西格玛（2）≠ 1	
显著性水平	Alpha = 0.05	

统计量

气闸	N	标准差	方差
1	40	3.020	9.120
2	50	2.767	7.656

标准差比 = 1.091

方差比 = 1.191

95% 置信区间

数据分布	标准差比置信区间	方差比置信区间
正态	(0.812, 1.483)	(0.659, 2.199)
连续	(0.697, 1.412)	(0.486, 1.992)

检验

方法	DF1	DF2	检验统计量	p 值
F 检验（正态）	39	49	1.19	0.558
Levene 检验（任何连续分布）	1	88	0.00	0.996

图形窗口输出，如图 11-17 所示。

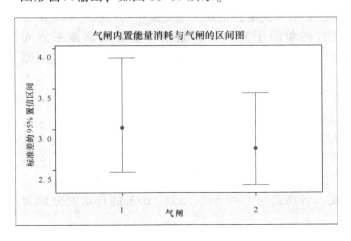

a）区间图

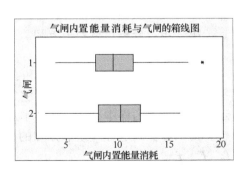

b）箱线图

图 11-17　图形窗口输出

对于假设检验，数据来自正态分布时，采用 F 检验；数据来自连续但不一定正态的分布时，采用 Levene 检验。

因为 p 值 0.558 和 0.996 均大于 0.05，因此无法否定标准差相等的原假设。这些数据并未提供足够证据证明两个总体的标准差不相等。此外，标准差和方差比的置信区间都包含 1，进一步表明它们相等。因此，假设使用双样本 F 检验时方差相等是合理的。

二、单因子 ANOVA 分析

单因子方差分析（One-way Analysis of Variance）是用于完全随机设计的多个样本均值间的比较，其统计推断是估计各样本所代表的各总体均值是否相等。在实验中会改变状态的因素或对指标有影响的因素，称为因子，通常用大写字母 A、B、C 等表示。因子在实验中所处的不同状态称作为因子的水平，用表示因子的字母加下标来表示，比如因子 B 的水平用 B_1、B_2、B_3…表示。如果一项实验中，只有一个因素变化，其他因素不变，这种实验称之为单因子实验。

（一）单因子 ANOVA 分析的假设前提

（1）观测值相互独立。

（2）认为各个总体方差相等。

（3）每个随机变量的分布都是正态的，即服从 $N(\mu_i, \sigma^2)$。

（二）统计假设

对于（1）中提到的三假设，即正态假设、等方差假设、数据独立性假设，在其都成立的条件下，检验如下假设是否为真：

$$H_0: \mu_1 = \mu_2 = \cdots = \mu_k$$
$$H_1: 至少一对 \mu_i \neq \mu_j$$

当 H_0 成立时，样本的行平均值 $\overline{X_i}$ 必然差异不大，差异表现为随机误差；当 H_1 为真时，$\overline{X_i}$ 间必存在较大差异，这时的差异表现为系统误差。

（三）分析步骤

为判别不同水平对实验结果有无显著性影响，关键是把观测值变量中的随机误差与系统误差分开，并能进行比较。完全随机设计的单因子方差分析是把总变异的离差平方和（SST，Total Sum of Squares）及自由度（Degrees of Freedom）分别分解为组间和组内两部分，其计算公式和步骤如下：

第一步：分解总离差平方和。

$$SST = SSE + SSA$$

其中，SST 称为总离差平方和、总变差。SSE 称为样本组内离差平方和，它测量同一水平上因重复实验而产生的误差，它反映的是随机误差。SSA 称为样本组间离差平方和，它表示各个水平上的样本平均值与样本总平均值之间离差的加权平方和，反映的是系统误差。

第二步：确定各离差平方和的自由度，各离差平方和 SST、SSA、SSE 的自由度分别为 f_T、f_A、f_E。

$$f_T = N - 1, f_A = k - 1, f_E = N - k$$

其中，k 表示因子水平数。

第三步：F 检验。在 H_0 成立的条件下，X_{ij} 服从正态分布，又知 X_{ij} 相互独立，可得 SSA，SSE 相互独立（证明略）。当已知 SSA，SSE 相互独立且服从 $(k-1)$ 和 $(n-k)$ 个自由度的 χ^2 分布时，则有：

$$F = \frac{SSA/(k-1)}{SSE/(N-k)} \sim F_\alpha(k-1, N-k)$$

检验的基本思想是：若 F 足够大，则可以判定因子是显著的。

将上述分析内容用一个表格来归纳，得到下列方差分析表，如表 11-15 所示，其中的关键是检验统计量 F。

表 11-15　方差分析表

方差来源	离差平方和	自由度	均方	F 值	临界值 F_α
组间	SSA	$k-1$	$SSA/(k-1)$	$F = \dfrac{SSA/(k-1)}{SSE/(N-k)}$	$F_\alpha(k-1, N-k)$（单侧）
组内	SSE	$N-k$	$SSE/(N-k)$		
总和	SST	$N-1$	$SST/(N-1)$		

【例 11-12】　某公司设计了一项试验来评估四种地毯产品的耐用性。将这些地毯产品中每种的一个样本分别铺在四个家庭，并在 60 天后测量其耐用性。由于要检验均值是否相等并评估均值之间的差异，试使用单因子方差分析过程（部分数据见表 11-16，数据文件名："方差分析示例 . MTW"）。

表 11-16　四种地毯产品耐用性部分数据表

地毯	耐用性	地毯	耐用性	地毯	耐用性	地毯	耐用性
1	18. 95	2	10. 06	3	10. 92	4	10. 46
1	12. 62	2	7. 19	3	13. 28	4	21. 4
1	11. 94	2	7. 03	3	14. 52	4	18. 1
1	14. 42	2	14. 66	3	12. 51	4	22. 5

在 Minitab 中的具体操作如下：

（1）打开工作表"方差分析示例 . MTW"，选择"统计→方差分析→单因子"。

（2）在响应中，输入"耐用性"。在因子中，输入"地毯"，在每个对话框中单击"确定"按钮。

得下列输出结果：

```
单因子方差分析：耐用性与地毯
来源    自由度    SS      MS      F       p
地毯     3       146.4   48.8    3.58    0.047
误差     12      163.5   13.6
合计     15      309.9
S = 3.691    R-Sq=47.24%    R-Sq（调整）= 34.05 %
均值（基于合并标准差）的单组95%置信区间
```

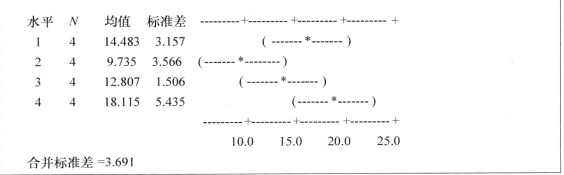

```
水平   N    均值    标准差  ---------+---------+---------+---------+
 1     4   14.483   3.157              ( ------- * ------- )
 2     4    9.735   3.566   ( ------- * --------- )
 3     4   12.807   1.506            ( ------- * ------- )
 4     4   18.115   5.435                         ( ------- * ------- )
                           ---------+---------+---------+---------+
                              10.0     15.0     20.0     25.0
合并标准差 =3.691
```

输出箱线图，如图 11-18 所示。

由上述可以看出，我们欲求的单因子方差分析表，软件已经帮忙给出，所有的数据一目了然。因为 $F = 3.58 >$ 临界值 $F_{0.95}$（3，12）= 3.49，所以拒绝原假设，结论：不同地毯的耐用性有显著差异。

当然，我们也可以通过 p 值来判定。由于 p 值 = 0.047 < 0.05，所以拒绝原假设，结论：不同地毯的耐用性有显著差异。在 ANOVA 第一步得到的方差分析表中，如果 p 值 > 0.05，

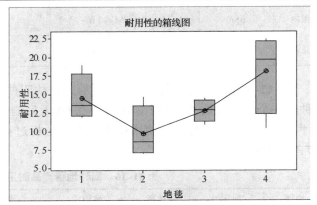

图 11-18　地毯与耐用性的箱线图

无法拒绝原假设，说明各水平间并无显著差异；反之，p 值 < 0.05，拒绝原假设，说明各水平间有显著性差异。

第五节　统计过程控制

统计过程控制 SPC（Statistical Process Control）就是应用统计技术对过程中的各个阶段进行监控，从而达到改进与保证质量的目的。统计过程控制是全系统的、全过程的，要求全员参加，人人有责；它强调用科学方法（主要是统计技术，尤其是控制图理论）来保证全过程的预防；统计过程控制不仅用于生产过程，而且可用于服务过程和一切管理过程。

控制图是对过程质量加以测定、记录，从而进行控制管理的一种用科学方法设计的图。控制图是用一个坐标系三条控制线（上控制限、下控制限、中心线）的变化分析过程是否处于稳定状态，影响过程的因素是何种性质，最后采取措施对过程进行控制，从而预防不合格的产生的一种有效的质量管理的工具和方法。其原理有两种解释：一种是"点出界就判异"，小概率事件实际上不发生，若发生即判异常；一种是质量波动的原因等于异常因素加上偶然因素。

控制图的类型很多，常用的控制图按数据类型分为两类：对于连续变量用"计量控制图"；对于离散变量用"计数控制图"。综合考虑数据特点和抽样方法等因素，可以归纳出"常用控制图的选择路径图"（见图 11-19）。

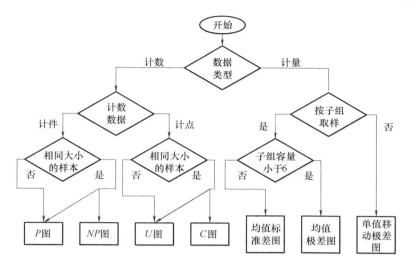

图 11-19　常用控制图的选择路径图

根据应用目的不同，控制图又可分为"分析用控制图"和"控制用控制图"两个类型，通常先用"分析用控制图"，然后用"控制用控制图"。分析用控制图主要用来调查研究生产过程是否处于统计控制状态或稳定状态，而控制用控制图则是当生产过程已处于稳定状态交付使用后，为了保持过程处于稳定状态用来判断过程是否失控，即有无异常因素发生。

一、计量与计数控制图

计量控制图一般是对连续型随机变量所做的控制图，其数据为对应计量值；计数控制图一般是对离散型随机变量所做的控制图，其数据分为计件值与计点值。下面为控制图的具体种类，如表 11-17 所示。

表 11-17　控制图的种类

数　据	分　布	控　制　图	简　记
计量值	正态分布	均值 – 极差	$\bar{X} - R$
		均值 – 标准差	$\bar{X} - S$
		中位数 – 极差	$\tilde{X} - R$
		单值 – 移动极差	$X - R_s$
计件值	二项分布	不合格品率	p
		不合格品数	np
计点值	泊松分布	单位缺陷数	u
		缺陷数	c

（一）计量控制图

计量控制图是建立在正态分布的理论上，由于正态分布的特征值均值和方差是相互独立的，所以要控制计量值的波动需要两张控制图：一张用于控制位置特征量；另一张用于控制散布特征量。下面将以最具代表性的均值－极差图（$\bar{X} - R$）为例，介绍计量控制图。

绘制均值－极差图的步骤如下：

（1）收集数据，合理分组。

（2）计算各子组样本的平均值 $\bar{X}$ 与极差 R。

（3）计算所有样本总平均值和平均极差。

（4）计算控制图的参数（见表11-18）。

表 11-18　均值-极差图中相关参数

极差图中心线	$CL_R = \bar{R}$
极差图控制上限	$UCL_R = D_4\bar{R}$
极差图控制下限	$LCL_R = D_3\bar{R}$
均值图中心线	$CL_X = \bar{\bar{X}}$
均值图控制上限	$UCL_{\bar{X}} = \bar{\bar{X}} + A_2\bar{R}$
均值图控制下限	$LCL_{\bar{X}} = \bar{\bar{X}} - A_2\bar{R}$

下面用例子对计量控制图的实际应用加以说明。

【例11-13】　某组装厂生产凸轮轴，凸轮轴的长度必须为（600 ± 2）mm 以满足工程规格。从工厂使用的所有凸轮轴共收集100个观测值（20个样本，每个样本中5个凸轮轴），同时从供应商2处收集100个观测值，试绘制供应商2生产的凸轮轴的 $Xbar - R$ 控制图，以此监控此特征（数据列见表11-19，数据文件名："凸轮轴.MTW"）。

表 11-19　凸轮轴长度数据表

长度	供应商2	长度	供应商2	长度	供应商2	长度	供应商2
601.4	601.6	601.4	600.8	598	599	601.8	602.2
601.6	600.4	601.4	600.8	600.8	602.2	601.6	598
598	598.4	598.8	597.2	597.8	599.8	601	598.4
601.4	600	601.4	600.4	599.2	599.8	600.2	600.8
599.4	596.8	598.4	599.8	599.2	601	599	602.8
600	602.8	601.6	596.4	600.6	601.6	601.2	597.6
600.2	600.8	598.8	600.4	598	601.6	601.2	601.6
601.2	603.6	601.2	598.2	598	600.2	601.2	603.4
598.4	604.2	599.6	598.6	598.8	601.8	601.2	597
599	602.4	601.2	599.6	601	601.2	601	599.8
601.2	598.4	598.2	599	600.8	597.6	601	597.8

（续）

长度	供应商2	长度	供应商2	长度	供应商2	长度	供应商2
601	599.6	598.8	598.2	598.8	599.8	601.4	602.4
600.8	603.4	597.8	599.4	599.4	602.8	601.4	602.2
597.6	600.6	598.2	599.4	601	600	598.8	600.6
601.6	598.4	598.2	600.2	598.8	599.6	598.8	596.2
599.4	598.2	598.2	599	599.6	602.2	598.8	602.4
601.2	602	601.2	599.4	599	603.8	598.2	601.4
598.4	599.4	600	598	600.4	603.6	601.8	599.2
599.2	599.4	598.8	597.6	598.4	601.8	601	601.6
598.8	600.8	599.4	598	602.2	602	601.4	600.4
601.4	600.8	597.2	597.6	601	603.6	601.4	598
599	598.6	600.8	601.2	601.4	600.8	599	601.2
601	600	600.6	599	601	600.2	601.4	604.2
601.6	600.4	599.6	600.4	601.2	600.4	601.8	600.2
601.2	596.8	599.4	600.6	601.4	600.2	601.6	600

在 Minitab 中的具体操作如下：

（1）打开工作表"凸轮轴.MTW"，选择"统计→控制图→子组的变量控制图→$Xbar-R$"。

（2）选择图表的所有观测值均在一列中，然后输入"供应商2"，在子组大小中，输入"5"，单击"确定"按钮。如图 11-20 所示。

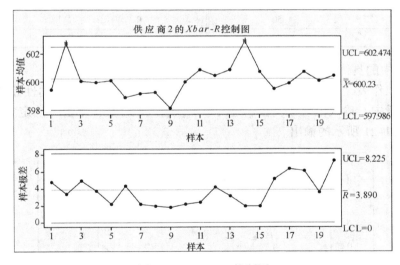

图 11-20　$Xbar$-R 控制图

由上图可知，$\overline{X}$ 控制图上的中心线在 600.23 处，表明生产过程落于规格限制范围内，但是有两点在控制限制以外，表明该过程不稳定。R 控制图上的中心线在 3.890 处，也远远超出了允许的最大变异 2mm。因此，生产过程中可能存在非常大的变异。

（二）计数控制图

计数控制图是建立在二项分布或泊松分布的理论基础上，由于二项分布和泊松分布各自的特征值均值和方差彼此相关，不独立，所以控制计数值的波动只需要一张控制图。计数控制图又要区分为两类，一种属于"计件"型，检验结果只有"是"与"否"两种情况，且"否"情况符合二项分布，这里用 NP 控制图或 P 控制图表示；一种属于"计点"型，可以检验几个样本总的"被否定"的点，这些"被否定"的点的个数服从泊松分布，这里用 C 控制图或 U 控制图。

计数控制图的制作步骤与计量控制图类似。本节通过三个例子，介绍 P 控制图、NP 控制图、U 控制图以及 C 控制图的实现方法。

【例 11-14】 某工厂生产显像管，检验员于每个批次结束抽取 50 个显像管进行检验。如果显像管内侧有刮痕，检验员就会拒绝接收。试绘制 P 控制图来分析产品的不合格率是否稳定（数据见表 11-20，数据文件名："质量控制示例.MTW"）。

表 11-20　抽样检验部分数据表

拒 绝 数	抽 样	拒 绝 数	抽 样
10	50	6	50
9	50	6	50
7	50	7	50
8	50	7	50
6	50	9	50
15	50	5	50
11	50	8	50
7	50	9	50
4	50	9	50
5	50	10	50

在 Minitab 中的具体操作为：

（1）打开工作表"质量控制示例.MTW"，选择"统计→控制图→属性控制图→P"。

（2）在变量中，输入拒收数，在子组大小中，输入取样数，单击"确定"按钮。

得到如图 11-21 所示的输出。

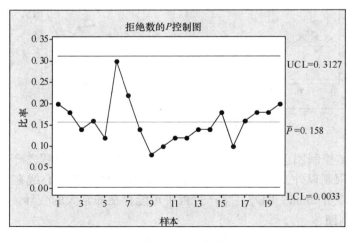

图 11-21　显像管不合格数量 P 控制图

由上图可知，P 控制图中的所有数据点都未违背任何一条判异准则，整个过程的不合格率非常稳定，显像管的生产处于统计控制状态。由于这里的样本数量是固定的常数"50"，所以也可以换成监控其拒绝数的 NP 控制图，其监控效果与 P 控制图完全相同，只是控制图中的纵坐标由拒绝率变成拒绝数了。

　　计算机软件 Minitab 的实现方法如下：

　　（1）打开工作表"质量控制示例. MTW"，选择"统计→控制图→属性控制图→NP"。

　　（2）在变量中，输入拒收数，在子组大小中，输入取样数，单击"确定"按钮。

　　得到如图 11-22 所示的输出。

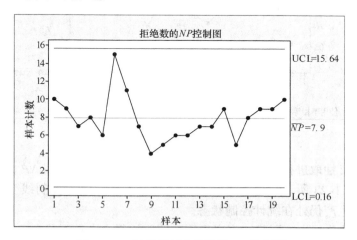

图 11-22　显像管不合格数量 NP 控制图

　　【例 11-15】　续上例，某工厂生产显像管，检验员于每个批次结束抽取一些显像管进行检验。如果显像管内侧有刮痕，检验员就会拒绝接收。试绘制 P 控制图来分析产品的不合格率是否稳定（数据见表 11-21，数据文件名："质量控制示例. MTW"）。

表 11-21　抽样检验数据表

拒　绝　数	抽　　样	拒　绝　数	抽　　样
20	98	6	55
18	104	6	48
14	97	7	50
16	99	7	53
13	97	9	56
29	102	5	49
21	104	8	56
14	101	9	53
9	52	9	52
10	47	10	51

　　计算机软件 Minitab 的实现方法如下：

　　（1）打开工作表"质量控制示例. MTW"，选择"统计→控制图→属性控制图→ P "。

（2）在变量中，输入拒收数，在子组大小中，输入取样数，单击"确定"按钮。得到如图 11-23 所示的输出。

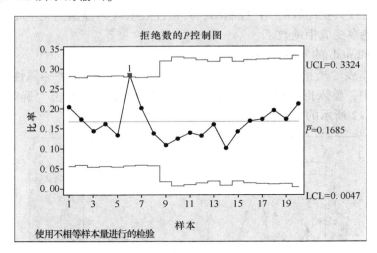

图 11-23　显像管不合格数量 P 控制图

可见，由于每日抽取进行检验的显像管数量不等，因而不能使用 NP 图。我们用 P 图进行生产控制。如图 11-23 所示，由于每天的抽检数量不同，上下控制线变成了"围墙"形状，但是显像管的生产仍处在统计控制状态。

【例 11-16】　某公司生产玩具，生产经理需要监控每个电动玩具车单位的缺陷数。请根据以下 20 组样本的玩具，创建一个 U 控制图来检验每单位玩具的缺陷数。U 控制图提供直接控制限制，子组大小固定为 102（每单位的平均玩具数目；数据见表 11-22，数据文件名："玩具.MTW"）。

表 11-22　玩具缺陷数数据表

缺 陷 数	样 本	缺 陷 数	样 本
9	110	2	100
11	101	4	102
2	98	4	98
5	105	2	99
15	110	5	105
13	100	5	104
8	98	2	100
7	99	3	103
5	100	2	100
6	102	1	98

在 Minitab 中的具体操作为：

（1）打开工作表"玩具.MTW"，选择"统计→控制图→属性控制图→U"。

（2）在变量中，输入缺陷数，在子组大小中，输入样本。

（3）单击"U 控制图"选项，然后单击"S 限制"选项卡。

（4）在当子组大小不相等时，计算控制限下，选择假定所有子组大小，然后输入"102"。

（5）在每个对话框中单击"确定"按钮。

得到如图 11-24 所示的输出。

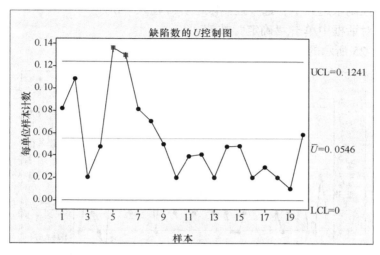

图 11-24 玩具缺陷数的 U 控制图

由上图可知，U 控制图中单位 5 和 6 在控制上限直线上面，这表示存在特殊原因影响了这些单位中的缺陷数。虽然这里的样本数量不是固定的常数，但是在 U 控制图选项中我们选择假定所有子组大小均为 102。我们应该分析是什么特殊原因影响了这些单位的受监控玩具车的缺陷数，使其超出控制。

【例 11-17】 某制品厂生产织物，每 $100m^2$ 的织物可以有一定数量的污点，超过该数量，便会被拒收。为了保证质量，生产经理在若干天时间内跟踪每 $100m^2$ 织物的瑕疵数，以便弄清楚生产过程是否按预期运行。控制图在中心线上下 1、2 和 3 个标准差处显示控制限制（数据见表 11-23，数据文件名："质量控制示例.MTW"）。

表 11-23 污点数

污 点	污 点	污 点	污 点
2	1	1	4
4	2	4	4
1	3	3	3
1	2	4	5
4	4	2	2
5	3	3	3
2	2	6	5
1	4	4	2
2	3	0	1
2	1	1	3

在 Minitab 中的具体操作为：

（1）打开工作表"质量控制示例.MTW"，选择"统计→控制图→属性控制图→C"。

（2）在变量中，输入"污点"，单击"C 控制图"选项，然后单击"S 限制"选项卡。

（3）在显示控制限在下的标准差的这些倍数中输入"1、2、3"。

（4）在设置控制限边界下，选中控制限下界并输入"0"。

（5）在每个对话框中单击"确定"按钮。

得到如图 11-25 所示的输出。

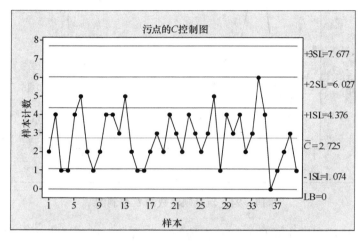

图 11-25　污点的 C 控制图

由图可知，点落在随机图案内，且位于 3σ 控制限制的边界内，可知过程按预期运行并且受控。因为这里的样本数量是固定的常数，所以可以使用监控其污点数的 C 控制图，否则不可以使用 C 控制图，而只能使用 U 控制图。

二、计量与计数数据的过程能力分析

过程能力是指处于稳定状态下的实际加工能力。过程能力的测试分析是保证产品质量的基础工作，是提高过程能力的有效手段，为质量改进找出方向。过程能力分为短期过程能力和长期过程能力。所谓短期过程能力是指在任一时刻，过程处于稳态的过程能力，而长期过程能力则考虑了工具磨耗的影响、各批之间材料的变化以及其他类似的可预期微小波动。换言之，短期过程能力表示了组内变异，而长期过程能力则表示了组内变异与组间之和。

过程能力分析详见第五章。下面将直接通过例子按计量数据和计数数据分别在 Minitab 中进行过程能力分析。

（一）计量数据的过程能力分析

【例 11-18】　某线缆制造商希望评估线缆的直径是否符合规格。线缆直径必须为 $(0.55 + 0.05)$ cm 才符合工程规格。分析人员每隔一小时连续从生产线上取 5 根线缆记录其直径。试评估过程的能力是否满足客户的要求（数据见表 11-24，数据文件名："线缆.MTW"）。

表 11-24　某线缆直径数据表

直径	直径	直径	直径	直径	直径
0.529	0.521	0.559	0.526	0.529	0.56
0.55	0.532	0.519	0.546	0.539	0.533
0.555	0.524	0.562	0.557	0.591	0.538
0.541	0.544	0.551	0.548	0.538	0.567
0.559	0.523	0.53	0.546	0.557	0.557
0.543	0.55	0.545	0.56	0.517	0.541
0.557	0.544	0.588	0.53	0.521	0.534
0.559	0.545	0.544	0.564	0.568	0.544
0.581	0.571	0.561	0.514	0.544	0.537
0.551	0.527	0.573	0.527	0.55	0.574
0.493	0.536	0.607	0.545	0.562	0.572
0.534	0.554	0.532	0.513	0.54	0.556
0.527	0.569	0.562	0.557	0.537	0.56
0.511	0.531	0.542	0.525	0.558	0.52
0.565	0.534	0.549	0.557	0.548	0.578
0.526	0.57	0.577	0.559	0.548	0.543
0.518	0.567	0.544	0.541		

在 Minitab 中的具体操作为:

（1）打开工作表"线缆.MTW"，选择"统计→质量工具→能力分析→正态"。

（2）在单列中，输入直径。在子组大小中，输入"5"。

（3）在规格下限中，输入"0.50"。在规格上限中，输入"0.60"。

（4）单击"选项"，在目标（添加 Cpm 到表格）中，输入"0.55"。在每个对话框中单击"确定"按钮。

得到如图 11-26 所示的输出。

由图 11-26，可以获如下信息：首先，图中带两条拟合曲线的直方图给了我们最直观的认识。两条线几乎重合，将左上角的标准差（组内）= 0.0185477 与标准差（整体）= 0.0193414 相比，相差甚微。其次，过程能力统计量近似服从正态分布，但过程均值（0.54646）略小于望目（0.55），并且分布的两个尾部都落在规格限之外。这意味着，有时会发现某些电缆直径小于 0.50cm 的规格下限或大于 0.60cm 的规格上限。P_{pk} 指数表明过程生产的单位是否在公差限内。此处，P_{pk} 指数为 0.80，表明制造商必须通过减少变异并使过程以目标为中心来改进过程。显然，与过程不以目标为中心相比，过程中的较大变异对此生产线而言是严重得多的问题。同样，ppm 合计（预期整体性能）是其受关注的特征在公差限之外的百万分数部件数（10969.28）。这意味着每一百万条线缆中大约有 10969 条不符合规格。所以，制造商未满足客户的要求，应通过降低过程变异来改进其过程。

另外要注意的是在进行分析之前，先应该验证过程是稳定的，还应该验证过程服从正态分布，才能进行过程能力的计算。为了简化这一分析过程，Minitab 提供了另一个窗口"六合一"的一条龙式全过程：Capability Sixpack。具体的实现方法如下：

（1）打开工作表"线缆.MTW"→选择"统计→质量工具→正态"。

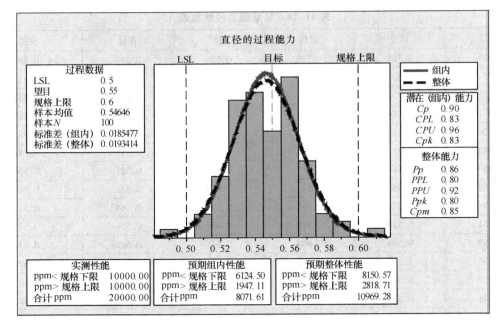

图 11-26　计量数据的过程能力分析

（2）在单列中，输入直径。在子组大小中，输入"5"。

（3）在规格下限中，输入"0.50"。在规格上限中，输入"0.60"。

（4）单击"选项"，在目标（添加 Cpm 到表格）中，输入"0.55"，在每个对话框中单击"确定"按钮。得到如图 11-27 所示的输出。

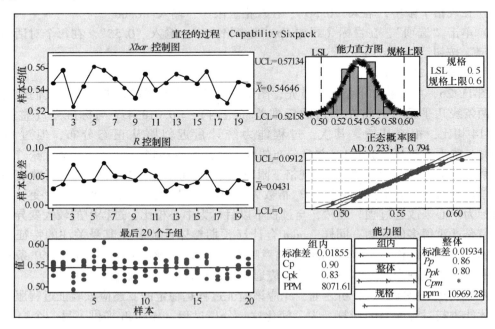

图 11-27　直径的过程 Capability Sixpack 图

图 11-27 蕴含非常丰富的信息。首先左上方的 *Xbar* 控制图，左中方的 *R* 控制图以及左下方最后 20 个子组的散点图可以用来验证过程是否稳定。其次，右上方的正态概率图可以用来验证过程是否服从正态分布。此外右下方的能力图精确地显示出过程能力指数及其置信区间。

（二）计数数据的过程能力分析

数据分布的类型不同（泊松分布和二项分布），过程能力的估算方法也不同。对于二项分布的过程绩效指标主要有百万机会缺陷数 DPPM（Defective Parts Per Million），下面将通过【例 11-19】对二项分布的计件数据能力进行分析。

【**例 11-19**】 下面列出 20 天内每天因销售代表不在而未应答的呼叫（缺陷品）的数量以及来电的总数。试评估电话销售部门的响应率，即应答来电的能力（数据见表 11-25，数据文件名："二项能力分析和 Poisson 能力分析 . MTW"）。

表 11-25　数据表

不　可　用	来　电　数	不　可　用	来　电　数
432	1908	424	1854
392	1912	410	1937
497	1934	386	1838
459	1889	496	2025
433	1922	424	1888
424	1964	425	1894
470	1944	428	1941
455	1919	392	1868
427	1938	460	1894
405	1862	425	1933

在 Minitab 中的具体操作为：

（1）打开工作表"二项能力分析和 Poisson 能力分析 . MTW"，选择"统计→质量工具→能力分析→二项"。

（2）在缺陷数中，输入"不可用"，在实际样本量中，输入来电数。单击"确定"按钮。

得到如图 11-28 所示的输出。

观察图 11-28，可以获得很多信息。首先，图左侧的 *P* 控制图表明有 1 个点不受控。其次，累积缺陷百分比控制图显示整体缺陷品率的估计值似乎停留在 22% 左右，但需要收集更多数据对此加以验证。缺陷品率似乎不受样本大小的影响。再次，图中下方的摘要统计显示，过程绩效指标为 226427ppm，缺陷率为 $p = 22.64\%$，西格玛水平 *Z* 大约为 0.75。显然，如果用六西格玛的标准来衡量，此过程可能需要进行大量改进。

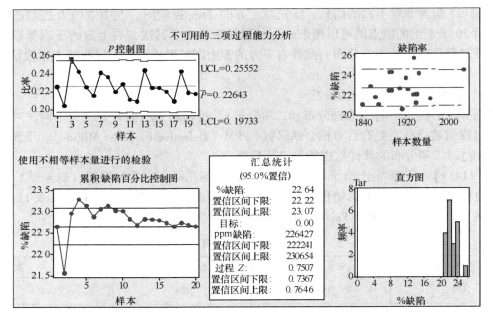

图 11-28　计数数据的过程能力分析

 案例：学生身体指标数据分析

1. 首先，测量本班每位同学的如下数据：

班级、性别、身高、体重、鞋码、腰围、南方人/北方人等数据。

2. 然后，请用 Minitab 软件完成：

（1）采用何种描述性统计及图形，来描述数据的基本特征？

（2）采用相关性分析与回归分析的方法，分析体重与身高、体重与腰围、身高与鞋码等是否存在相关性？分析"腰围的平方×身高"与体重是否存在相关性？并建立适当的简单回归方程。

（3）采用假设检验的方法，分析"南方人/北方人"的"身高、体重"的平均值是否存在显著差别？不同性别学生的"身高、体重"的平均值是否存在显著差别？不同班级学生与"身高、体重"的平均值是否存在显著的差别？

（4）体质指数（BMI）=体重（kg）/身高（m^2），请在网上查中国成年人体质指数的合理值范围，并采用数据过程能力的方法，分析班级同学身体素质合格情况。

（5）考虑是否还有其他的数据分析方法，并采用 Minitab 软件来实现。

3. 由上述数据，请提出保持身体健康的建议和意见。

思 考 题

1. 通过对 Minitab 软件的学习，你对该软件有什么理解？

2. 统计性描述通常包括哪些内容？

3. 简述相关分析在 Minitab 中的实现方式。

4. 简述简单线性回归的一般执行过程及其目的。

5. 为什么要对数据进行方差检验？它有什么作用？

6. 单因子 ANOVA 分析中一般用哪些方法判定结果？

7. 结合你做过的实际项目，运用 Minitab 软件制作控制图，并作相应的工序能力分析。

8. 有顾客反映某家航空公司售票处售票的速度太慢。为此，航空公司收集了解 100 位顾客购票所花费时间的样本数据（单位：min），结果如表 11-26 所示。

表 11-26　顾客购票时间的样本数据

2.3	1.0	3.5	0.7	1.0	1.3	0.8	1.0	2.4	0.9
1.1	1.5	0.2	8.2	1.7	5.2	1.6	3.9	5.4	2.3
6.1	2.6	2.8	2.4	3.9	3.8	1.6	0.3	1.1	1.1
3.1	1.1	4.3	1.4	0.2	0.3	2.7	2.7	4.1	4.0
3.1	5.5	0.9	3.3	4.2	21.7	2.2	1.0	3.3	3.4
4.6	3.6	4.5	0.5	1.2	0.7	3.5	4.8	2.6	0.9
7.4	6.9	1.6	4.1	2.1	5.8	5.0	1.7	3.8	6.3
3.2	0.6	2.1	3.7	7.8	1.9	1.0	1.3	1.4	3.5
11.0	8.6	7.5	2.0	2.0	2.0	1.2	2.9	6.5	1.0
4.6	2.0	1.2	5.8	2.9	2.0	2.9	6.6	0.7	1.5

航空公司认为，为一位顾客办理一次售票业务所需的时间在 5min 之内就是合理的。上面的数据是否支持航空公司的说法？顾客提出的意见是否合理？请你对上面的数据运用 Minitab 软件进行适当的分析，回答下列问题：

（1）对数据进行适当的分组（分十组），分析数据的分布特点（绘制直方图）。

（2）根据分组后的数据，计算中位数、众数、平均数和标准差。

（3）分析顾客提出的意见是否合理？为什么？

1. http：//www. minitab. com/en-CN/default. aspx？ langType = 1033

Minitab 软件质量管理：此网站包含 Minitab 软件的最新动态，在线学习统计，掌握质量管理工具。

2. http：//www. tj211. com/portal. php

统计 211：此网站可以下载统计学的相关知识，Excel、SPSS、Minitab 一系列软件使用技巧等内容。

正态分布累积概率

$Z = \dfrac{x_i - \bar{x}}{\sigma}$	0.09	0.08	0.07	0.06	0.05	0.04	0.03	0.02	0.01	0.00
-3.5	0.00017	0.00017	0.00018	0.00019	0.00019	0.00020	0.00021	0.00022	0.00022	0.00023
-3.4	0.00024	0.00025	0.00026	0.00027	0.00028	0.00029	0.00030	0.00031	0.00033	0.00034
-3.3	0.00035	0.00036	0.00038	0.00039	0.00040	0.00042	0.00043	0.00045	0.00047	0.00048
-3.2	0.00050	0.00052	0.00054	0.00056	0.00058	0.00060	0.00062	0.00064	0.00066	0.00069
-3.1	0.00071	0.00074	0.00076	0.00079	0.00082	0.00085	0.00087	0.00090	0.00094	0.00097
-3.0	0.00100	0.00104	0.00107	0.00111	0.00114	0.00118	0.00122	0.00126	0.00131	0.00136
-2.9	0.0014	0.0014	0.0015	0.0015	0.0016	0.0016	0.0017	0.0017	0.0018	0.0019
-2.8	0.0019	0.0020	0.0021	0.0021	0.0022	0.0023	0.0023	0.0024	0.0025	0.0026
-2.7	0.0026	0.0027	0.0028	0.0029	0.0030	0.0031	0.0032	0.0033	0.0034	0.0035
-2.6	0.0036	0.0037	0.0038	0.0039	0.0040	0.0041	0.0043	0.0044	0.0045	0.0047
-2.5	0.0048	0.0049	0.0051	0.0052	0.0054	0.0055	0.0057	0.0059	0.0060	0.0062
-2.4	0.0064	0.0066	0.0068	0.0069	0.0071	0.0073	0.0075	0.0078	0.0080	0.0082
-2.3	0.0084	0.0087	0.0089	0.0091	0.0094	0.0096	0.0099	0.0102	0.0104	0.0107
-2.2	0.0110	0.0113	0.0116	0.0119	0.0122	0.0125	0.0129	0.0132	0.0136	0.0139
-2.1	0.0143	0.0146	0.0150	0.0154	0.0158	0.0162	0.0166	0.0170	0.0174	0.0179
-2.0	0.0183	0.0188	0.0192	0.0197	0.0202	0.0207	0.0212	0.0217	0.0222	0.0228
-1.9	0.0233	0.0239	0.0244	0.0250	0.0256	0.0262	0.0268	0.0274	0.0281	0.0287
-1.8	0.0294	0.0301	0.0307	0.0314	0.0322	0.0329	0.0336	0.0344	0.0351	0.0359
-1.7	0.0367	0.0375	0.0384	0.0392	0.0401	0.0409	0.0418	0.0427	0.0436	0.0446
-1.6	0.0455	0.0465	0.0475	0.0485	0.0495	0.0505	0.0516	0.0526	0.0537	0.0548
-1.5	0.0559	0.0571	0.0582	0.0594	0.0606	0.0618	0.0630	0.0643	0.0655	0.0668
-1.4	0.0681	0.0694	0.0708	0.0721	0.0735	0.0749	0.0764	0.0778	0.0793	0.0808
-1.3	0.0823	0.0838	0.0853	0.0869	0.0885	0.0901	0.0918	0.0934	0.0951	0.0968
-1.2	0.0995	0.1003	0.1020	0.1038	0.1057	0.1075	0.1093	0.1112	0.1131	0.1151
-1.1	0.1170	0.1190	0.1210	0.1230	0.1251	0.1271	0.1292	0.1314	0.1335	0.1357
-1.0	0.1370	0.1401	0.1423	0.1446	0.1469	0.1492	0.1515	0.1539	0.1562	0.1587
-0.9	0.1611	0.1635	0.1660	0.1685	0.1711	0.1736	0.1762	0.1788	0.1814	0.1841
-0.8	0.1867	0.1894	0.1922	0.1949	0.1977	0.2005	0.2033	0.2061	0.2090	0.2119

（续）

$Z = \dfrac{x_i - \bar{x}}{\sigma}$	0.09	0.08	0.07	0.06	0.05	0.04	0.03	0.02	0.01	0.00
−0.7	0.2148	0.2177	0.2207	0.2236	0.2266	0.2297	0.2327	0.2358	0.2389	0.2420
−0.6	0.2451	0.2483	0.2514	0.2546	0.2578	0.2611	0.2643	0.2676	0.2709	0.2743
−0.5	0.2776	0.2810	0.2843	0.2877	0.2912	0.2946	0.2981	0.3015	0.3050	0.3085
−0.4	0.3121	0.3156	0.3192	0.3228	0.3264	0.3300	0.3336	0.3372	0.3409	0.3446
−0.3	0.3483	0.3520	0.3557	0.3594	0.3632	0.3669	0.3707	0.3745	0.3783	0.3821
−0.2	0.3859	0.3897	0.3936	0.3974	0.4013	0.4052	0.4090	0.4129	0.4168	0.4207
−0.1	0.4247	0.4286	0.4325	0.4364	0.4404	0.4443	0.4483	0.4522	0.4562	0.4602
−0.0	0.4641	0.4681	0.4721	0.4761	0.4801	0.4840	0.4880	0.4920	0.4960	0.5000
+0.0	0.5000	0.5040	0.5080	0.5120	0.5160	0.5199	0.5239	0.5279	0.5319	0.5359
+0.1	0.5398	0.5438	0.5478	0.5517	0.5557	0.5596	0.5636	0.5675	0.5714	0.5753
+0.2	0.5793	0.5832	0.5871	0.5910	0.5948	0.5987	0.6026	0.6064	0.6103	0.6141
+0.3	0.6179	0.6217	0.6255	0.6293	0.6331	0.6368	0.6406	0.6443	0.6480	0.6517
+0.4	0.6554	0.6591	0.6628	0.6664	0.6700	0.6736	0.6772	0.6808	0.6844	0.6879
+0.5	0.6915	0.6950	0.6985	0.7019	0.7054	0.7088	0.7123	0.7157	0.7190	0.7224
+0.6	0.7257	0.7291	0.7324	0.7357	0.7389	0.7422	0.7454	0.7486	0.7517	0.7549
+0.7	0.7580	0.7611	0.7642	0.7673	0.7704	0.7734	0.7764	0.7794	0.7823	0.7852
+0.8	0.7881	0.7910	0.7939	0.7967	0.7995	0.8023	0.8051	0.8079	0.8106	0.8133
+0.9	0.8159	0.8186	0.8212	0.8238	0.8264	0.8289	0.8315	0.8340	0.8365	0.8389
+1.0	0.8413	0.8438	0.8461	0.8485	0.8508	0.8531	0.8554	0.8577	0.8599	0.8621
+1.1	0.8643	0.8665	0.8686	0.8708	0.8729	0.8749	0.8770	0.8790	0.8810	0.8830
+1.2	0.8849	0.8869	0.8888	0.8907	0.8925	0.8944	0.8962	0.8980	0.8997	0.9015
+1.3	0.9032	0.9049	0.9066	0.9082	0.9099	0.9115	0.9131	0.9147	0.9162	0.9177
+1.4	0.9192	0.9207	0.9222	0.9236	0.9251	0.9265	0.9279	0.9292	0.9306	0.9319
+1.5	0.9332	0.9345	0.9357	0.9370	0.9382	0.9394	0.9406	0.9418	0.9429	0.9441
+1.6	0.9452	0.9463	0.9474	0.9484	0.9495	0.9505	0.9515	0.9525	0.9535	0.9545
+1.7	0.9554	0.9564	0.9573	0.9582	0.9591	0.9599	0.9608	0.9616	0.9625	0.9633
+1.8	0.9641	0.9649	0.9656	0.9664	0.9671	0.9678	0.9686	0.9693	0.9699	0.9706
+1.9	0.9713	0.9719	0.9726	0.9732	0.9738	0.9744	0.9750	0.9756	0.9761	0.9767
+2.0	0.9773	0.9778	0.9783	0.9788	0.9793	0.9798	0.9803	0.9808	0.9812	0.9817
+2.1	0.9821	0.9826	0.9830	0.9834	0.9838	0.9842	0.9846	0.9850	0.9854	0.9857
+2.2	0.9861	0.9864	0.9868	0.9871	0.9875	0.9878	0.9881	0.9884	0.9887	0.9890
+2.3	0.9893	0.9896	0.9898	0.9901	0.9904	0.9906	0.9909	0.9911	0.9913	0.9916

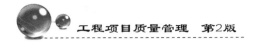
（续）

$Z = \dfrac{x_i - \bar{x}}{\sigma}$	0.00	0.01	0.02	0.03	0.04	0.05	0.06	0.07	0.08	0.09
+2.4	0.9918	0.9920	0.9922	0.9925	0.9927	0.9929	0.9931	0.9932	0.9934	0.9936
+2.5	0.9938	0.9940	0.9941	0.9943	0.9945	0.9946	0.9948	0.9949	0.9951	0.9952
+2.6	0.9953	0.9955	0.9956	0.9957	0.9959	0.9960	0.9961	0.9962	0.9963	0.9964
+2.7	0.9965	0.9966	0.9967	0.9968	0.9969	0.9970	0.9971	0.9972	0.9973	0.9974
+2.8	0.9974	0.9975	0.9976	0.9977	0.9977	0.9978	0.9979	0.9979	0.9980	0.9981
+2.9	0.9981	0.9982	0.9983	0.9983	0.9984	0.9984	0.9985	0.9985	0.9986	0.9986
+3.0	0.99865	0.99869	0.99874	0.99878	0.99882	0.99886	0.99889	0.99893	0.99896	0.99900
+3.1	0.99903	0.99906	0.99910	0.99913	0.99915	0.99918	0.99921	0.99924	0.99926	0.99929
+3.2	0.99931	0.99934	0.99936	0.99938	0.99940	0.99942	0.99944	0.99946	0.99948	0.99950
+3.3	0.99952	0.99953	0.99955	0.99957	0.99958	0.99960	0.99961	0.99962	0.99964	0.99965
+3.4	0.99966	0.99967	0.99969	0.99970	0.99971	0.99972	0.99973	0.99974	0.99975	0.99976
+3.5	0.99977	0.99978	0.99978	0.99979	0.99980	0.99981	0.99981	0.99982	0.99983	0.99983

参 考 文 献

[1] J M 朱兰. 朱兰论质量策划 [M]. 杨文士, 等译. 北京: 清华大学出版社, 1999.

[2] W 爱德华兹·戴明. 戴明论质量管理 [M]. 钟汉清, 戴久永, 译. 海口: 海南出版社, 2003.

[3] 菲利浦 B 克劳士比. 来谈质量 [M]. 克劳士比中国学院管理顾问中心, 译. 北京: 经济科学出版社, 2003.

[4] 蒂莫西 J 科洛彭博格, 约瑟夫 A 佩特里克. 项目质量管理 [M]. 北京广联达慧中软件技术有限公司, 译. 北京: 机械工业出版社, 2005.

[5] 刘广第. 质量管理学 [M]. 北京: 清华大学出版社, 2003.

[6] 美国项目管理协会. 项目管理知识体系指南 [M]. 3 版. 卢有杰, 王勇, 译. 北京: 电子工业出版社, 2005.

[7] 邱菀华, 等. 项目管理师 [M]. 北京: 机械工业出版社, 2003.

[8] 瞿焱. 项目质量管理 [M]. 杭州: 浙江大学出版社, 2004.

[9] 胡子谷. 质量管理 [M]. 上海: 上海交通大学出版社, 2004.

[10] 李金海. 项目质量管理 [M]. 天津: 南开大学出版社, 2006.

[11] 王祖和. 项目质量管理 [M]. 北京: 机械工业出版社, 2005.

[12] 张群, 等. 生产管理 [M]. 北京: 高等教育出版社, 2006.

[13] 威廉 J 史蒂文森. 运营管理 [M]. 张群, 等译. 北京: 机械工业出版社, 2005.

[14] 理查德 B 蔡斯. 运营管理 [M]. 任建标, 等译. 北京: 机械工业出版社, 2004.

[15] 詹姆斯 R 埃文斯, 等. 全方位质量管理 [M]. 吴蓉, 译. 北京: 机械工业出版社, 2004.

[16] 韩福荣. 现代质量管理学 [M]. 北京: 机械工业出版社, 2004.

[17] 陈志田. 2000 版 ISO 9000 族标准: 理解与运作指南 [M]. 北京: 中国计量出版社, 2001.

[18] 吴建伟, 等. ISO 9000: 2000 认证通用教程 [M]. 北京: 机械工业出版社, 2002.

[19] 桂云苗. 民航安全六西格玛管理应用研究 [D]. 南京: 南京航空航天大学硕士论文, 2004.

[20] 张驰. 六西格玛黑带丛书 [M]. 广州: 广东经济出版, 2001.

[21] 马林. 六西格玛管理 [M]. 北京: 中国人民大学出版社, 2005.

[22] 谭浩邦. 产业价值工程 [M]. 广州: 暨南大学出版社, 1992.

[23] 傅家骥, 仝允桓. 工业技术经济学 [M]. 3 版. 北京: 清华大学出版社, 2002.

[24] 国家标准局. 价值工程基本术语和一般工作程序 [M]. 北京: 标准出版社, 1987.

[25] J 杰瑞·考夫曼. 价值管理 [M]. 贾广焱, 李一川, 译. 北京: 机械工业出版社, 2003.

[26] 日本名古屋 QS 研究会. 改善经营管理的 5S 法 [M]. 张贵芳, 苏德华, 译. 北京: 经济管理出版社, 2004.

[27] 范中志, 张树武, 孙义敏. 基础工业工程 (IE) [M]. 北京: 机械工业出版社, 1993.

[28] 李庆远. 精益生产之 JIT 实务 [M]. 北京: 北京大学出版社, 2004.

[29] 苏秦. 现代质量管理学 [M]. 北京: 清华大学出版社, 2005.

[30] 邹建新. 民航企业服务管理与竞争 [M]. 北京: 中国民航出版社, 2005.

[31] 顾平. 现代质量管理学 [M]. 北京: 科学出版社, 2004.

[32] 刘宇. 顾客满意度测评 [M]. 北京: 社会科学文献出版社, 2003.

[33] 威廉·拉扎克, 大卫·桑德斯. 戴明管理 4 日谈 [M]. 北京: 中国商业出版社, 2003.

[34] Michael D Johnson. 忠诚效应——如何建立客户综合衡量与管理体系 [M]. 刘吉, 张国华, 等译. 上海: 上海交通大学出版社, 2002.

[35] 张公绪，孙静. 新编质量管理学 [M]. 北京：高等教育出版社，2003.

[36] 李琪. 客户关系管理 [M]. 重庆：重庆大学出版社，2004.

[37] James P Womack, Daniel T. Jones. Lean Thinking：Banish Waste and Creat Wealth in Your Corporation [M]. New York：Simon & Schuster, 1996.

[38] James P Womack, Daniel T Jones. Lean Solutions：How Companies and Customers Can Create Value, Wealth Together. Solution Economy, 2005.

[39] Brookline. Learning to see：Value Stream Mapping to Add Value and Eliminate Muda. MA：Lean Enterprise Institute, Inc., 1999.

[40] Jeffrey K Liker. The Toyota Way [M]. 李芳龄，译. 北京：中国财政经济出版社，2005.

[41] Earll Murman, Thomas Allen. Lean Enterprise Value——Insights from MIT's Lean Aerospace Initiative [M]. 徐海乐，王淡森，译. 北京：经济管理出版社，2005.

[42] Alexander Rjobers, William Wallace. Project Management. United Kingdom：A Pearson Company, 2003.

[43] 施骞，胡文发. 工程质量管理教程 [M]. 上海：同济大学出版社，2010.

[44] 全国二级建造师执业资格考试用书编写委员会. 全国二级建造师执业资格考试用书 [M]. 北京：中国建筑工业出版社，2012.

[45] 王延树. 建筑工程项目管理 [M]. 北京：中国建筑工业出版社，2007.

[46] 乌云娜. 项目管理策划 [M]. 北京：电子工业出版社，2006.

[47] 梁世连. 工程项目管理 [M]. 2版. 北京：清华大学出版社，2011.

[48] 曹吉鸣. 工程施工管理学 [M]. 北京：中国建筑工业出版社，2010.

[49] 成虎，陈群. 工程项目管理 [M]. 北京：中国建筑工业出版社，2009.

[50] 杨勇. 钻孔灌注桩施工质量控制案例 [J]. 科技资讯，2008，(36)：80-81.

[51] 马逢时. 六西格玛管理统计指南——Minitab 使用指南 [M]. 北京：中国人民大学出版社，2007.

[52] 胡波，郭骊. 新编统计学教程 [M]，北京：科学出版社，2008.

[53] 王德发. 统计学 [M]. 上海：上海财经大学出版社，2012.